J.-H. FABRE

SOUVENIRS ENTOMOLOGIQUES

Études sur l'Instinct et les Mœurs des Insectes

(DIXIÈME SÉRIE)

ÉDITION DÉFINITIVE ILLUSTRÉE

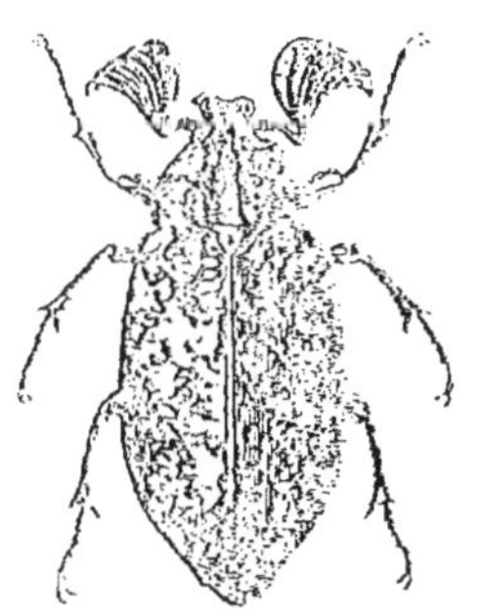

PARIS

LIBRAIRIE DELAGRAVE

15, RUE SOUFFLOT, 15

SOUVENIRS

ENTOMOLOGIQUES

(DIXIÈME SÉRIE)

IL A ÉTÉ TIRÉ DE CET OUVRAGE :

30 ex. sur papier du Japon,
numérotés de 1 à 30.

80 ex. sur papier de Hollande de Van Gelder Zonen,
numérotés de 31 à 110.

J.-H. FABRE

SOUVENIRS ENTOMOLOGIQUES

(DIXIÈME SÉRIE)

ÉTUDES SUR L'INSTINCT ET LES MŒURS DES INSECTES

ÉDITION DÉFINITIVE ILLUSTRÉE

PARIS

LIBRAIRIE DELAGRAVE

15, RUE SOUFFLOT, 15

MDCCCCXXIV

Les dessins schématiques qui accompagnent le texte, et qui ne portent aucune indication, représentent les insectes à grandeur naturelle.

L'Édition Définitive Illustrée des Souvenirs Entomologiques *comporte dix séries, formant un volume chacune; un onzième volume contient* la Vie de J.-H. Fabre, *avec de nombreux documents inédits, fragments de correspondance, etc., et le* Répertoire analytique, *indispensable aux chercheurs comme à tous les lecteurs pour les guider à travers cette mine considérable de faits et d'idées qui constituent les* Souvenirs Entomologiques.

(N. des É.)

SOUVENIRS

ENTOMOLOGIQUES

I

LE MINOTAURE TYPHÉE. — LE TERRIER

Pour désigner l'insecte objet de ce chapitre, la nomenclature savante associe deux noms redoutables : celui de
Minotaure, le taureau de Minos nourri de chair humaine
dans les cryptes du labyrinthe de Crète, et celui de
Typhée, l'un des géants, fils de la Terre, qui tentèrent
d'escalader le ciel. A la faveur de la pelote de fil que lui
donna Ariadne, fille de Minos, l'Athénien Thésée parvint
au Minotaure, le tua et sortit sain et sauf, ayant délivré
pour toujours sa patrie de l'horrible tribut destiné à la
nourriture du monstre. Typhée, foudroyé sur son entassement de montagnes, fut précipité dans les flancs de l'Etna.

Il y est encore. Son haleine est la fumée du volcan.
S'il tousse, il expectore des coulées de lave; s'il change
d'épaule pour se reposer sur l'autre, il met en émoi la
Sicile : il la secoue d'un tremblement de terre.

Il ne déplaît pas de trouver un souvenir de ces vieux contes dans l'histoire des bêtes. Sonores, respectueuses de l'oreille, les dénominations mythologiques n'entraînent pas de contradictions avec le réel, défaut que n'évitent pas toujours des termes fabriqués de toutes pièces avec les données du lexique. Si de vagues analogies relient en outre le fabuleux et l'historique, noms et prénoms sont des plus heureux. Tel est le cas de Minotaure Typhée (*Minotaurus Typhœus*, Lin.).

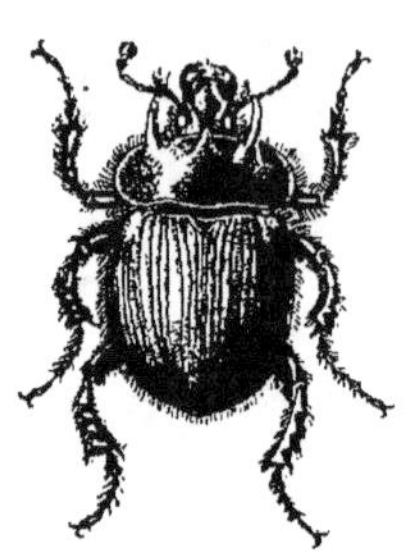

Minotaure Typhée mâle
grossi du tiers.

On appelle de la sorte un coléoptère noir, de taille assez avantageuse, étroitement apparenté avec les troueurs de terre, les Géotrupes. C'est un pacifique, un inoffensif, mais il est encorné mieux que le taureau de Minos. Nul, parmi nos insectes amateurs de panoplies, ne porte armure aussi menaçante. Le mâle a sur le corselet un faisceau de trois épieux acérés, parallèles et dirigés en avant. Supposons-lui la taille d'un taureau, et Thésée lui-même, le rencontrant dans la campagne, n'oserait affronter son terrible trident.

Le Typhée de la Fable eut l'ambition de saccager la demeure des dieux en dressant une pile de montagnes arrachées de leur base; le Typhée des naturalistes ne monte pas, il descend; il perfore le sol à des profondeurs énormes. Le premier, d'un coup d'épaule, met une province en trépidation; le second, d'une poussée de l'échine, fait trembler sa taupinée, comme tremble l'Etna lorsque son enseveli remue.

Tel est l'insecte que je me propose d'étudier aujour-
d'hui, en pénétrant dans l'intimité de ses actes autant
que faire se peut. Les quelques données acquises déjà,
depuis si longtemps que je le fréquente, me font soupçonner des mœurs dignes d'une histoire développée.

Mais à quoi bon cette histoire, à quoi bon ces minu-
tieuses recherches? Cela, je le sais bien, n'amènera pas
un rabais sur le poivre, un renchérissement sur les barils
de choux pourris et autres graves événements de ce genre,
qui font équiper des flottes et mettent en présence des
gens résolus à s'exterminer. L'insecte n'aspire pas à tant
de gloire. Il se borne à nous montrer la vie dans l'inépuisable variété de ses manifestations; il nous aide à
déchiffrer un peu le livre le plus obscur de tous, le livre
de nous-mêmes.

D'acquisition facile, d'entretien non onéreux, d'examen
organique non répugnant, il se prête bien mieux que les
animaux supérieurs aux investigations de notre curiosité.
D'ailleurs, ces derniers, nos proches voisins, ne font que
répéter un thème assez monotone. Lui, d'une richesse
inouïe en instincts, mœurs et structure, nous révèle un
monde nouveau, comme si nous avions colloque avec les
naturels d'une autre planète. Tel est le motif qui me fait
tenir l'insecte en haute estime et renouveler avec lui des
relations jamais lassées.

Le Minotaure Typhée affectionne les lieux découverts,
sablonneux, où, se rendant au pâturage, les troupeaux
de moutons sèment leurs traînées de noires pilules.
C'est là, pour lui, réglementaire provende. A leur
défaut, il accepte aussi les menus produits du lapin, de

cueillette aisée, car le timide rongeur, crainte peut-être de se trahir par des témoins trop répandus, vient toujours crotter au point accoutumé, entre quelques touffes de thym.

Ce sont là, pour le Minotaure, des vivres de qualité inférieure, utilisés faute de mieux en sa propre réfection, mais non servis à sa famille; il leur préfère ceux que fournit le troupeau. S'il fallait le dénommer d'après ses goûts, il faudrait l'appeler le fervent collecteur de crottins de mouton. Cette prédilection pastorale n'avait pas échappé aux anciens observateurs. L'un deux appelle l'insecte le Scarabée des moutons, *Scarabæus ovinus*.

Les terriers, reconnaissables à la taupinée qui les surmonte, commencent à se montrer fréquents en automne, lorsque des pluies sont enfin venues humecter le sol calciné par les torridités estivales. Alors, de dessous terre, les jeunes de l'année doucement émergent et viennent pour la première fois aux réjouissances de la lumière; alors, en des chalets provisoires, on festoie quelques semaines; puis on thésaurise en vue de l'hiver.

Visitons la demeure, maintenant travail aisé auquel suffit une simple houlette de poche. Le manoir de l'arrière-saison est un puits du calibre du doigt et de la profondeur d'un empan environ. Pas de chambre spéciale, mais un trou de sonde, vertical autant que le permettent les accidents du terrain. Tantôt d'un sexe, tantôt de l'autre, le propriétaire est au fond, toujours isolé. L'heure de se mettre en ménage et d'établir la famille n'étant pas encore venue, chacun vit en ermite et ne s'occupe que de son bien-être. Au-dessus du reclus, une colonne de

crottins de mouton encombre le logis. Il y en a parfois
de quoi remplir le creux de la main.

Comment le Minotaure a-t-il acquis tant de richesses?
Il amasse aisément, affranchi qu'il est du tracas des
recherches, car il a toujours soin de s'établir à proximité
d'une copieuse émission. Il fait cueillette sur le seuil
même de sa porte. Lorsque bon lui semble, de nuit
surtout, il choisit dans l'amas de pilules une pièce à sa
convenance. De son chaperon comme levier, il l'ébranle
en dessous; d'un doux roulis, il l'amène à l'orifice du
puits, où le butin s'engouffre. Suivent d'autres olives,
une par une, toutes de manœuvre aisée à cause de leur
forme. Ainsi roulent des fûts sous la poussée du tonnelier.

Lorsqu'il se propose d'aller festoyer sous terre, loin
de la mêlée, le Scarabée sacré conglobe en boule sa part
de victuailles; il lui donne la configuration sphérique,
la mieux apte au charroi. Le Minotaure, versé lui aussi
dans la mécanique du roulage, est affranchi de ces préparatifs : le mouton lui moule gratuitement des pièces à
déplacement aisé. Satisfait de sa récolte, l'amasseur rentre
enfin chez lui.

Que va-t-il faire de son trésor? S'en nourrir, cela va
de soi, tant que le froid et sa conséquence l'engourdis-
sement ne suspendront pas l'appétit. Mais la consommation n'est pas tout. En hiver, certaines précautions
s'imposent dans une retraite de médiocre profondeur.
Aux approches de décembre, déjà se rencontrent quelques
taupinées aussi volumineuses que celles du printemps.
Elles correspondent à des terriers descendant à un mètre
et davantage. En ces profondes cryptes se trouve inva-

riablement une femelle qui, garantie des sévices du dehors, grignote sobrement de maigres provisions.

Pareilles demeures, à température constante, sont encore rares. Les plus fréquentes, toujours occupées par un seul habitant, soit un mâle, soit une femelle, n'ont guère qu'un empan de profondeur. Elles sont d'habitude capitonnées d'un épais molleton, provenant de pilules arides, émiettées et réduites en charpie. Il est à croire que cet amas filamenteux, éminemment favorable à la conservation de la chaleur, n'est pas étranger au bien-être de l'ermite en des temps rigoureux. Dans l'arrière-saison, le Minotaure thésaurise pour s'entourer d'un matelas de feutre lorsque viendront les froids sérieux.

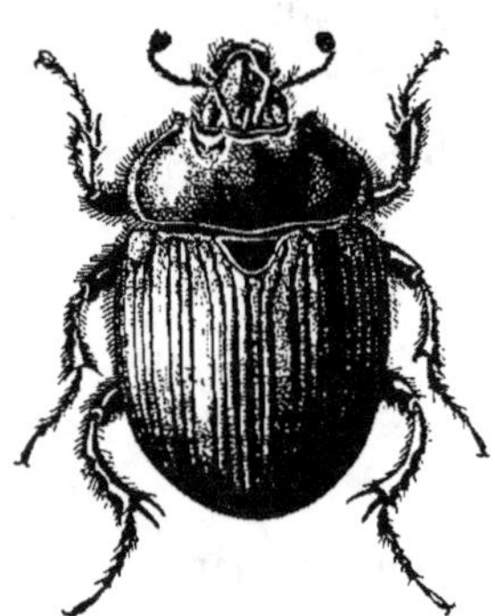

Minotaure Typhée femelle
grossi de moitié.

Vers les premiers jours de mars, commencent à se rencontrer des couples adonnés de concert à la nidification. Les deux sexes, jusque-là isolés en des terriers superficiels, se trouvent maintenant associés pour une longue période. En quel lieu se fait la rencontre et se conclut le pacte de collaboration? Un fait tout d'abord attire mon attention. Dans l'arrière-saison, ainsi qu'en hiver, les femelles abondaient, aussi nombreuses que les mâles. Quand arrive mars, je n'en trouve presque plus, à tel point que je désespère de peupler convenablement la volière où je me propose de suivre les mœurs de l'insecte. Pour une quinzaine de mâles, j'exhume trois femelles au plus. Que sont devenues ces dernières, si fréquentes au début?

Je fouille, il est vrai, les terriers les mieux accessibles à ma houlette de poche. Peut-être le secret des absentes est-il au fond de gîtes plus pénibles à visiter. Faisons appel à des bras plus souples et plus vigoureux que les miens; armons-nous d'une bêche, et profondément creusons. Je suis dédommagé de ma persévérance. Des femelles enfin se trouvent, aussi nombreuses que je peux le désirer. Elles sont seules, sans vivres, au fond d'une galerie verticale dont la profondeur découragerait quiconque n'est pas doué d'une belle patience.

Maintenant tout s'explique. Dès l'éveil printanier, et même parfois à la fin de l'automne, avant d'avoir connu leurs collaborateurs, les vaillantes futures mères se mettent à l'ouvrage, choisissent bonne place et forent un puits qui, s'il n'atteint pas encore la profondeur requise, sera du moins l'amorce de travaux plus considérables. Aux heures discrètes du crépuscule, c'est dans ces galeries plus ou moins avancées que les prétendants viennent trouver les travailleuses. Ils sont parfois plusieurs. Il n'est pas rare d'en rencontrer deux ou trois auprès de la même nubile. Comme un seul suffit, les autres vident les lieux et vont chercher ailleurs, lorsque le choix de la sollicitée et peut-être un brin de bataille ont donné conclusion aux affaires.

Entre ces pacifiques, les rixes doivent être sans gravité. Quelques enlacements de pattes, dont les brassards dentelés grincent sur l'armure rigide; quelques culbutes sous les coups du trident, à cela sans doute se réduit la querelle. Les surnuméraires partis, la pariade se fait, le ménage se fonde, et dès lors sont contractés des liens de remarquable durée.

Ces liens sont-ils indissolubles? Les deux conjoints se reconnaissent-ils parmi leurs pareils? Y a-t-il entre eux mutuelle fidélité? Si les occasions de rupture matrimoniale sont très rares, nulles même à l'égard de la mère, qui, de longtemps, ne quitte plus le fond de la demeure, elles sont fréquentes, au contraire, à l'égard du père, obligé, par ses fonctions, de venir souvent au dehors. Ainsi qu'on le verra bientôt, il est, sa vie durant, le pourvoyeur de vivres, le préposé au charroi des déblais. Seul, à différentes heures de la journée, il expulse au dehors les terres provenant des fouilles de la mère; seul, il explore de nuit les alentours du domicile, en quête des pilules dont se pétriront les pains des fils.

Parfois des terriers sont voisins. Le collecteur de victuailles ne peut-il, en rentrant, se tromper de porte et pénétrer chez autrui? En ses tournées, ne lui arrive-t-il pas de rencontrer des promeneuses non encore établies, et alors, oublieux de sa première compagne, n'est-il pas sujet à divorcer? La question méritait examen. J'ai cherché à la résoudre de la manière suivante.

Deux couples sont extraits de terre en pleine période d'excavation. Des marques indélébiles, pratiquées de la pointe d'une aiguille au bord inférieur des élytres, me permettront de les distinguer l'un de l'autre. Les quatre sujets sont distribués au hasard, un par un, à la surface d'une aire sablonneuse d'une paire de pans d'épaisseur. Pareil sol sera suffisant aux fouilles d'une nuit. Dans le cas où des vivres seraient nécessaires, une poignée de crottins de mouton est servie. Une ample terrine renversée couvre l'arène, met obstacle à l'évasion et fait l'obscurité, favorable au recueillement.

Le lendemain, réponse superbe. Il y a deux terriers dans l'établissement, pas davantage; les couples se sont reformés tels qu'ils étaient avant, chaque particulier a retrouvé sa particulière. Une seconde épreuve faite le jour d'après, ensuite une troisième, ont le même succès : les marqués d'un point sont ensemble, les non marqués sont ensemble au fond de la galerie.

Cinq fois encore je fais, chaque jour, recommencer la mise en ménage. Les choses maintenant se gâtent. Tantôt chacun des quatre éprouvés s'établit à part; tantôt dans le même terrier sont inclus les deux mâles ou les deux femelles; tantôt la même crypte reçoit les deux sexes, mais associés autrement qu'ils ne l'étaient au début. J'ai abusé de la répétition. Désormais c'est le désordre. Mes bouleversements quotidiens ont démoralisé les fouisseurs; une demeure croulante, toujours à recommencer, a mis fin aux associations légitimes. Le ménage correct n'est plus possible du moment que la maison s'effondre chaque jour.

N'importe : les trois premières épreuves, alors que des apeurements coup sur coup répétés n'avaient pas encore brouillé le délicat fil d'attache, semblent affirmer certaine constance dans le ménage du Minotaure. Elle et lui se reconnaissent, se retrouvent dans le tumulte des événements que mes malices leur imposent; ils se gardent mutuellement fidélité, qualité bien extraordinaire dans la classe des insectes, si vite oublieux des obligations matrimoniales.

Comment se reconnaissent-ils? Nous nous reconnaissons aux traits du visage, si variables de l'un à l'autre en leur commune uniformité. Eux, à vrai dire, n'ont pas de visage; ils sont dépourvus de physionomie sous leur masque rigide. D'ailleurs les faits se passent dans une obscurité profonde. La vue n'est donc ici pour rien.

Nous nous reconnaissons à la parole, au timbre, aux inflexions de la voix. Eux sont des muets, privés de tout moyen d'appel. Reste le flair. Le Minotaure retrouvant sa compagne me fait songer à l'ami Tom, le chien de la maison, qui, à l'époque de ses lunes, lève le nez en l'air, hume l'air du vent et saute par-dessus les murs de l'enclos, empressé d'obéir à la magique et lointaine convocation; il me remet en mémoire le Grand-Paon, accouru de plusieurs kilomètres pour présenter ses hommages à la nubile récemment éclose.

La comparaison cependant laisse beaucoup à désirer. Chien et gros papillon sont avertis de la noce sans connaître encore la mariée. Au contraire, le Minotaure, inexpert dans les grands pèlerinages, se dirige, en une brève ronde, vers celle qu'il a déjà fréquentée; il la reconnaît, il la distingue des autres à certaines émanations, certaines senteurs individuelles inappréciables pour tout autre que l'énamouré. En quoi consistent ces effluves? L'insecte ne me l'a pas dit. C'est dommage. Il nous eût appris de belles choses sur les prouesses de son flair.

Or, comment, dans ce ménage, se répartit le travail?

Le savoir n'est pas entreprise commode, à laquelle suffira
la pointe d'un couteau. Qui se propose de visiter l'insecte
fouisseur chez lui doit recourir à des sapes exténuantes.
Ce n'est pas ici la chambre du Scarabée, du Copris et
des autres, mise à découvert sans fatigue avec une simple
houlette de poche; c'est un puits dont on n'atteindra le
fond qu'avec une solide bêche, vaillamment manœuvrée
des heures entières. Pour peu que le soleil soit vif, on
reviendra de la corvée tout perclus.

Ah! mes pauvres articulations rouillées par l'âge!
Soupçonner un beau problème sous terre, et ne pouvoir
fouiller! L'ardeur persiste, aussi chaleureuse qu'au temps
où j'abattais les talus spongieux aimés des Anthophores;
l'amour des recherches n'a pas défailli, mais les forces
manquent. Heureusement j'ai un aide. C'est mon fils
Paul, qui me prête la vigueur de ses poignets et la souplesse de ses reins. Je suis la tête, il est le bras.

Le reste de la famille, la mère comprise et non de
moindre zèle, d'habitude nous accompagne. Les yeux
ne sont pas de trop lorsque, la fosse devenue profonde,
il faut surveiller à distance les menus documents exhumés
par la bêche. Ce que l'un ne voit pas, un autre l'aperçoit.
Huber, devenu aveugle, étudiait les abeilles par l'intermédiaire d'un serviteur clairvoyant et dévoué. Je suis
mieux avantagé que le grand naturaliste de la Suisse. A
ma vue, assez bonne encore quoique bien fatiguée, vient
en aide la perspicace prunelle de tous les miens. Si je
suis en état de poursuivre mes recherches, c'est à eux
que je le dois : grâces leur en soient rendues.

De bon matin, nous voici sur les lieux. Un terrier est

trouvé avec taupinée volumineuse, formée de tampons cylindriques, expulsés tout d'une pièce à coups de refouloir. Sous le monticule déblayé s'ouvre un puits. Un beau jonc, cueilli en chemin, est introduit dans le gouffre. Engagé plus avant à mesure que le haut se dénude, il nous servira de guide.

Le sol est très meuble, sans mélange de cailloux, odieux à l'insecte fouisseur ami de la direction verticale, odieux surtout au tranchant de la bêche exploratrice. Il se compose uniquement de sable cimenté par un peu d'argile. La fouille serait donc aisée s'il ne fallait atteindre des profondeurs où le maniement des outils devient fort difficile, à moins de bouleverser le terrain. La méthode que voici donne de bons résultats, sans exagérer les masses remuées, ce que le propriétaire des lieux pourrait trouver mauvais.

Une aire d'un mètre environ de rayon est attaquée autour du puits. A mesure que le jonc conducteur se dénude, on l'enfonce davantage. Il plongeait d'abord d'un empan, il plonge maintenant d'une coudée. Bientôt l'extraction des terres devient impraticable avec la pelle, que gêne le manque de large. Il faut se mettre à genoux, rassembler des deux mains les déblais et les rejeter à belles poignées. La cuve s'approfondit d'autant, ce qui augmente la difficulté déjà si grande. Un moment arrive où, pour continuer, il est nécessaire de se coucher à plat ventre et de plonger l'avant du corps dans le trou, autant que le permet la souplesse des reins. Chaque plongeon amène au dehors le plein creux d'une main. Et le jonc descend toujours, sans indication d'un prochain arrêt.

Impossible à mon fils de continuer de la sorte, malgré son élasticité juvénile. Pour se rapprocher du fond de la désespérante cuve, il abaisse le niveau de la base d'appui. A l'extrémité de la ronde fosse une entaille est faite, où il y a tout juste place pour les deux genoux. C'est un degré, un gradin que l'on approfondira à mesure. Le travail reprend, plus actif cette fois; mais le jonc consulté descend encore, et de beaucoup.

Nouvel abaissement de l'escalier d'appui et nouveaux coups de bêche. Les déblais enlevés, l'excavation mesure au delà d'un mètre. Y sommes-nous enfin? Point : le terrible jonc continue de plonger. Approfondissons l'escalier et continuons. Le succès est aux persévérants. A un mètre et demi de profondeur, le jonc rencontre un obstacle; il cesse de glisser. Victoire! C'est fini ; nous venons d'atteindre la chambre du Minotaure.

La houlette de poche dénude avec prudence, et l'on voit apparaître les maîtres de céans, le mâle d'abord, un peu plus bas la femelle. Le couple enlevé, se montre une tache circulaire et sombre : c'est la terminaison de la colonne de victuailles. Attention maintenant, et fouillons en douceur. Il s'agit de cerner au fond de la cuve la motte centrale, de l'isoler des terres environnantes, puis, faisant levier de la houlette insinuée dessous, d'extraire le bloc tout d'une pièce. Crac! c'est fait. Nous voici possesseurs du couple et de son nid. Une matinée d'exténuantes fouilles nous a valu ces richesses. Le dos fumant de Paul pourrait nous dire au prix de quels efforts.

Cette profondeur d'un mètre et demi n'est pas et ne saurait être constante; bien des causes la font varier, telles que le degré de fraîcheur et de consistance du milieu traversé, la fougue au travail de l’insecte et le loisir disponible, suivant l’époque plus ou moins rapprochée de la ponte. J’ai vu des terriers descendre un peu plus bas; j’en ai vu d’autres n’atteignant pas tout à fait un mètre. Dans tous les cas, pour établir sa famille, il faut au Minotaure un logis de profondeur outrée, comme n’en excave de pareils aucun fouisseur à ma connaissance. Nous aurons tantôt à nous demander quels impérieux besoins obligent le collecteur de crottins de mouton à se domicilier si bas.

Avant de quitter les lieux, notons un fait dont le témoignage aura plus tard sa valeur. La femelle s’est trouvée tout au fond du terrier; au-dessus, à quelque distance, était le mâle, l’un et l’autre immobilisés par la frayeur dans une occupation qu’il n’est guère possible de préciser encore. Ce détail, vu et revu dans les divers terriers fouillés, semble dire que les deux collaborateurs ont chacun une place déterminée.

La mère, mieux entendue aux choses d’éducation, occupe l’étage inférieur. Seule elle fouille, versée qu’elle est dans les propriétés de la verticale qui économise le travail en donnant la plus grande profondeur. Elle est l’ingénieur, toujours en rapport avec le front d’attaque de la galerie. L’autre est son manœuvre. Il stationne à l’arrière, prêt à charger les déblais sur sa hotte cornue. Plus tard, l’excavatrice se fait boulangère; elle pétrit en cylindres les gâteaux des fils; le père est alors son mitron. Il lui amène du dehors de quoi faire farine. Comme dans tout bon ménage, la mère est le ministre de l’intérieur ; le père est celui de l'extérieur. Ainsi s'expliquerait leur invariable situation dans le logis tubulaire. L'avenir nous dira si ces prévisions traduisent bien les réalités.

Pour le moment, examinons à loisir, avec les aises du chez soi, la motte centrale, d'acquisition si pénible. Elle contient une conserve alimentaire en forme de saucisse, à peu près de la longueur et de la grosseur du doigt. C'est composé d'une matière sombre, compacte, stratifiée par couches, où se reconnaissent les pilules du mouton réduites en miettes. Parfois la pâte est fine, presque homogène d'un bout à l'autre du cylindre ; plus souvent la pièce est une sorte de nougat où de gros débris sont noyés dans un ciment d'amalgame. Suivant ses loisirs, la boulangère varie apparemment la confection, plus ou moins soignée, de sa pâtisserie.

La chose est étroitement moulée dans le cul-de-sac du terrier, où la paroi est plus lisse et mieux travaillée que dans le reste du puits. De la pointe du canif, aisément cela se dénude de la terre environnante, qui se détache à la façon d'une écorce. J'obtiens ainsi le cylindre alimentaire net de toute souillure terreuse.

Cela fait, informons-nous de l'œuf, car cette pâtisserie a été certainement manipulée en vue d'une larve. Guidé par ce que m'avaient appris jadis les Géotrupes, qui logent l'œuf au bout inférieur de leur boudin, dans une niche spéciale ménagée au sein même des vivres, je m'attends à trouver celui du Minotaure, leur proche allié, dans une chambre d'éclosion, tout au bas de la saucisse. Je suis mal renseigné. L'œuf cherché n'est pas à l'endroit prévu, ni à l'autre bout, ni en un point quelconque des victuailles.

Des recherches hors des vivres me le montrent enfin. Il est au-dessous des provisions, dans le sable même, tout dépourvu des soins méticuleux où les mères excellent. Il y a là, non une cellule à parois lisses, comme semblerait en réclamer le délicat épiderme du nouveau-né, mais une anfractuosité rustique, résultat d'un simple éboulis plutôt que de l'industrie maternelle. En cette rude couchette, à quelque distance des vivres, le ver doit éclore. Pour atteindre le manger, il lui faudra faire crouler et traverser un plafond de sable de quelques millimètres d'épaisseur. En vue de ses fils, la mère Minotaure est experte dans l'art des saucisses, mais elle ignore à fond les tendresses du berceau.

Désireux d'assister à l'éclosion et de suivre la croissance du ver, j'installe ma trouvaille en des loges où sont reproduites du mieux possible les conditions naturelles. Un tube de verre fermé d'un bout et du calibre du terrier reçoit d'abord une couche de sable frais qui représentera le sol d'origine. A la surface de ce lit est déposé l'œuf. Un peu du même sable forme le plafond que le nouveauné doit traverser pour atteindre les vivres. Ceux-ci ne sont autres que la saucisse réglementaire, expurgée de son écorce terreuse. Quelques coups de refouloir ménagés lui font occuper l'espace disponible. Enfin un tampon d'ouate humectée, mais non ruisselante, achève de remplir le logis. Ce sera la source d'une humidité permanente, conforme à celle des profondeurs où la mère établit sa famille. Les vivres seront de la sorte maintenus souples, tels que les exige le jeune consommateur.

Cette souplesse du manger et la sapidité qu'amène la fermentation à la faveur de l'humide ne sont probablement pas étrangères à l'instinct des fouilles profondes lors de la nidification. Que veulent en réalité les parents? Creusent-ils dans le but de leur propre bien-être? Descendent-ils si bas afin d'y trouver température et fraîcheur agréables lorsque sévissent les torridités estivales?

En aucune manière. Robustes de tempérament et amis des caresses du soleil comme les autres insectes, ils ont pour demeure l'un et l'autre, tant que le ménage n'est pas fondé, un chalet médiocre en bonne exposition. Les rudesses de l'hiver ne leur imposent pas même de meilleurs abris. A l'heure des nids, c'est une autre affaire. Ils plongent dans le sol à de grandes profondeurs. Pourquoi?

Parce que leur famille, éclose vers le mois de juin, doit trouver sous la dent des vivres tendres lorsque les ardeurs de l'été cuiront le sol comme brique. La menue saucisse, à la profonpeur d'un empan ou deux, deviendrait alors chose racornie, immangeable, et le ver périrait, incapable de mordre sur la dure pièce. Il importe donc que les victuailles soient descendues en cave, à des profondeurs où les plus violents coups de soleil n'amèneront pas la dessiccation.

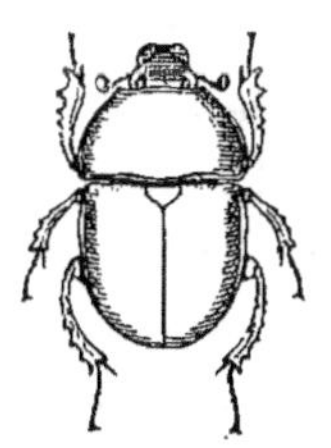

Géotrupe hypocrite.

Bien d'autres préparateurs de conserves connaissent le danger du trop sec. Chacun a sa méthode pour conjurer le péril. Le Géotrupe s'établit sous le volumineux monceau du mulet, excellent obstacle contre la prompte dessic-

cation. D'ailleurs il travaille en automne, saison des
ondées fréquentes; de plus, il donne à son produit la
forme d'un gros boudin, dont la masse centrale, la seule
utilisée, très lentement perd sa fraîcheur. Pour ces divers
motifs, il creuse des terriers de profondeur médiocre.

Le Scarabée, lui aussi, ne fait cas des retraites reculées.
Il loge ses fils en des souterrains peu distants de la
surface du sol; mais, en compensation,
il conglobe les vivres, il connaît la
boîte ronde conservatrice de la moiteur. Avec ses ovoïdes, le Copris est
à peu près dans le même cas. Ainsi
des autres, Sisyphe et Gymnopleure.

Copris lunaris.

Seul le Minotaure descend en un plongeon énorme.

Divers motifs l'exigent. En voici un second, plus
impérieux même que le premier. Les exploiteurs de crottin
s'adressent tous à des matériaux récents, doués en plein
de leurs vertus sapides et plastiques. A ce système de
boulangerie, le Minotaure fait une étrange exception : il
lui faut du vieux, du sec, de l'aride. Dans mes volières,
non plus que dans les champs, je ne l'ai jamais vu cueillir
des pilules d'émission toute récente. Il les veut boucanées
par une longue exposition aux rayons du soleil.

Mais, pour convenir au ver, le mets racorni doit
longtemps se mijoter, se bonifier dans un milieu saturé
d'humidité. Au grossier pain de foin succède ainsi la
brioche. Comme laboratoire du manger des fils s'impose
donc une officine très profonde, où la sécheresse de l'été
jamais ne pénètre, si longtemps qu'elle se prolonge. Là
s'assouplissent, là prennent saveur des aridités qu'aucun

autre membre de la corporation stercoraire ne s'avise
d'utiliser faute d'un atelier de ramollissement. Le Minotaure en a le monopole, et, pour bien s'acquitter de sa
mission, il a l'instinct des sondages énormes. La nature
des victuailles a fait du bousier à trident un puisatier hors
ligne; un dur croûton a décidé de ses talents.

II

LE MINOTAURE TYPHÉE. — PREMIER APPAREIL D'OBSERVATION

Jadis les Géotrupes, cousins du Minotaure, me valaient une délicieuse rareté : la longue association à deux, le vrai ménage, travaillant de concert au bien-être des fils. D'un même zèle, Philémon et Baucis, comme je les appelais alors, préparaient le logis et les vivres. Philémon, plus vigoureux, comprimait les conserves sous la poussée de ses brassards ; Baucis exploitait le monceau de la surface, choisissait le meilleur et descendait, par brassées, de quoi confectionner l'énorme saucisson. C'était superbe, la mère épluchant, le père comprimant.

Un nuage jetait de l'ombre sur l'exquis tableau. Mes sujets occupaient une volière où toute visite exigeait, de ma part, une fouille, discrète, il est vrai, mais suffisante pour effrayer les travailleurs et les immobiliser. Prodigue de patience, j'obtenais de la sorte une série d'instantanés que la logique des choses, délicat cinématographe, assemblait après en scène vivante. Je désirais mieux ;

j'aurais voulu suivre le couple en action continue, du commencement à la fin de l'ouvrage. Je dus y renoncer, tant il me parut impossible d'assister, sans fouilles perturbatrices, aux mystères du sous-sol.

Aujourd'hui revient l'ambition de l'impossible. Le Minotaure s'annonce comme un émule des Géotrupes; il paraît même leur être supérieur. Je me propose d'en suivre les actes sous terre, à la profondeur d'un mètre et davantage, tout à mon aise, sans distraire en rien l'insecte de ses occupations. Il me faudrait ici le regard du lynx, capable, dit-on, de sonder l'opaque, et je n'ai que l'ingéniosité pour essayer de voir clair dans le ténébreux. Consultons-la.

La direction du terrier me fait déjà entrevoir que mon projet n'est pas tout à fait insensé. En ses fouilles de nidification, le Minotaure descend suivant la verticale. S'il opérait à l'aventure, en des voies désordonnées, l'excavation exigerait un sol illimité, hors de proportion avec les moyens dont je dispose. Eh bien, son invariable verticale m'avertit que je n'ai pas à me préoccuper de la masse sablonneuse disponible, mais uniquement de la profondeur de la couche. Dans ces conditions, l'entreprise n'est pas déraisonnable.

J'ai, de fortune, un tube de verre depuis longtemps détourné de la chimie et mis au service de l'entomologie. La longueur en est d'un mètre environ, et le calibre de trois centimètres. S'il est tenu vertical, il suffira, ce me semble, au terrier du Minotaure. Je le ferme d'un bout avec un bouchon, je le remplis d'un mélange de sable fin et de terre argileuse fraîche, mélange que je tasse par couches avec une baguette de fusil. Cette colonne sera le terrain livré au travail du fouisseur.

Mais il faut la tenir d'aplomb et la compléter avec divers accessoires nécessaires au bon fonctionnement. A cet effet, trois bambous sont implantés dans la terre d'un grand pot à fleurs. Assemblés au sommet, il forment un trépied, charpente de soutien pour tout l'édifice. Au centre de la base triangulaire, le tube est dressé. Une petite terrine dont j'ai percé le fond reçoit en haut l'embouchure, qui déborde un peu et permet une couche de terre s'élevant au niveau de la margelle. Ainsi, autour de l'orifice du puits, sera représentée l'aire où l'insecte pourra vaquer à ses affaires, soit pour rejeter les déblais de la galerie, soit pour cueillir les vivres environnants. Enfin, une cloche de verre, enchâssée dans la terrine, met obstacle à l'évasion et conserve le peu d'humidité nécessaire. Des cordons suspenseurs et quelques fils de fer assujettissent le tout de façon inébranlable.

N'oublions pas un détail de haute importance. Le diamètre du tube est environ le double de celui du terrier naturel. S'il creuse suivant l'axe et dans une direction exactement verticale, l'insecte a donc au delà du large voulu. Il obtiendra un canal revêtu de partout d'une paroi de sable de quelques millimètres d'épaisseur. Il est à présumer cependant que le fouisseur, étranger aux précisions géométriques et ignorant les conditions qui lui sont faites, ne tiendra compte de l'axe, s'en détournera soit d'un côté, soit de l'autre. En outre, le moindre surcroît de résistance dans le milieu traversé le fera dévier un peu, tantôt par ici et tantôt par là. De la sorte, en divers points, la paroi de verre sera totalement dénudée: il s'y formera des fenêtres, des jours sur lesquels je compte pour me rendre l'observation possible, mais qui seront odieux aux travailleurs, amis de l'obscur.

Pour me réserver ces fenêtres et les épargner à l'insecte, j'enveloppe le tube de quelques étuis de carton, qui peuvent glisser à frottement doux et rentrer l'un dans l'autre. Avec ce dispositif, aux moments requis et sans distraire l'insecte de son ouvrage, je ferai tour à tour, d'un simple coup de pouce, un peu de clarté pour moi et de l'obscurité pour lui. La disposition des étuis mobiles, s'élevant ou s'abaissant, permettra l'examen du tube d'un bout à l'autre à mesure que les accidents du forage ouvriront des fenêtres nouvelles.

Une dernière précaution est à prendre. Si je dépose le couple tout simplement dans la terrine surmontée de la cloche, il est probable que l'orbe si réduit du terrain exploitable n'attirera pas l'attention des reclus. Il convient de leur enseigner le bon endroit, au centre d'une aire inattaquable. A cet effet, je laisse le haut du tube vide sur une longueur de quelques travers de doigt; et comme l'escalade d'une paroi de verre serait impossible, je garnis cette partie d'un ascenseur, c'est-à-dire que je la tapisse d'une fine toile métallique. Cela fait, les deux insectes, mâle et femelle, exhumés ensemble de leur terrier naturel, sont introduits dans ce vestibule : ils y trouveront leur milieu familier, la terre sablonneuse. Avec quelques vivres semés dans le voisinage, ce sera suffisant, je l'espère, pour leur faire agréer l'étrange logement.

Qu'obtiendrai-je avec mon rustique appareil, long-

Premier appareil d'observation.

temps médité au coin du feu pendant les veillées de l'hiver? Certes, il ne paye pas de mine; il serait mal reçu dans les laboratoires qui tant raffinent l'outillage. C'est œuvre de paysan, grossière combinaison de choses triviales. D'accord, mais n'oublions pas que l'indigent et le simple ne le cèdent en rien au somptueux dans la poursuite de la vérité. Mon édifice à trois bambous m'a valu des moments délicieux; il m'a fourni d'intéressants aperçus que je vais essayer d'exposer.

En mars, au moment des grandes fouilles de nidification, j'exhume un couple à la campagne. Je l'établis dans mon appareil. Au cas où des vivres seraient nécessaires comme réconfort pendant le laborieux forage du puits, quelques crottins de mouton sont déposés sous la cloche à proximité de l'embouchure du tube. Le stratagème du vestibule vide, apte à mettre immédiatement les prisonniers en rapport avec la colonne exploitable, réussit à souhait. Peu après leur installation, les captifs, remis de leur émoi, assidûment travaillent.

Extraits de chez eux en pleine ferveur d'excavation, ils continuent chez moi l'ouvrage dont je viens de les détourner. Il est vrai que j'ai mis au changement de chantier toute la hâte que me permettait le retour des lieux d'origine, non bien éloignés. Leur zèle n'a pas eu le temps de se refroidir. Ils creusaient tantôt, ils se remettent à creuser. Les choses pressent, et le couple ne veut de chômage, même après un bouleversement qui semblerait devoir les démoraliser.

Comme je le prévoyais, la fouille est excentrique, ce qui amène dans la paroi sablonneuse quelques vides où

le verre est à nu. Ces lucarnes ne sont pas des plus satis-
faisantes à l'égard de mes projets; si quelques-unes se
prêtent à une nette vision, la plupart sont obnubilées
d'un voile terreux. En outre, elles ne sont pas fixes.
Journellement il s'en ouvre de nouvelles, tandis que
d'autres se ferment. Ces variations continuelles sont dues
aux déblais qui, péniblement hissés au dehors, frottent
contre la paroi, badigeonnent ou dénudent tels et tels
autres points. Je profite de ces éclaircies fortuites pour
examiner un peu, sous une incidence favorable de la
lumière, les curieuses choses qui se passent à l'intérieur
du tube.

Je revois à loisir, aussi souvent que je le désire et d'une
façon durable, ce que l'exténuante visite des terriers
naturels m'avait appris par rares et brèves apparitions.
La mère est toujours en avant, à la place d'honneur,
dans la cuvette d'attaque. Seule, de son chaperon elle
laboure; seule, de la herse de ses bras dentés, elle gratte
et fouit, non relayée par son compagnon. Le père est
toujours en arrière, fort occupé lui aussi, mais d'une autre
besogne. Sa fonction est de véhiculer au dehors les terres
abattues et de faire place nette à mesure que la pionnière
approfondit.

Son travail de manœuvre n'est pas petite affaire. Nous
pouvons en juger par la taupinée qu'il élève, dans
l'exercice de son métier aux champs. C'est un volumineux
monceau de bouchons de terre, de cylindres mesurant la
plupart un pouce de longueur. Cela se voit au seul
examen des pièces; le déblayeur opère par blocs cyclo-
péens. Il ne transporte pas miette par miette les produits

de l'excavation; il les expulse par agglomérés énormes.

Que dirions-nous d'un mineur obligé de hisser à la surface, à quelques cents mètres d'élévation, une accablante benne de houille par la voie verticale d'un puits étroit où l'ascension se pratiquerait sur le seul appui des genoux et des coudes? Le père Minotaure a pour besogne courante l'équivalent de ce tour de force. Très dextrement, il y réussit. Comment fait-il? L'appareil à trois bambous va nous le dire.

De temps à autre, les points dénudés du tube me permettent de l'entrevoir en ses fonctions. Il se tient aux talons de la fouisseuse, ramenant par brassées devers lui les terres remuées. Il les pétrit, ce que permet leur fraîcheur; il les amalgame en un tampon qu'il refoule dans le canal. Puis cela chemine, le faix en avant, lui en arrière et poussant de sa fourche à trois pointes. Le spectacle du charroi serait superbe si les lucarnes accidentelles de la galerie se prêtaient mieux à notre curiosité. Malheureusement, elles sont rares, étroites et de médiocre netteté.

Tâchons de trouver mieux. Dans mon cabinet, en un recoin d'éclairage discret, je suspends suivant la verticale un tube de verre de moindre calibre que le premier. Je le laisse tel quel, non pourvu d'une gaine opaque. Au fond est une colonne de terre haute d'un pan. Tout le reste est vide et d'observation aisée, si l'insecte consent à travailler dans des conditions si mauvaises pour lui. Pourvu que l'épreuve ne se prolonge pas trop, il y consent très bien, tant se fait impérieux le besoin d'un terrier aux approches de la ponte.

Un couple occupé des fouilles dans sa naturelle galerie est extrait du sol et logé dans le canal de verre. Le lendemain, en plein jour, il continue ses affaires interrompues. Assis à côté, dans la pénombre du recoin où l'appareil est appendu, j'assiste à l'opération, émerveillé de ce qui se passe. La mère fouille. Le père, à quelque distance, attend que le monceau de gravats commence à gêner la travailleuse. Il s'approche alors. Par petites brassées, il attire devers lui et se fait glisser sous le ventre les terres remuées qui, plastiques, s'agglomèrent en pelote sous le foulage des pattes d'arrière.

L'insecte maintenant se retourne au-dessous de la charge. Le trident enfoncé dans le paquet, ainsi qu'une fourche dans la botte de foin que l'on met en grenier, les pattes antérieures, à larges bras dentelés, retenant le fardeau, l'empêchant de s'émietter, il pousse de toute son énergie. Et hardi! Cela s'ébranle, cela monte, très lentement il est vrai, mais enfin cela monte. De quelle façon, puisque le verre, surface trop lisse, s'oppose absolument à l'ascension?

L'insurmontable difficulté a été prévue. J'ai fait choix d'une terre argileuse apte à laisser trace sur son passage. En tête de l'attelage, la charge elle-même empierre le chemin et le rend praticable; en frottant de partout contre la paroi, elle y abandonne des parcelles terreuses qui sont autant de points d'appui. A mesure qu'il le refoule plus haut, l'insecte trouve donc, en arrière de son faix, des aspérités où prendre pied pour l'escalade.

Cela lui suffit à la rigueur, non sans des glissades et des efforts d'équilibre inconnus dans la naturelle galerie.

Parvenu à quelque distance de l'orifice, il laisse là sa motte, qui, moulée dans le canal, reste en place, immobile. Il revient au fond, non en se laissant précipiter d'une chute brutale, mais peu à peu, de façon prudente, à l'aide des échelons qui lui ont servi pour monter. Une seconde pelote est hissée, qui s'adjoint à la première et fait corps avec elle. Une troisième suit. Enfin, d'un dernier ahan, il expulse le tout en un bouchon.

Ce fractionnement est judicieuse méthode. A cause du frottement énorme dans l'étroit et rugueux canal naturel, jamais l'insecte ne parviendrait à hisser d'une seule pièce les gros cylindres de sa taupinée ; il les monte par charges non accablantes, plus tard juxtaposées, soudées.

Je soupçonne que ce travail d'assemblage s'opère dans le vestibule à faible pente qui, d'habitude, précède le puits vertical. Là, sans doute, les mottes successives se compriment en un cylindre unique fort lourd, mais encore d'un charroi facile sur une voie presque horizontale. Alors le Minotaure, d'une dernière poussée de son trident, expulse le bloc, qui va rejoindre les autres sur les flancs de la taupinée. Ce sont autant de pierres de taille, d'agglomérés, qui défendent l'accès du domicile. Avec ces déblais convenablement moulés, s'obtient, de la sorte, un système de fortification cyclopéenne.

L'escalade est trop difficultueuse dans le tube de verre pour que l'insecte ne soit pas bientôt découragé. Les fragiles échelons laissés par la charge s'effritent, se détachent, balayés par les tarses qui vainement cherchent des appuis ; en de larges étendues le canal redevient lisse. Le grimpeur finit par renoncer à la lutte contre l'impossible; il abandonne son paquet et se laisse choir. Désormais les travaux cessent; le couple a reconnu les perfidies de l'étrange demeure. L'un et l'autre veulent s'en aller. Leur inquiétude se trahit par de continuels essais d'évasion. Je les mets en liberté. Ils m'ont appris tout ce qu'ils pouvaient m'apprendre en des conditions si avantageuses pour moi et si mauvaises pour eux.

Revenons au grand appareil, où le travail marche de façon correcte. Le forage, commencé en mars, se termine vers le milieu d'avril. A partir de cette époque, mes visites quotidiennes ne voient plus à la cime de la taupinée un tampon de terre fraîche, signe d'une récente expulsion de déblais. Il faudrait donc de deux à trois semaines au moins pour creuser la demeure.

Mes observations à la campagne me portent même à croire qu'un mois et plus n'est pas de trop. Mes deux séquestrés, dérangés de leur premier ouvrage et pressés par la saison tardive, ont abrégé la besogne, qu'ils étaient d'ailleurs dans l'impossibilité de continuer lorsque, au fond du tube, s'est présenté le bouchon de liège, obstacle infranchissable. Les autres, opérant en liberté, disposent dans le sable d'une profondeur sans limite. Ils ont pour eux le loisir en s'y prenant de bonne heure. Février n'est pas fini que s'élèvent déjà des taupinées copieuses, auxquelles correspondent plus tard des trous de sonde profonds d'un mètre et demi et davantage. De tels puits exigent labeur se prolongeant le mois entier, si ce n'est plus.

Or, pour se restaurer, que mangent les deux puisatiers en cette longue période? Rien, absolument rien, nous disent les hôtes de mon appareil. Ni l'un ni l'autre ne se montre au dehors, à la recherche de victuailles, dans l'aire de la terrine. La mère ne quitte pas un instant le fond; le père seul monte et redescend. Quand il monte, c'est toujours avec une charge de déblais. Je suis averti de son arrivée par la taupinée qui tremble et s'éboule en partie sous la poussée du déblayeur et de son fardeau; mais l'insecte lui-même ne se montre pas, car l'embouchure du cône éruptif reste close par le tampon expulsé. Tout se passe en secret, à l'abri des indiscrétions de la lumière. De même, à la campagne, tout terrier en construction est fermé jusqu'à parfait achèvement.

Cela ne prouve pas, il est vrai, l'absence absolue de vivres, car, de nuit, le père pourrait sortir, cueillir aux environs quelques pilules, les introduire, rentrer, puis refermer le logis. Le ménage aurait ainsi du pain sur la planche pour quelques jours. Il faut renoncer à cette explication; ainsi nous l'ordonnent, de la façon la plus formelle, les événements de mon engin éducateur.

En prévision d'un besoin de nourriture, j'avais garni la terrine de quelques crottins. Les travaux de fouille terminés, je retrouve ces pilules intactes et en même nombre. Le père, en lui supposant des rondes nocturnes dans le voisinage, ne pouvait manquer de les voir. Il ne leur avait donné aucune attention.

Les paysans mes voisins, rudes gratteurs de terre, font quatre repas par jour. Dès l'aube, au saut du lit, morceau de pain et figues sèches, pour tuer le ver, disent-ils. Au champ, vers les neuf heures, la femme apporte la soupe et le complément, anchois, olives, qui font boire sec. Su les deux heures, à l'ombre d'une haie, se retire de la besace le goûter, amandes et fromage. Suit un somme au fort de la chaleur. Quand vient la nuit, rentrée à la maison, où la ménagère a préparé salade de laitue et friture de pommes de terre assaisonnées d'oignon. Au total, beaucoup de mangeaille pour un travail modéré.

Ah! que le Minotaure nous est supérieur! Un mois durant et plus, sans nourriture aucune, il accomplit besogne forcenée, toujours vigoureux, toujours dispos. Si je disais à mes voisins, les remueurs de glèbe, qu'en un certain monde le travailleur trime dur et le mois entier sans prendre réfection, ils me répondraient par un large rire d'incrédulité. Si je l'affirme aux remueurs de l'idée, peut-être les scandaliserai-je.

N'importe, répétons ce que m'a dit le Minotaure. L'énergie chimique issue des aliments n'est pas l'unique origine de l'activité animale. Comme stimulant de la vie, il y a quelque chose de supérieur aux bouchées digérées. Quoi donc? Que sais-je! Apparemment les effluves, connus ou inconnus, émanés du soleil et permutés par l'organisation en équivalent mécanique. Ainsi nous parlaient autrefois le Scorpion et l'Araignée; ainsi nous parle aujourd'hui le Minotaure, plus persuasif en son rude métier. Il ne mange pas, et véhémentement il travaille.

Le monde de l'insecte est fécond en surprises. Le Bousier à trident, jeûneur accompli et néanmoins travailleur insigne, éveille superbe question. En des planètes lointaines, régies par un autre soleil, vert, bleu, jaune ou rouge, la vie ne pourrait-elle s'exempter des ignominies du ventre, lamentables sources d'atrocités, et s'entretenir

Le Minotaure. - Le couple en travail de meunerie et de boulangerie.

active avec les seules radiations de ce coin de l'univers ? Le saurons-nous jamais ? J'espère bien que si, la Terre n'étant qu'une étape vers un monde meilleur où la vraie félicité pourrait bien être de sonder de plus en plus avant l'insondable problème des choses.

De ces hauteurs nébuleuses, rentrons, de plain-pied, dans les affaires du Minotaure. Le terrier est prêt ; l'heure est venue d'y établir la famille. J'en suis averti par la sortie du père, que, pour la première fois, je vois se risquer au grand jour. Il explore, très affairé, l'aire de la terrine. Que cherche-t-il ? Apparemment des vivres pour la nitée prochaine. C'est le moment d'intervenir.

Afin de rendre l'observation aisée, je fais place nette. Je déblaye le local de sa taupinée sous laquelle sont ensevelies les victuailles jugées nécessaires au début, mais restées complètement inutiles. Ces vieilles pilules, souillées de terre, sont rejetées et remplacées par d'autres, au nombre d'une douzaine, réparties autour de l'embouchure du puits. Je dis douze exactement, groupées trois par trois, ce qui me rendra plus facile et plus rapide le quotidien dénombrement à travers la buée dont se couvre la cloche. Des arrosages modérés, effectués de temps à autre sur le bourrelet de terre qui cerne la cloche et la maintient enchâssée, provoquent, en effet, au sein de l'appareil une atmosphère humide pareille à celle des profondeurs affectionnées du Minotaure. C'est un élément de succès non à négliger. Enfin, un compte courant est ouvert où s'inscrivent jour par jour les pièces emmagasinées. Il y en a douze servies au début. Si elles s'épuisent, on les remplacera aussi souvent qu'il sera nécessaire.

X.   3

Le résultat de ces préparatifs ne se fait pas attendre. Le soir même, me tenant au guet à distance, je surprends le père qui sort de chez lui. Il va aux pilules, en choisit une à sa convenance, et à petits coups de boutoir la fait rouler ainsi qu'un tonnelet. Je m'approche doucement pour suivre la manœuvre. Aussitôt l'insecte, craintif à l'excès, abandonne sa pièce et plonge dans le puits. Il m'a vu, le méfiant ; il s'est aperçu de quelque chose d'énorme et de suspect se mouvant à proximité. C'est plus qu'il n'en faut pour l'inquiéter et lui faire suspendre sa récolte. Il ne reparaîtra que lorsque sera revenue tranquillité parfaite.

Me voilà averti : patience et discrétion extrêmes sont imposées à qui veut assister à la collecte des vivres. Je me le tiens pour dit : je serai discret et patient. Les jours suivants, à des heures diverses, je recommence ma tentative, silencieux, en tapinois, si bien que le succès me dédommage de mes guets assidus.

Je vois et je revois le Minotaure en tournée de récolte. C'est toujours le mâle, et le mâle seul, qui sort et vient aux vivres ; la mère, au grand jamais, ne se montre, absorbée qu'elle est en d'autres occupations au fond du terrier. Les apports se font avec parcimonie. Là-bas dessous, paraît-il, les apprêts culinaires sont de minutieuse lenteur ; il faut donner à la ménagère le temps d'élaborer les pièces descendues avant d'en amener d'autres qui encombreraient l'officine et gêneraient la manipulation. En dix jours, à partir du 13 avril, date de la première sortie du mâle, je relève l'emmagasinement de vingt-trois pilules, soit en moyenne deux dans les vingt-quatre heures. Au total, dix journées de récolte et deux douzaines de pièces pour la confection de la saucisse qui sera la ration d'un ver.

Essayons d'entrevoir dans l'intimité les actes du ménage. A ce sujet, j'ai deux ressources qui, consultées tour à tour avec persévérance, peuvent donner, par fragments, le spectacle tant désiré. En premier lieu, le grand appareil à trépied. Dans son étroite colonne de terre s'ouvrent, nous le savons, des lucarnes accidentelles, situées à des hauteurs diverses. J'en profite pour donner un coup d'œil aux événements de l'intérieur. En second lieu, un tube vertical et nu, le même qui m'a servi pour l'examen de l'escalade, reçoit un couple extrait de terre quelques heures avant, en plein travail de préparatifs alimentaires.

Mon artifice, je m'y attends, n'aura pas succès durable. Bientôt démoralisés par l'étrangeté du nouveau domicile, les deux insectes se refuseront à l'ouvrage, inquiets et désireux de s'en aller. N'importe, avant que soit éteinte la fougue de nidification, ils peuvent me fournir de précieuses données. En rassemblant les faits recueillis par l'une et par l'autre méthode, j'obtiens l'exposé que voici.

Le père sort, choisit une pilule dont la longueur est supérieure au diamètre du puits. Il l'achemine vers l'embouchure, soit à reculons en l'entraînant avec les pattes antérieures, soit de façon directe en la faisant rouler à légers coups de chaperon. Arrivé au bord de l'orifice, va-t-il, d'une dernière poussée, précipiter la pièce dans le gouffre? Nullement, il a des projets non compatibles avec une brutale chute.

Il entre, enlaçant des pattes la pilule, qu'il a soin

d'introduire par un bout. Parvenu à une certaine distance du fond, il lui suffit d'obliquer légèrement la pièce pour que celle-ci, en raison de l'excès d'ampleur de son grand axe, trouve appui par ses deux extrémités contre la paroi du canal. Ainsi s'obtient une sorte de plancher temporaire apte à recevoir la charge de deux ou trois pilules. Le tout est l'atelier où va travailler le père, sans dérangement pour la mère, occupée elle-même en dessous. C'est le moulin d'où va descendre la semoule destinée à la confection des gâteaux.

Le meunier est bien outillé. Voyez son trident. Sur le corselet, base solide, se dressent trois épieux acérés, les deux latéraux longs, et le médian court, tous les trois dirigés en avant. A quoi bon cette machine? On n'y verrait d'abord qu'une parure masculine, comme la corporation des bousiers en porte tant d'autres, de forme très variée. Or, c'est ici mieux qu'un ornement; de son atour le Minotaure fait outil.

Les trois pointes inégales décrivent un arc concave, dans lequel peut s'engager la rotondité d'un crottin. Sur son incomplet et branlant plancher, où la station exige l'emploi des quatre pattes d'arrière, arc-boutées contre la paroi du canal, comment fera l'insecte pour maintenir fixe la glissante olive et la fragmenter? Voyons-le à l'œuvre.

Se baissant un peu, il implante sa fourche dans la pièce, dès lors immobilisée, prise qu'elle est dans la lunule de l'outil. Les pattes antérieures sont libres; de leurs brassards à dentelures, elles peuvent scier le morceau, le dilacérer, le réduire en parcelles, qui tombent à mesure par les vides du plancher et arrivent là-bas, à la mère.

Ce qui descend de chez le meunier n'est pas une farine passée au blutoir, mais bien une grossière semoule, mélange de débris poudreux et de morceaux à peine broyés. Si incomplète qu'elle soit, cette trituration préalable sera d'un grand secours pour la mère, en méticuleux travail de panification : elle abrégera l'ouvrage, elle permettra d'emblée la séparation du médiocre et de l'excellent. Lorsque, à l'étage d'en haut, tout est trituré, même le plancher, le meunier cornu remonte à l'air libre, fait récolte nouvelle et recommence, tout à loisir, sa besogne d'émiettement.

La boulangère, de son côté, n'est pas inactive en son officine. Elle cueille les débris pleuvant autour d'elle, les subdivise davantage, les affine, en fait triage : ceci, plus tendre, pour la mie centrale, cela, plus coriace, pour la croûte de la miche. Virant d'ici, virant de là, elle tapote la matière avec le battoir de ses bras aplatis : elle la dispose par couches, comprimées après à l'aide d'un piétinement sur place, pareil à celui du vigneron foulant sa vendange. Rendue ferme et compacte, la masse deviendra de meilleure conservation. En dix jours environ de soins combinés, le ménage obtient enfin le long pain cylindrique. Le père a fourni la mouture, et la mère a pétri.

Le 24 avril, tout étant bien en ordre, le mâle sort du tube de l'appareil. Il erre sous la cloche, insoucieux de ma présence, lui si craintif d'abord et plongeant dans le puits dès qu'il m'apercevait. Le manger lui est indifférent. Quelques pilules restent à la surface. A tout instant il les rencontre ; il passe outre, dédaigneux. Il n'a qu'un désir, s'en aller au plus vite. Cela se voit à ses inquiètes marches et contremarches, à ses continuels essais d'escalade contre la muraille de verre. Il culbute, se remet sur pied, indéfiniment recommence, oublieux du terrier où jamais plus il ne rentrera.

Je laisse le désespéré s'exténuer vingt-quatre heures en vaines tentatives d'évasion. Venons à son aide maintenant, donnons-lui la liberté. Mais non : ce serait le perdre de vue et ignorer le but de son agitation. J'ai une volière très vaste, non occupée. J'y loge le Minotaure. Il y trouvera ampleur d'espace pour l'essor, victuailles choisies et rayon de soleil. Le lendemain, malgré tout ce bien-être, je le trouve affalé sur l'échine, les pattes raidies. Il est mort. Le vaillant, ses devoirs de père de famille remplis, se sentait défaillir, et telle était la cause de son agitation. Il voulait aller mourir à l'écart, bien loin, pour ne pas souiller la demeure d'un cadavre et troubler la veuve dans la suite des affaires. J'admire cette stoïque résignation de la bête.

Si c'était là fait isolé, fortuit, conséquence peut-être d'une installation défectueuse, il n'y aurait pas lieu d'insister sur le trépassé de mon appareil. Mais voici qui aggrave la chose. Dans la campagne, aux approches du mois de mai, il m'arrive fréquemment de rencontrer des Minotaures desséchés au soleil, et ces défunts sont des mâles, toujours des mâles, à de bien rares exceptions près.

Une autre donnée, très significative, m'est fournie par une volière où j'ai essayé d'élever l'insecte à bien des reprises. La couche de terre, d'une paire d'empans d'épaisseur, n'étant pas assez profonde, les internés ont absolument refusé d'y nidifier. Les autres travaux, d'usage courant, s'y accomplissaient d'ailleurs suivant les règles. Or voici qu'à partir de la fin d'avril, les mâles remontent à la surface, maintenant l'un, maintenant l'autre. Une paire de jours, ils errent sur le treillis, désireux de s'en aller. Enfin ils tombent, se couchent sur le dos et doucement se laissent mourir. Ils sont tués par l'âge.

Dans la première semaine de juin, je fouille de fond en comble le sol de la volière. Des quinze mâles que j'avais au début, à peine m'en reste-t-il un. Tous ont péri; toutes les femelles persistent. La dure loi est donc formelle. Après avoir collaboré de sa hotte au long forage du puits, après avoir amassé convenable provision et trituré la semoule, le laborieux encorné va trépasser au loin, hors du logis.

III

LE MINOTAURE TYPHÉE. — SECOND APPAREIL D'OBSERVATION

La demeure à trois bambous, d'aménagement si étranger aux usages du Minotaure, pourrait bien être en partie la cause de la fin prématurée du père. Dans le tube de verre, tout au fond, un seul gâteau cylindrique a été préparé. Ce n'est pas assez évidemment. Il en faut deux au moins pour le maintien de l'espèce en l'état actuel; il en faut davantage et le plus possible pour la prospérité croissante. Mais dans mon appareil la place manque, à moins de superposer les cylindres nourriciers et de les empiler en colonnes, faute que ne commettra pas la mère.

Des étages superposés rendraient plus tard la sortie des fils difficultueuse. Dans leur empressement de venir à la lumière, les aînés, mûris au point voulu et occupant le bas de la colonne, bouleverseraient, écharperaient les tard venus, non encore prêts et occupant le haut. Pour la tranquille exode, il importe que le puits soit libre d'un bout à l'autre. Les niches individuelles doivent être par conséquent groupées à côté les unes des autres et communiquer, chacune par un couloir latéral, avec la commune cheminée d'ascension.

Autrefois, l'Onitis Bison nous a montré ses conserves, rations d'autant de vers, disposées à proximité du fond du terrier. Un court vestibule mettait chacune des chambres en rapport avec la galerie verticale. C'était  un groupement de cellules sur le même palier. Probablement le Minotaure adopte semblable système.

Onitis Bison.

Dans les fouilles aux champs, en saison un peu tardive, lorsque le père est déjà défunt, ma houlette exhume, en effet, une seconde loge, avec œuf et provende, à quelque distance de la loge centrale, elle-même peuplée d'un œuf et dûment approvisionnée. Une autre fouille me fournit deux loges excentriques. De part et d'autre, dans le cul-de-sac du terrier et dans ses annexes, les dispositions sont pareilles : à la base, dans le sable, un œuf; par-dessus, les vivres disposés en colonne.

Il est à croire que, si les difficultés de la manœuvre au fond d'un entonnoir n'eussent excédé la patience et la souplesse des reins de mon coadjuteur, de pareilles fouilles, répétées toute la bonne saison, auraient augmenté le nombre des chambres desservies par le même puits. Combien y en a-t-il en tout? Quatre, cinq, six? Je ne sais au juste. Un nombre modéré dans tous les cas. Et cela doit être. Les amasseurs de provende familiale sont d'une modeste fécondité. Le temps leur manque pour léguer le manger à nitée populeuse.

L'appareil éducateur à trépied de bambous me vaut une surprise. Je le visite après le départ et le décès du père. Il y a bien une colonne de vivres pareille à celles que j'exhume aux champs; mais ces provisions ne sont pas accompagnées d'un œuf, ni à la base ni ailleurs. La table est servie, et le consommateur manque. Serait-ce répugnance de la mère à peupler la demeure incommode que je lui ai imposée? Non apparemment, car elle n'aurait pas au préalable pétri le long pain, si ce pain devait être d'utilité nulle. Renonçant à la ponte pour cause d'un logis défectueux, elle se serait abstenue de boulanger un gâteau sans emploi.

D'ailleurs, dans les conditions normales, le même fait se reproduit. En ma douzaine de fouilles aux champs, — et si le nombre n'en est pas plus grand, c'est à la difficulté de l'opération qu'il faut l'attribuer, — en ma douzaine de fouilles, le cas de l'œuf absent s'est présenté trois fois. Le garde-manger était désert. La ponte n'avait pas eu lieu, et les provisions étaient là, manipulées comme d'habitude.

Je soupçonne ceci. Ne se sentant pas dans les ovaires des germes mûris au degré requis, la mère n'en travaille pas moins aux provisions avec son collaborateur. Elle sait que le beau cornu, l'auxiliaire si fervent, ne tardera pas à disparaître, usé par les jours et le travail. Avant d'en être privée, elle met à profit son zèle et ses forces. Ainsi sont manipulées en cellier des conserves utilisées plus tard par la mère restée veuve. Ces provisions, d'autant meilleures que la fermentation les a perfectionnées, seront reprises par la pondeuse, qui les déplacera et les empilera dans une loge latérale, mais cette fois avec un œuf placé sous l'amas. Pourvue de la sorte et mise en état de continuer seule, la prochaine veuve fera le reste. Le père maintenant peut trépasser, la maison n'en souffrira pas trop.

La fin prématurée du père pourrait bien avoir pour cause la nostalgie de l'inaction. C'est un laborieux que met à mal l'ennui de ne rien faire. Dans mon appareil, il se laisse mourir après la confection du premier gâteau, parce que l'atelier forcément chôme, le reste de la galerie en verre ne devant pas admettre des loges superposées qui gêneraient plus tard la sortie de la famille. Faute de place, la mère cesse de pondre, et le père, n'ayant plus rien à faire, s'en va trépasser au dehors. Le désœuvrement l'a tué.

Aux champs, le large dans le sol est indéfini; il permet au fond du puits tel groupe de loges qu'exige la fécondité maternelle, mais une autre difficulté surgit, et des plus graves. Lorsque je suis moi-même le pourvoyeur, la disette n'est pas à craindre. Journellement je m'informe des descentes en magasin, et je renouvelle à mesure les vivres disponibles, disséminés à la surface. Sans être encombrés, mes prisonniers sont toujours dans l'abondance.

Avec la liberté des champs, c'est une autre affaire. Le mouton n'est pas tellement prodigue qu'il dépose toujours en un même point la quantité de pilules nécessaire au Minotaure, deux cents et davantage, comme en feront foi mes observations ultérieures. Une émission de trois ou quatre douzaines, c'est déjà beaucoup. Le ruminant chemine et continue ailleurs son semis.

Or l'amasseur de pilules n'a pas l'humeur vagabonde. Je ne peux me le figurer allant quérir au loin de quoi doter ses fils. Comment, après une longue expédition, retrouverait-il son chemin et rentrerait-il chez lui, poussant de la patte, une par une, les olives rencontrées ? Que l'essor et le flair lui permettent, pour sa propre réfection, des trouvailles à grande distance, rien de mieux ; il faut peu de nourriture au sobre consommateur, et puis l'affaire n'est pas urgente.

S'il s'agit de nidification, au contraire, le besoin s'impose de pilules fort nombreuses et de plus rapidement acquises. L'insecte a pris soin, il est vrai, de s'établir à proximité d'un amas aussi copieux que possible. De nuit, il fait sa ronde aux alentours de sa demeure ; il cueille presque sur sa porte ; il poursuit même ses recherches à quelques empans de distance, en des lieux familiers, où s'égarer est impossible. Mais tôt ou tard plus rien ne reste dans le voisinage, tout est récolté.

L'amasseur, à qui répugnent des expéditions lointaines, dépérit alors d'inaction ; il fuit le logis où désormais le travail manque. N'ayant plus rien à faire faute de matériaux, le rouleur, le concasseur de pilules trépasse hors de chez lui, à la belle étoile. Ainsi je m'explique les mâles trouvés morts en plein air lorsque vient le mois de mai. Ce sont des désolés, victimes de leur passion du travail. Ils quittent la vie du moment qu'elle devient inutile.

Si ma conjecture est fondée, il doit m'être possible de prolonger l'existence de ces désespérés en mettant graduellement à la disposition des travailleurs autant de pilules qu'ils peuvent en désirer. Je songe alors à combler de faveurs le Minotaure; je me propose de lui faire un paradis où les crottins abondent, où les dragées se renouvellent à mesure que les précédentes sont descendues au cellier. De plus, ce lieu de délices aura terre sablonneuse, maintenue fraîche au degré requis, profondeur égale à celle des terriers habituels, enfin largeur d'espace qui permette de grouper au fond plusieurs cabines à côté l'une de l'autre.

Mes combinaisons aboutissent à l'édifice que voici. Avec des planchettes d'un gros travers de doigt d'épaisseur, ce qui plus tard modérera l'évaporation, le menuisier me construit un prisme creux et carré, mesurant $1^m,40$ de hauteur. Trois faces sont invariablement assemblées avec des clous; la quatrième est formée de trois volets égaux que des vis maintiennent en place. Cette disposition me permettra de visiter, à ma guise, le haut, le bas et la région moyenne de l'appareil sans ébranlement du contenu. La cavité du prisme mesure un décimètre de côté. Le bout inférieur est fermé; le bout supérieur est libre et porte une corniche sur laquelle repose un large plateau à rebord, représentant les alentours du terrier naturel. Une cloche en toile métallique fait dôme sur ce plateau. La colonne creuse se remplit de terre sablonneuse fraîche, convenablement tassée. Le plateau lui-même en reçoit une couche d'un travers de doigt.

Une condition indispensable est à remplir : c'est que le contenu terreux de l'appareil ne se déssèche pas. L'épaisseur des planches y pare en partie; mais ce n'est pas assez, pendant les ardeurs de l'été surtout. A cet effet, le tiers inférieur du long prisme plonge dans un grand pot à fleurs plein de terre, que je maintiens moite par des arrosages modérés. Une légère transsudation de l'humidité environnante à travers le bois empêchera le contenu de devenir aride. Du même coup s'obtient aussi la stabilité verticale de l'appareil, qui, solidement implanté dans une lourde base, tiendra bon contre les assauts du vent, toute l'année s'il le faut.

Le tiers moyen est enveloppé d'une épaisse gaine de chiffons que l'arrosoir humecte presque chaque jour. Enfin, le tiers supérieur est nu, mais la couche de terre du plateau, soumise de ma part à des pluies artificielles assez fréquentes, lui transmet un peu de fraîcheur. A l'aide de ces divers artifices, j'obtiens une colonne terreuse, ni noyée ni aride, telle que l'exige la nidification du Minotaure.

Si j'avais écouté l'ambition de mes projets, j'aurais fait construire une dizaine de semblables appareils, tant il surgissait de questions à résoudre; mais c'est coûteux, en dehors des moyens de ma personnelle industrie, et l'impécuniosité, ce terrible mal dont se plaignait Panurge, met un frein à mes souhaits d'outillage. Je m'en suis octroyé deux, pas davantage.

Une fois peuplés, je les ai tenus l'hiver dans une petite serre, crainte de la gelée au sein d'une masse terreuse de trop peu de volume. Au fond de sa galerie naturelle, le Minotaure n'a pas à craindre les froids rigoureux : une enceinte sans limites le défend. Dans la mesquine demeure de mon invention, il aurait subi de rudes épreuves.

Les beaux jours venus, j'ai dressé mes deux colonnes en plein air, à quelques pas de ma porte. Elles forment,

à côté l'une de l'autre, une sorte de pylône d'architecture
étrange. Nul de la maisonnée ne passe sans y donner un
coup d'œil. De ma part les visites sont assidues, le soir
et le matin surtout, lorsque les travaux nocturnes commencent et lorsqu'ils sont terminés. Aux aguets, dans
le voisinage de mon pylône, que de bons moments j'ai
passés, surveillant et méditant!

Racontons les faits. Vers le milieu de décembre, dans
chacun de mes deux appareils je loge une femelle, choisie
parmi celles qui se prêtent le mieux à mes desseins. A
cette époque, les sexes restent à l'écart l'un de l'autre.
Les mâles habitent des terriers médiocres; les femelles
descendent plus ou moins bas. Il y a de ces vaillantes qui,
sans l'aide d'un collaborateur, ont déjà parachevé, ou
de bien peu s'en faut, le puits nécessaire à la ponte. Le
10 décembre, j'exhume l'une d'elles à $1^m,20$ de profondeur.
Ces précoces fouisseuses ne font pas mon affaire. Désireux d'assister à la plénitude des travaux, je fais choix
de sujets médiocrement enfouis dans la campagne.

Au centre de la colonne terreuse des deux appareils, je
pratique une brève cavité, qui sera l'amorce du terrier.
J'y plonge la prisonnière, et c'est assez pour la familia-
riser avec les lieux. Un nombre connu de crottins de
mouton est réparti autour de l'orifice. Désormais les
choses marchent toutes seules; il me suffira de renouveler les vivres lorsqu'il en sera besoin. La saison froide
se passe dans la clémente atmosphère d'une serre, et
rien de notable ne se produit. Une modeste taupinée
s'élève, à peine de quoi remplir le creux de la main.
L'heure n'est pas venue des grands travaux.

Second appareil d'observation.

Au milieu de février, la floraison des amandiers commençant, le temps est très doux. Ce n'est plus l'hiver et ce n'est pas encore le printemps; le soleil est bon le jour, la flambée de quelques bûches dans l'âtre a ses charmes le soir. Sur les romarins de l'enclos, riches déjà de fleurs liliacées, butinent les abeilles, bourdonnent les osmies à ventre rouge, stationnent de gros criquets cendrés, qui, faisant moulinet de leurs grandes ailes, disent leur joie de vivre. Cette délicieuse saison de renouveau en éveil doit convenir aux Minotaures.

Je marie mes captives : je leur donne à chacune un compagnon, un superbe cornu apporté de la campagne. Dans la nuit le ménage se fonde, et sans tarder le couple se met activement à l'ouvrage. L'association vient d'animer l'atelier. Avant, les mâles, solitaires en de brèves retraites, sommeillaient d'habitude, indifférents à la cueillette des pilules, insoucieux des galeries profondes; les femelles, pour la majeure part, n'étaient guère plus laborieuses; les terriers restaient superficiels, les taupinées sans relief, les récoltes sans rendement. Le ménage fondé, profondément on creuse, copieusement on thésaurise. En deux fois vingt-quatre heures, l'expulsion des déblais a surmonté le manoir d'un amas de bouchons terreux formant dôme d'un empan de largeur; de plus, une douzaine de crottins est descendue en cave.

Trois mois et plus cette activité se maintient, entrecoupée de repos de durée variable, nécessités apparemment par les travaux de menuiserie et de boulangerie. La femelle n'apparaît jamais hors du terrier; c'est toujours le mâle qui sort et se met en quête, parfois à la tombée du crépuscule, plus souvent à une heure avancée de la nuit.

La récolte varie beaucoup, bien que je veille à tenir convenablement garnis les alentours du terrier. Tantôt deux ou trois pilules suffisent; tantôt, en une seule nuit, la vingtaine est cueillie. L'amasseur semble influencé par les conditions météoriques. Si le ciel se brouille, se met en préparatifs d'un orage manqué, si je fais pleuvoir moi-même en arrosant le plateau de l'appareil, c'est alors d'habitude que la cueillette est le plus active. En temps sec, au contraire, des semaines entières se passent sans le moindre emmagasinement.

Aux approches de juin, sentant sa fin venir, le valeureux redouble de zèle; il veut, avant de périr, léguer aux siens l'abondance. D'une fougue non toujours bien calculée, le prodigue entasse pilule sur pilule, au point d'encombrer le terrier et de rendre malaisées les occupations de la mère. Trop de richesses sont un embarras. L'étourdi le reconnaît enfin; il refoule l'excès au dehors.

Le premier jour de juin, dans l'un de mes appareils, le total des pièces descendues est de deux cent trente-neuf, nombre bien éloquent en faveur du laborieux cornu. Ma comptabilité de crottins, tenue avec non moins de scrupule que celle d'une banque, affirme ce résultat énorme. Je suis ravi du trésor du Minotaure; mais, à quelques jours de là, un résultat des plus inattendus me met en inquiétude. Je trouve, un matin, la mère morte. Elle est venue trépasser à la surface. Il est de règle, paraît-il, que nul du couple ne doit mourir dans la demeure des fils. C'est au loin, en plein air, que père et mère finissent.

Ce renversement dans l'ordre normal des décès, la mère trépassant avant le père, demande information. Je visite l'intérieur de l'appareil en dévissant les trois volets mobiles. Mes précautions contre l'aridité ont pleinement réussi. Le tiers supérieur de la colonne sablonneuse a gardé certaine fraîcheur qui donne consistance, empêche les éboulements. Le tiers moyen, avec sa gaine de chiffons mouillés, est plus frais encore. Là, dans un grenier d'abondance, se sont amoncelées les victuailles ; le mâle s'y trouve, alerte et vigoureux. Au dernier tiers, plongé dans la terre humide d'un grand vase, la plasticité est pareille à celle que ma bêche rencontre dans les profonds terriers naturels. Tout semble en ordre, et cependant, au bas de la galerie, nulle trace de nidification ; pas de saucisses préparées, ni même en préparation. Toutes les pilules sont intactes.

C'est de pleine évidence : la mère a refusé de pondre, et par suite le père s'est abstenu de moudre. La farine devenait inutile du moment que des pains ne se pétrissaient point. La récolte n'en est pas moins copieuse, en vue des événements futurs. Les deux cent trente-neuf pilules dont mes notes font foi se retrouvent, telles quelles et réparties en plusieurs amas. La galerie n'est pas rectiligne ; elle a des pentes en spirales, des paliers en communication avec de petits entrepôts. Là sont tenues en réserve, à toutes les hauteurs du puits, des richesses dont la mère pourra faire emploi, même après le décès du thésauriseur. En attendant que les œufs viennent et que des gâteaux soient préparés à l'intention des fils, le père, en sa ferveur, collectionne toujours, un peu au fond de la demeure, beaucoup en des chambres latérales, distribuées en divers étages.

Mais les œufs manquent. Pour quels motifs? Je constate d'abord que la galerie descend jusqu'au fond de l'appareil, haut de $1^m,40$. Elle s'arrête brusquement à la planchette fermant en bas le prisme. Sur cet obstacle infranchissable se distinguent des essais d'érosion. La mère a donc creusé tant que la fouille était possible; puis, rencontrant une barrière où tous ses efforts échouaient, elle est remontée à la surface, exténuée, découragée, n'ayant plus qu'à périr, faute d'un établissement à sa convenance.

Ne pouvait-elle loger sa ponte au fond du prisme, où la fraîcheur s'est maintenue pareille à celle des terriers naturels? Peut-être non. Dans ma région, nous avons eu cette année 1906 un printemps bien singulier. Le 22 et 23 mars, il a fortement neigé. Jamais, en ce pays, je n'avais vu chute pareille de neige si abondante et surtout si tardive. Après est survenue une interminable sécheresse, transformant la campagne en cendrier.

Dans l'appareil où ma vigilance entretenait la fraîcheur requise, la mère Minotaure semblait à l'abri de cette calamité. Rien ne dit cependant qu'à travers l'épaisseur des planches elle n'eût connaissance de ce qui se passait dehors, ou plutôt allait se passer. Douée d'une exquise sensibilité météorique, elle pressentait la terrible sécheresse, fatale aux vers non établis assez bas. Dans l'impuissance d'atteindre les lieux profonds conseillés par l'instinct, elle est morte sans pondre. Pour me rendre compte des faits, je n'entrevois pas d'autre raison que cette météorologie soupçonneuse.

Le second appareil, deux jours après l'installation du couple, me vaut une fâcheuse surprise. La mère, sans cause apparente, quitte le domicile, se terre dans le sable du plateau et plus ne bouge, insoucieuse de la loge où son cornu l'attend. Sept fois, par intervalles d'un jour, je la ramène chez elle, je la plonge tête première dans le puits. Rien n'y fait : obstinément elle remonte pendant la nuit, elle décampe et se terre aussi loin que possible. Si le treillis de la cloche n'arrêtait son essor, elle fuirait, cherchant ailleurs un autre compagnon. Le premier serait-il mort? Pas du tout. Dans l'étage supérieur de la galerie, je le trouve vigoureux comme avant.

L'opiniâtre escapade de la femelle, si casanière de nature, aurait-elle pour cause une incompatibilité d'humeur? Pourquoi pas? La collaboratrice s'en va parce que le collaborateur ne lui convient pas. J'ai fait moi-même l'association au hasard des trouvailles, et le prétendant a déplu. Si les choses s'étaient passées suivant les règles, la nubile aurait fait un choix, acceptant celui-ci, refusant celui-là, suivant des mérites dont seule elle était juge. Quand on doit vivre longtemps ensemble, on ne s'engage pas à la légère dans des liens indissolubles. C'est du moins l'avis de la gent Minotaure.

Que les autres, l'immense majorité, se prennent, se quittent, se reprennent en des rencontres brusques et fortuites, cela ne tire pas à conséquence. La vie est courte; on en jouit de son mieux, sans faire le difficile. Mais ici c'est le vrai ménage, de durée longue et de grand labeur. Comment peiner vaillamment à deux pour le bien-être des siens sans une mutuelle sympathie? Nous avons déjà vu le couple Minotaure se reconnaissant et se retrouvant dans le tumulte de deux terriers voisins bouleversés; le voici maintenant soumis à des répulsions tout aussi délicates. La mal mariée boude; coûte que coûte, elle veut s'en aller.

Comme le divorce semble devoir se prolonger indéfiniment, malgré mes rappels à l'ordre que je renouvelle chaque jour pendant une semaine en remettant la femelle dans le terrier, je finis par changer le mâle; je le remplace par un autre, d'aspect ni plus ni moins avantageux que ne l'était le premier. Dès ce moment les affaires reprennent le cours normal et marchent à souhait. Le puits s'approfondit, la taupinée s'exhausse, les vivres s'emmagasinent, la fabrique de conserves est en pleine activité.

Le 2 juin, le total des pilules descendues est de deux cent vingt-cinq. C'est un joli trésor. Peu après le père meurt, tué par la vieillesse. Je le trouve non loin de l'embouchure du terrier, convulsé sur sa dernière pilule, sa chère pilule qu'il n'a pas eu le temps de descendre. Le mal de l'âge l'a surpris en plein travail, l'a foudroyé au champ de récolte.

La veuve continue les affaires de la maison. Aux richesses amassées par le défunt, elle ajoute, de sa propre activité, dans le courant de juin, une trentaine de pilules. Total des entrées, depuis la fondation du ménage : deux cent cinquante-cinq. Puis les fortes chaleurs arrivent, amies du chômage et de la somnolence. La mère ne se montre plus.

Que fait-elle là-bas, dans la fraîcheur de sa crypte? Comme la mère Copris apparemment, elle surveille sa nitée, allant d'une loge à l'autre, auscultant les gâteaux, s'informant de ce qui se passe à l'intérieur. La déranger serait une barbarie. Attendons qu'elle sorte, accompagnée de ses fils.

Mettons à profit ce long repos pour dire le peu que m'ont appris les éducations en tube de verre, en présence des vivres réglementaires. La durée de l'œuf est de quatre semaines environ. Ma récolte la plus précoce, datant du 17 avril, a donné le ver le 15 mai. Cette lenteur de l'éclosion ne saurait avoir pour cause une insuffisance de chaleur au début du printemps : sous terre, à un mètre et demi de profondeur, la température n'est guère variable.

D'ailleurs nous allons voir la larve prendre son temps elle aussi et passer toute la période estivale avant de se transformer. Il fait si bon au sein d'une saucisse, dans une crypte affranchie des variations atmosphériques, loin des conflits de l'extérieur où les réjouissances ne sont pas sans péril; il est si doux de ne rien faire, de somnoler en digérant! Pourquoi se presser? Les tracas de la vie active ne viendront que trop tôt. Le Minotaure paraît être de cet avis : il prolonge autant que possible les béatitudes du premier âge.

Le vermisseau, qui vient de naître dans le sable, s'escrime des mandibules et des pattes, travaille de la croupe, s'ouvre un passage et, du jour au lendemain, parvient aux vivres empilés par-dessus. Dans le tube de verre où je l'élève, je le vois se hisser, s'insinuer, choisir autour de lui, déguster capricieusement d'un côté et de l'autre. Il se boucle et se déboucle, il frétille, il dodeline. Il est heureux. Je le suis aussi de le voir satisfait et luisant de santé. Je pourrai, jusqu'à la fin, suivre ses progrès.

Au bout d'une paire de mois, tantôt montant et tantôt descendant à travers sa colonne de victuailles, pour stationner aux meilleurs endroits, c'est une belle larve correcte de forme, non bedonnante, non efflanquée, de l'aspect à peu près de celles des Cétoines. Ses pattes d'arrière n'ont rien de la choquante irrégularité qui tant me surprit autrefois lorsque j'étudiais la famille du Géotrupe.

Le ver de ce dernier a les pattes postérieures plus faibles que les autres, torses, impropres à la marche et déjetées sur l'échine. Il est estropié de naissance. Le ver du Minotaure, malgré l'étroite analogie des deux bousiers, est exempt de cette infirmité. Ses pattes de troisième paire ne sont pas moins correctes de forme et d'agencement que celles des deux autres paires. Pourquoi le Géotrupe naît-il cagneux, et son proche allié correct ? Ce sont là de ces petits secrets qu'il convient de savoir ignorer.

Dans les derniers jours du mois d'août finit la période larvaire. Travaillée par la digestion du ver, la colonne alimentaire, la saucisse, tout en conservant sa forme et ses dimensions, s'est convertie en une pâte dont il serait impossible de reconnaître l'origine. Pas une miette ne reste où la loupe retrouve une fibre. Le mouton avait déjà finement divisé la matière végétale; le ver, incom-

parable triturateur, a repris ladite matière et l'a subdivisée davantage, porphyrisée en quelque sorte. Ainsi
sont extraites et utilisées les particules nutritives dont le
quadruple estomac du mouton n'avait pu tirer parti.

Se creuser une niche dans cette masse onctueuse,
d'après notre logique, conviendrait au ver, désireux d'un
souple matelas où reposera la nymphe. Nos prévisions
font erreur. Le ver rétrograde au bout inférieur de sa
colonne, il rentre dans le sable où s'est effectuée l'éclosion, il s'y pratique une cuvette dure et rugueuse. Cette
aberration, qui ne tient compte de la future nymphe
et de ses délicatesses épidermiques, serait pour nous
surprendre si la rustique loge ne se perfectionnait.

La bedaine du reclus a gardé en réserve une partie des
résidus digestifs, résidus destinés à disparaître en plein,
car, au moment de la nymphose, le corps doit être net de
de toute souillure. Avec ce mastic, longtemps affiné dans
l'intestin, le ver crépit la paroi sablonneuse. De sa ronde
croupe en guise de truelle, il lisse, polit et repolit le
stuc déposé, si bien que la fruste loge du début devient
cabine veloutée.

Tout est prêt pour le dépouillement qui donne la
nymphe. Celle-ci n'a rien qui mérite mention spéciale.
Le trident du mâle, en particulier, est déjà, quant à la
forme et aux dimensions, ce qu'il sera dans l'âge mûr.
Enfin, aux approches d'octobre, j'obtiens l'insecte parfait.
La durée de l'évolution totale, à partir de l'œuf, a été de
cinq mois.

Revenons à la mère Minotaure nantie de deux cent
cinquante-cinq pilules, dont deux cent vingt-cinq amassées

par le mâle avant de venir trépasser en dehors du terrier, et trente par la veuve elle-même. Quand viennent les fortes chaleurs, elle ne se montre absolument plus, retenue au fond du puits par ses affaires de ménage. Malgré mon impatience de savoir ce qui se passe chez elle, j'attends, toujours aux aguets. Enfin octobre amène les premières pluies, si désirées du laboureur et du bousier. Dans la campagne, les taupinées récentes se font nombreuses. C'est la saison des liesses automnales, alors que le sol, converti en cendrier tout l'été, reprend fraîcheur et verdoie d'un gazon où le berger conduit son ouaille; c'est la fête du Minotaure, l'exode des jeunes qui, pour la première fois, viennent aux joies de la lumière, parmi les dragées des moutons au pâturage.

Cependant, sous la cloche de mon appareil, rien ne paraît. Il est inutile d'attendre davantage, la saison est trop avancée. Je démonte le pylône. La mère est morte; elle est même fort délabrée, indice d'une fin déjà vieille. Je la trouve dans le haut de la galerie verticale, non loin de l'orifice.

Cette position semble indiquer que, ses travaux terminés, la mère remontait pour périr au dehors comme l'avait déjà fait le père. Une brusque et finale défaillance l'avait saisie en chemin, presque sur le seuil de sa porte. Je m'attendais à mieux; je me figurais qu'elle sortirait en compagnie de ses fils : la vaillante méritait de voir sa famille dans les liesses des derniers beaux jours de l'année.

Je ne renonce pas à cette idée. Si la mère n'est pas sortie avec les siens, il doit y avoir, et il y a en effet, on

va le voir, des raisons majeures. Tout au fond de la
colonne sablonneuse, dans la partie où la fraîcheur se
maintient le mieux, à la faveur de la terre du grand vase
fréquemment arrosé, se trouvent huit saucisses, huit conserves excellemment travaillées en pâte fine. Elles sont
groupées en divers étages, à proximité, toutes communi-
quant avec le couloir principal à l'aide d'un court vestibule. Chacune de ces conserves étant la ration d'un ver,
le total de la nitée est donc de huit. Cette famille
restreinte était prévue. Lorsque l'éducation est dispen-
dieuse, les mères, sagement, limitent leur fécondité.

L'imprévu est ceci : les cylindres nourriciers ne contiennent pas d'adulte, pas même de nymphe : ils ne
renferment que des larves, luisantes de santé d'ailleurs
et grossies presque au degré que réclame la nymphose.
Ce retard de l'évolution est fait pour étonner, à une
époque où la génération nouvelle est adulte, quitte le
manoir natal et commence à forer les terriers d'hivernage.
La surprise de la mère Minotaure doit avoir dépassé la
mienne. Lassée d'attendre les fils, elle s'est décidée à
partir seule avant l'épuisement complet de ses forces, afin
de ne pas encombrer la cheminée d'ascension. Une con-
vulsion, due à l'inexorable toxique de l'âge, l'a terrassée
presque sur le seuil de la demeure.

La cause de cette anormale prolongation de l'état larvaire
m'échappe. Peut-être convient-il de l'attribuer à quelque
défaut d'hygiène de l'appareil éducateur. Tous mes soins,
évidemment, n'ont pu réaliser en plein les conditions de
bien-être que les vers auraient trouvé dans les moiteurs
d'un sol profond, illimité. Au sein d'un étroit prisme de

sable, trop influencé par les variations de température et d'hygrométrie, l'alimentation ne s'est pas faite avec l'habituel appétit, et de ce fait la croissance a perdu en rapidité. Après tout, ces larves tardives ont excellent aspect. Je m'attends à les voir se transformer à la fin de l'hiver. Semblables aux jeunes pousses dont l'évolution est suspendue par l'inclémence de la saison, elles attendent le stimulant du renouveau.

IV

LE MINOTAURE TYPHÉE. — LA MORALE

C'est le moment de récapituler les mérites du Minotaure. Lorsque finissent les grands froids, il se met en
quête d'une compagne, s'enterre avec elle, et désormais
lui reste fidèle malgré ses fréquentes sorties et les rencontres qui peuvent en résulter. D'un zèle que rien ne
lasse, il vient en aide à la fouisseuse, destinée à ne jamais
sortir de chez elle jusqu'à l'émancipation de la famille.
Un mois durant et davantage, il charge les déblais des
fouilles sur sa hotte fourchue; il les hisse au dehors,
toujours patient, jamais découragé par la rude escalade.
Il laisse à la mère le travail modéré du râteau excavateur,
il garde pour lui le plus pénible, l'exténuant charroi dans
une galerie étroite, très haute et verticale.

Puis le terrassier se fait récolteur de victuailles; il va
aux provisions, il amasse de quoi vivront les fils. Pour
faciliter l'ouvrage de sa compagne, qui épluche, stratifie
et comprime les conserves, il change encore de métier et
se fait triturateur. A quelque distance du fond, il con-

casse, il émiette les trouvailles durcies par le soleil ; il en fait semoule et farine qui pleuvent à mesure dans la boulangerie maternelle. Finalement, épuisé d'efforts, il quitte le logis et va mourir à l'écart, en plein air. Vaillamment il a rempli son devoir de père de famille ; il s'est dépensé sans compter pour la prospérité des siens.

De son côté, la mère ne se laisse détourner de son ménage. Sa vie durant, elle ne sort de chez elle : *domi mansit*, comme disaient les anciens au sujet des matrones modèles ; *domi mansit*, pétrissant ses pains cylindriques, les peuplant d'un œuf, les surveillant jusqu'à l'exode. Lorsque viennent les liesses de l'automne, elle remonte enfin à la surface, accompagnée des jeunes, qui se dispersent à leur guise pour festoyer aux lieux fréquentés des moutons. Alors, n'ayant plus rien à faire, la dévouée périt.

Oui, au milieu de l'indifférence générale des pères pour les fils, le Minotaure est, à l'égard des siens, d'un zèle bien remarquable. Oublieux de lui-même, non séduit par les ivresses du printemps, alors qu'il ferait si bon voir un peu le pays, banqueter avec les confrères, lutiner les voisines, il s'opiniâtre au travail sous terre, il s'exténue pour laisser un avoir à sa famille. Lorsqu'il raidit pour la dernière fois ses pattes, celui-là peut se dire : « J'ai fait mon devoir, j'ai travaillé. »

Or, d'où sont venues à ce laborieux telle abnégation et telle ferveur pour le bien-être des siens? On nous dit qu'il les a acquises par un lent progrès du médiocre au meilleur, du meilleur à l'excellent. Des circonstances fortuites, aujourd'hui contraires, demain favorables, ont été ses maîtres. Il a appris comme le fait l'homme, par l'expérience; lui aussi évolue, progresse, s'améliore.

Dans sa petite cervelle de bousier, les leçons du passé laissent empreintes durables, qui, mûries par le temps, germent en actes mieux combinés. Le besoin est la suprême inspiration des instincts. Aiguillonné par la nécessité, l'animal est de lui-même son ouvrier; par ses propres énergies, il s'est fait tel qu'il nous est connu, avec son outillage et son métier. Ses mœurs, ses aptitudes, ses industries sont les intégrales d'infiniment petits acquis sur la route sans limites de la durée.

Ainsi dit la théorie, grandiose au point de séduire tout esprit indépendant, si la creuse résonance des mots ne remplaçait la pleine sonorité du réel. Interrogeons à cet égard le Minotaure. Certes il ne nous révélera pas l'origine des instincts; il laissera le problème aussi ténébreux que jamais; du moins il pourra projeter quelque lueur en un petit recoin, et tout lumignon, si vacillant soit-il, doit être le bienvenu dans la noire caverne où nous conduit la bête.

Le Minotaure exploite exclusivement les crottins de mouton; il les lui faut, en vue de sa famille, desséchés, racornis par une longue exposition au soleil. Ce choix est bien étrange, lorsque les autres collecteurs stercoraires exigent des produits frais. Ni le Scarabée, ni le Copris, ni l'Onthophage, ni aucun des autres, ne font cas de pareille provende. A tous, grands et petits, modeleurs de poires ou fabricants de saucisses, il faut absolument matière plastique, riche de sa pleine sapidité.

Au porteur de trident, il faut l'olive pastorale, la dragée

du mouton tarie de tous ses sucs. Tous les goûts sont de ce monde; il convient de ne pas en discuter. Cependant on aimerait à savoir pourquoi, lorsque tant de victuailles tendres et juteuses, venues du mouton ou d'ailleurs, abondent autour de lui, le bousier à trident choisit ce que les autres dédaignent. S'il n'y a pas en lui prédilection innée pour tel mets, comment a-t-il abandonné l'excellent, où il avait part comme les autres, pour adopter le médiocre, non utilisé ailleurs?

N'insistons pas. Toujours est-il que, d'une façon ou de l'autre, au Minotaure est échu le lot des pilules sèches. Cette donnée admise, le reste se déroule avec une pressante logique. La nécessité, instigatrice du progrès, semble avoir acheminé pas à pas le Minotaure mâle à ses fonctions de collaborateur. Le père d'autrefois, un oisif comme il est de règle parmi les insectes, est devenu fervent travailleur parce que, d'essai en essai, la race s'en est bien trouvée.

Que fait-il de sa récolte? Sobrement il s'en nourrit lorsque la fraîcheur du terrier a quelque peu ramolli les ingrates pièces; copieusement il les carde en un feutre où il s'ensevelit l'hiver pour se défendre du froid. Mais ce sont là les moindres emplois de son butin; l'essentiel est l'avenir de la famille.

Or jamais le ver, si débile d'estomac en ses débuts, ne mordrait sur pareils croûtons, laissés tels quels. Pour qu'ils soient acceptés et trouvés excellents, une préparation est indispensable, qui les affine en mollesse et sapidité. En quelle officine se cuisinera la chose? Évidemment sous terre, seule station où règne une moiteur constante, sans excès d'humidité contraire à l'hygiène. La qualité des vivres amène donc le terrier.

Et ce terrier doit être profond, très profond, afin que les torridités estivales ne puissent jamais atteindre les provisions et les mettre hors d'usage en les desséchant. Le ver est lent à se développer; il n'atteindra la forme adulte qu'en septembre. Dans sa crypte, il lui faut braver impunément la période la plus chaude et la plus aride de l'année, sans péril d'un pain trop rassis. Un mètre et demi de profondeur n'est pas de trop pour se soustraire, lui et son manger, à l'averse de feu des mois caniculaires.

La mère est de force à creuser seule pareil puits, si bas qu'il se prolonge. En sa fouille tenace, nul ne lui viendra en aide; mais il faut en même temps amener au dehors les déblais, afin que la galerie soit toujours libre. Ainsi le commandent d'abord le va-et-vient de l'approvisionnement, et plus tard la facile émersion des fils.

Excavation et charroi, ce serait trop pour un seul; la saison ne suffirait pas à telle besogne. Alors, longtemps couvée par les événements annuels, une éclaircie se fait dans l'intellect du bousier. Le père se dit : « Venons en aide, les choses iront mieux et plus vite. J'ai trois cornes qui me serviront de hotte. Mettons-nous au service de la fouisseuse, hissons là-haut les terres remuées. »

La collaboration à deux est trouvée, le ménage se fonde. D'autres soins, d'urgence non moins grande, affermissent le pacte. Les victuailles du Minotaure, compactes pièces, doivent d'abord être dilacérées, concassées et réduites en parcelles qui se prêteront mieux à l'élaboration du gâteau final. Après le passage au moulin, la matière doit être soigneusement stratifiée en cylindre, où la fermentation achèvera de développer les qualités requises. Le tout est lent et minutieux travail.

Pour abréger et profiter du mieux de la belle saison, on se met donc à deux. Le père cueille au dehors la provende brute. A l'étage supérieur, il fait semoule de sa récolte. A l'étage inférieur, la mère reçoit la mouture, l'épluche, la dispose en colonne, couche par couche doucement tapotée. Elle pétrit la pâte dont son compagnon fournit la farine. A elle le pétrin, à l'autre le moulin. Ainsi, par la division du travail, s'accélère le résultat et se tire le meilleur parti possible de la brièveté des jours.

Jusque-là tout est bien. Auraient-ils appris leur métier à l'école des siècles par des essais de leur invention, de loin en loin heureux, les deux collaborateurs ne se comporteraient pas autrement. Mais voici que les affaires se gâtent; il y a un revers de médaille affirmant le contraire de ce que dit la face.

Le gâteau qui vient de se préparer est la ration d'un ver, absolument d'un seul. La prospérité de la race en exige davantage. Or, qu'arrive-t-il? Il arrive qu'une fois la première ration préparée, le père quitte le logis; le mitron abandonne la boulangère et va trépasser au loin. Les fouilles faites dans la campagne au commencement d'avril me donnent toujours les deux sexes, le père dans le haut du logis, occupé des pilules à moudre, la mère tout au fond, travaillant les vivres empilés. Un peu plus tard, la mère est toujours seule; le père a disparu.

La ponte n'étant pas terminée, la survivante doit, sans

aide, continuer l'ouvrage. Le profond terrier, si dispendieux en temps et en fatigue, est prêt, il est vrai; est prête aussi la niche du premier-né de la famille; mais il reste à pourvoir les suivants, qu'il serait avantageux d'élever aussi nombreux que possible. L'établissement de chacun exige que la femelle, sédentaire jusque-là, sorte fréquemment. La casanière se fait quêteuse; elle va cueillir des pilules dans le voisinage, les amène au puits, les emmagasine, les pétrit, les empile en cylindre.

Et c'est en ce moment d'activité maternelle que le père abandonne le domicile! Il donne pour excuse la décrépitude. Ce n'est pas le bon vouloir qui lui manque, c'est la vie. Il se retire à regret, usé par l'âge.

On pourrait lui répondre : puisque l'évolution, de progrès en progrès, t'a fait inventer le ménage d'abord, sublime trouvaille, puis la profonde crypte, favorable en été au bon état des conserves; la trituration, qui assouplit, dompte l'aride; la mise en saucisse, où la matière fermente et se bonifie; cette même évolution ne pouvait-elle t'enseigner à prolonger la vie de quelques semaines? A l'aide d'une sélection des mieux conduites, l'affaire ne paraît pas impraticable. Dans l'un de mes appareils, le mâle a persisté jusqu'au mois de juin, après avoir mis à la disposition de sa compagne un trésor de pilules.

Il serait pareillement en droit de dire : « Le mouton n'est pas toujours bien généreux. La récolte est maigre aux alentours du terrier, et quand j'ai roulé dans le puits les quelques victuailles disponibles, je dépéris vite, usé par l'inaction. Si dans l'appareil savant mon collègue a vécu jusqu'en juin, c'est qu'il avait autour de lui des richesses inépuisables. Emmagasiner à souhait lui rendait la vie douce, le travail assuré lui valait de longs jours. N'étant pas aussi bien pourvu que lui, je me laisse périr d'ennui lorsque est finie ma pauvre récolte dans le voisinage. »

Soit, mais tu as des ailes, tu as l'essor. Que ne vas-tu à quelque distance? Tu y trouverais de quoi satisfaire ta passion d'amasser. Tu n'en fais rien. Pourquoi? Parce que le temps ne t'a pas enseigné l'art fructueux des expéditions à quelques pas de ta demeure. Comment se fait-il que, pour venir en aide à ta compagne jusqu'à la fin des travaux, tu ne saches pas encore te maintenir vaillant quelques jours de plus, et récolter un peu loin à la ronde?

Si l'évolution qui, dit-on, t'a instruit dans ton métier difficile, t'a laissé cependant ignorer ces détails de haute importance et d'exécution aisée après un peu d'apprentissage, c'est qu'elle ne t'a rien appris du tout, ni ménage, ni terrier profond, ni boulangerie. Ton évolution est permanence. Tu t'agites dans un cercle de rayon inextensible; tu es et tu resteras ce que tu étais lorsque fut descendue en cave la première pilule.

Cela n'explique rien. D'accord, mais savoir ignorer donne du moins équilibre stable et repos à notre inquiète curiosité. Nous touchons à la falaise de l'inconnaissable. Sur cette falaise devrait se graver ce que le Dante met sur la porte de son Enfer : *Lasciate ogni speranza*. Oui, nous tous qui, escaladant l'atome, nous figurons monter à l'assaut de l'univers, laissons ici l'espérance. Le sanctuaire des origines ne s'ouvrira pas.

En vain, dans l'énigme de la vie, nous plongeons la sonde, nous n'atteignons jamais l'exacte vérité. Le crochet des théories ne rapporte que des illusions, acclamées aujourd'hui comme le dernier mot du savoir, rejetées demain comme fausses et remplacées par d'autres, tôt ou tard reconnues erronées à leur tour. Où donc est-elle, cette vérité? Semblable à l'asymptote des géomètres, fuit-elle à l'infini, poursuivie par notre curiosité, qui s'en rapproche toujours sans jamais l'atteindre?

La comparaison conviendrait si notre science était une courbe à marche régulière; mais elle progresse et recule, elle monte et descend, elle s'infléchit en sinuosités, elle se rapproche de son asymptote, puis brusquement s'en éloigne. Il peut lui arriver de la croiser, mais sans y prendre garde. La pleine possession du vrai nous échappe.

Toujours est-il que le couple Minotaure, autant que l'observation nous permet de l'entrevoir, est d'un zèle bien remarquable à l'égard de la famille. Il faudrait remonter bien haut dans la série animale pour trouver des exemples pareils. A peine l'oiseau et le vêtu de poils nous en fourniraient d'équivalents.

Si telles choses se passaient, non dans le monde des bousiers, mais dans le nôtre, nous dirions que c'est de la morale, et de la belle morale. L'expression serait ici déplacée. La bête n'a pas de morale. L'homme seul la connaît, la formulant, l'améliorant à mesure que le renseignent les éclaircies de la conscience, ce délicat miroir où se concentre ce qu'il y a de mieux en nous.

La marche de ce progrès, le plus élevé de tous, est d'extrême lenteur. Lorsqu'il eut tué son frère, le premier meurtrier, Caïn, dit-on, réfléchit quelque peu. Était-ce remords de sa part? Apparemment non, mais plutôt appréhension d'un poing plus fort que le sien. La crainte du mauvais coup rendu fut le commencement de la sagesse.

Et cette crainte était fondée, car les successeurs de Caïn furent singulièrement habiles dans l'art des engins homicides. Après le poing, le bâton, la massue, le caillou lancé par la fronde. Le progrès amena la flèche et la hache en silex; plus tard, le coutelas de bronze, la pique de fer, le glaive d'acier. La chimie se mêla de l'affaire. A elle la palme de l'extermination. De nos jours, les loups de la Mandchourie pourraient nous dire quels abatis de chair humaine les explosifs perfectionnés leur ont valus.

Que nous réserve l'avenir? On n'ose y songer. Amoncelant à la racine des montagnes picrate sur dynamite, panclastite sur fulminate et autres explosifs mille fois plus puissants, que la science, toujours en marche, ne manquera pas d'inventer, en viendra-t-on à faire sauter la planète? Affolés par la secousse, les éclats anguleux de la motte terrestre s'en iront-ils en tourbillons, semblables à celui des Astéroïdes, ruines apparemment d'un monde disparu? Ce serait la fin de belles et nobles choses, mais ce serait aussi la fin de bien des laideurs et de bien des misères.

De nos jours, en pleine floraison matérialiste, voici que la physique travaille précisément à démolir la matière. Elle en pulvérise l'atome, le subtilise jusqu'à le faire disparaître, mué en énergie. Le bloc tangible et visible n'est qu'apparence; en réalité tout est force. Si le

savoir de l'avenir parvenait à remonter en grand aux
origines primordiales de la matière, quelques assises de
roche, soudainement dissociées en énergie, disloqueraient
la terre en chaos de puissance. Alors se réaliserait la
grande image littéraire de Gilbert :

> Et d'ailes et de faux dépouillé désormais,
> Sur les mondes détruits le temps dort, immobile.

Mais ne comptons pas trop sur ce remède héroïque.
Cultivons notre jardin, comme nous le conseille Candide;
arrosons notre carré de choux et acceptons les choses
telles qu'elles sont.

La nature, sauvage nourrice, ignore la pitié. Après les
avoir dorlotés, elle saisit ses petits par la patte, les fait
virer en un mouvement de fronde et les écrabouille contre
le roc. C'est sa manière de modérer les encombrements
de sa fécondité.

La mort, encôre passe, mais à quoi bon la souffrance?
Lorsqu'un chien enragé met en péril la sécurité publique'
parlons-nous de le supplicier atrocement? Nous l'abat-
tons d'un coup de fusil; nous ne torturons pas, nous
nous défendons. Naguère cependant, la justice, en grand
apparat de robes rouges, faisait écarteler, rompre sur
la roue, griller sur des fagots, brûler dans une chemise
soufrée : elle prétendait faire expier la faute par l'horreur
de la torture. La morale a bien progressé depuis; de nos
jours, la conscience mieux clarifiée nous impose de traiter
le scélérat avec la même mansuétude que le chien enragé.
On le supprime sans de stupides raffinements de cruauté.

Un jour viendra même, semble-t-il, où le meurtre juridique disparaîtra de nos codes; au lieu de tuer, on s'efforcera de guérir l'infirmité criminelle. Le virus du crime sera combattu comme ceux de la fièvre jaune et de la peste. Mais à quand ce respect absolu de la vie humaine? Lui faudra-t-il, pour éclore, des cent et des mille ans? Peut-être bien, tant la conscience est lente à déposer sa bourbe.

Depuis qu'il y a des hommes sur la terre, la morale est encore loin d'avoir dit son dernier mot même au sujet de la famille, le groupe sacré par excellence. L'antique *paterfamilias* est despote chez lui. Il régit son entourage à la façon du troupeau de son domaine; il a droit de vie et de mort sur ses enfants, il en dispose à sa guise, les troque pour d'autres, les vend comme esclaves, les élève pour lui et non pour eux. La primitive législation est à cet égard d'une brutalité révoltante.

Cela s'est depuis considérablement amélioré, sans abolir en plein l'antique sauvagerie. En manque-t-il chez nous pour lesquels la morale se réduit à la peur des gendarmes? N'en trouverions-nous pas de nombreux qui élèvent leurs enfants, comme on le fait des lapins, pour en tirer profit? Il a fallu formuler en loi sévère les vœux de la conscience afin de sauvegarder l'enfant, jusqu'à treize ans, de l'enfer des fabriques où, pour quelques sous, s'étouffait l'avenir du pauvre petit.

Si la bête n'a pas de morale, d'acquisition laborieuse et toujours en travail d'amélioration dans le cerveau des penseurs, elle a ses commandements, imposés dès l'origine, immuables, impérieux et gravés dans son être non moins bien que le besoin de respirer et de se nourrir. En tête de ces commandements sont les soins maternels. Puisque la vie a pour but primordial la continuation de la vie, faut-il encore que les fragiles débuts de l'existence soient rendus possibles. C'est la charge des mères d'y veiller.

Aucune n'y manque. Les plus bornées déposent au moins leurs germes en des lieux propices, où les nouveau-nés trouveront d'eux-mêmes de quoi vivre. Les mieux douées allaitent, abecquent, approvisionnent, construisent des nids, des loges, des pouponnières, chefs-d'œuvre souvent d'exquise délicatesse. Mais en général, dans la série des insectes surtout, les pères se désintéressent de la descendance. Ainsi faisons-nous quelque peu de notre côté, non encore bien dépouillés de la vieille rudesse.

Le décalogue nous ordonne d'honorer père et mère. Rien de mieux, s'il n'était muet sur les devoirs du père envers les fils. Il parle comme parlait autrefois le despote du clan familial, le *paterfamilias*, rapportant tout à lui et médiocrement soucieux des autres. Assez tard on a compris que le présent se doit à l'avenir, et que le premier devoir du père est de préparer les fils aux âpres luttes de la vie.

D'autres parmi les plus humbles, nous ont devancés. D'une inspiration inconsciente, ils ont d'emblée magnifiquement résolu le problème paternel, encore nébuleux chez nous. Le père Minotaure notamment, s'il avait voix délibératrice en ces graves affaires, amenderait notre décalogue. En de frustes versiculets imités de ceux du catéchisme, il y inscrirait :

> Tes enfants tu élèveras
> Du mieux possible et vaillamment

V

LE CIONE.

—

Parmi les insectes, tel bien connu de tous fréquemment n'est qu'un sot, et tel autre ignoré a réelle valeur. Doué de talents dignes d'attention, il reste méconnu; riche de costume et de prestance, il nous est familier. Nous jugeons de lui d'après l'habit et le volume, comme nous le faisons de notre prochain d'après la finesse du drap et l'ampleur de la place occupée. Le reste ne compte pas.

Certes, pour mériter les honneurs de l'histoire, il est excellent que l'insecte possède renom populaire. Cela repose le lecteur, à l'instant renseigné de façon précise; cela, de plus, abrège le récit, le débarrasse des fastidieuses lenteurs descriptives. Si, d'autre part, la grosseur facilite l'observation, si l'élégance des formes et l'éclat du costume captivent le regard, on aurait tort de ne pas tenir compte de cet apparat.

Mais bien au-dessus sont les mœurs, les ingéniosités qui donnent aux études entomologiques sérieux attrait.

Or il se trouve que, chez les insectes, les plus gros, les
plus somptueux sont en général des ineptes : travers
qui se retrouve ailleurs. Qu'attendre d'un Carabe, tout
ruisselant d'éclairs métalliques? Rien autre que la ripaille
au sein de la bave d'un escargot égorgé. Qu'attendre de
la Cétoine, échappée, dirait-on, de l'écrin d'un bijoutier?
Rien autre que des somnolences au cœur d'une rose.
Ces superbes ne savent rien faire; ils n'ont pas d'industrie,
ils n'ont pas de métier.

Voulons-nous, au contraire, des inventions originales,
des ouvrages artistiques, des combinaisons ingénieuses :
adressons-nous aux humbles, le plus souvent ignorés de
chacun. Et ne nous laissons pas rebuter par les lieux
fréquentés. L'ordure nous réserve de belles curiosités
dont nous ne trouverions pas
l'équivalent sur la rose. Tantôt
le Minotaure nous a édifiés de
ses mœurs familiales. Vivent les
modestes! Vivent les petits!

L'un de ces petits, moindre
qu'un grain de poivre, va nous
soumettre grosse question,
pleine d'intérêt, mais probablement insoluble. La nomenclature

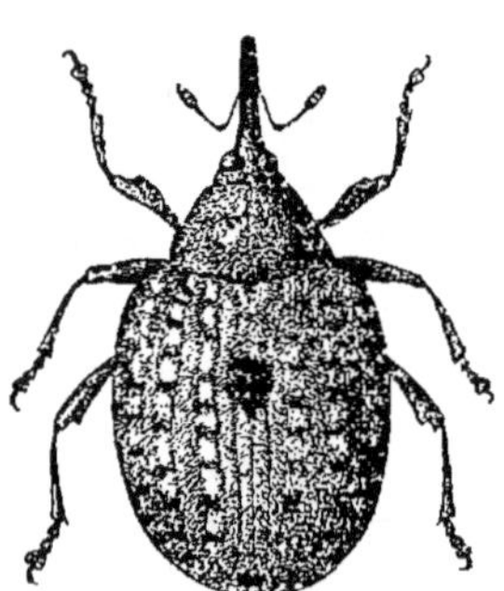

Cionus thapsus, grossi 10 fois.

officielle l'appelle *Cionus thapsus*, Fab. Si l'on me
demande ce que veut dire le terme de Cione, je répondrai
candidement que je n'en sais rien. Le mal n'est pas
grand, ni pour l'auteur de ces lignes ni pour le lecteur.
En entomologie, une dénomination est d'autant meilleure
qu'elle ne signifie rien autre que l'insecte dénommé.

Si un amalgame de grec ou de latin donne un sens qui fasse allusion à la manière de vivre, bien des fois la réalité est en désaccord avec le vocable, parce que le nomenclateur, travaillant sur une nécropole, a devancé l'observateur, attentif à la cité des vivants. Aussi des à peu près et même de criantes erreurs trop souvent déparent les archives des bêtes.

En ce moment, le reproche s'adresse au mot *Thapsus*, car la plante exploitée par le Cione n'est nullement le *Verbascum thapsus* des botanistes, mais bien une autre, toute différente, le *Verbascum sinuatum*. Ami du bord des routes, dont il ne craint pas le sol ingrat et la blanche

Verbascum sinuatum.

poussière, le Verbascum sinué est une plante méridionale, qui étale sur le sol une rosace de larges feuilles cotonneuses, entaillées sur le bord de sinuosités profondes. Sa hampe florale se divise en nombreux rameaux couverts de fleurs jaunes, à filets staminaux barbus de poils violets.

En fin mai, ouvrons sous la plante le parapluie, engin

de chasse du collectionneur. Quelques coups de canne
sur la girandole jaunie de fleurs en feront pleuvoir une
sorte de grêle. C'est notre insecte, le Cione, tout rondelet, ramassé en globule sur de courtes pattes. Son
costume ne manque pas d'élégance. Il consiste en un
tricot écailleux, tiqueté de points noirs sur un fond gris
cendré. Deux amples cocardes de velours noir, l'une sur
le dos, l'autre au bout inférieur des élytres, caractérisent
surtout l'insecte. Nul autre, parmi les Charançons de nos
pays, n'en porte de pareilles. Le rostre est assez long,
vigoureux et rabattu sur la poitrine.

Depuis longtemps, ce décoré de noires lunes est
l'objet de mes préoccupations. Je désirerais connaître sa
larve, qui, tout semble l'affirmer, doit vivre dans les
capsules du Verbascum sinué. L'insecte appartient à la
série des grignoteurs de semences incluses dans une
coque; il doit en avoir les mœurs botaniques. Or vainement, en toute saison, j'ouvre les capsules de la plante
exploitée; jamais je n'y trouve le Cione, sa larve, sa
nymphe. Ce petit mystère accroît ma curiosité. Peut-être
le nain a-t-il d'intéressantes choses à nous apprendre. Je
me propose de lui dérober son secret.

De fortune, quelques pieds de Verbascum sinué
étalent leurs rosaces parmi les pierrailles de mon enclos.
Ils ne sont pas peuplés, mais il me sera facile de les colo-
niser avec des sujets apportés de la campagne et obtenus
par quelques battues au parapluie. Ainsi est-il fait. A
partir de mai, j'ai devant ma porte, sans crainte de
troubles de la part de moutons passant, de quoi suivre à
mon aise, à toute heure du jour, les actes du Cione.

Mes colonies sont florissantes. Sur les rameaux où je les ai déposés, les étrangers stationnent, satisfaits de leur nouveau campement. Ils paissent, ils se lutinent doucement de la patte; beaucoup s'apparient et gaillardement dépensent la vie aux fêtes du soleil. Les associés par couples, l'un sur l'autre, ont de brusques oscillations latérales qui les secouent comme le ferait la détente d'un ressort alternatif. Suivent des pauses, plus ou moins longues, puis l'oscillation reprend, cesse, recommence.

Qui des deux est le moteur de la petite mécanique? Il me semble bien que c'est la femelle, un peu plus grosse que le mâle. La secousse serait alors une protestation de sa part, un essai pour se délivrer des étreintes du compagnon, qui tient bon malgré tous les tremblements. Mieux encore : ce doit être une manifestation commune; ils exultent d'allégresse en un roulis nuptial.

Les non accouplés plongent le rostre dans les fleurs en boutons et délicieusement se restaurent. D'autres forent dans les menus rameaux de petits trous bruns, d'où suinte une larme sirupeuse, que viendront bientôt pourlécher les fourmis. Et voilà tout pour le moment. Rien n'indique en quel point les œufs seront déposés.

En juillet, certaines capsules, toutes petites encore, vertes et tendres, ont à leur base un point brun qui pourrait bien être l'ouvrage du Cione, logeant sa ponte. Des doutes me viennent : la plupart de ces capsules piquées ne contiennent rien. Les vermisseaux ont donc quitté leur loge peu après l'éclosion : le pore toujours béant leur a livré passage.

Cette émancipation des nouveau-nés, cette venue prématurée aux périls du dehors n'entrent pas dans les usages des Curculionides, éminemment casaniers à l'état larvaire. Privé de pattes, grassouillet, ami du repos, leur ver craint le déplacement: il se développe au point même où il est né.

Une autre circonstance aggrave mes perplexités. Parmi les capsules que le Charançon semble avoir perforées de son rostre, quelques-unes contiennent des œufs d'un jaune orangé, groupés en un seul tas de cinq ou six et davantage. Cette multiplicité donne à réfléchir. En parfaite maturité, les capsules du Verbascum sinué sont petites, bien inférieures comme volume à celles des autres plantes du même genre. Très jeunes encore, vertes et tendres, celles où se trouvent les œufs sont à peine de la grosseur d'un demi-grain de blé. Dans si menu morceau, il n'y a pas de vivres pour tant de convives: ce serait insuffisant pour un seul.

Toute mère est prévoyante. L'exploiteuse du Verbascum ne peut avoir doté six nourrissons et plus d'un avoir si maigre. Pour ces divers motifs, je doute d'abord que je sois réellement en présence de la ponte du Cione. Ce qui suit n'est pas fait pour diminuer mes hésitations. Les œufs orangés éclosent. Il en provient des vermisseaux qui, dans les vingt-quatre heures, abandonnent la chambrette natale. Ils sortent par la voie du pertuis laissé ouvert; ils se répandent sur la capsule, dont ils tondent le duvet; pelouse suffisante à leurs premières bouchées. Ils descendent sur les ramuscules, qu'ils décortiquent, et de proche en proche sur les petites feuilles voisines, où se continue la réfection. Laissons-les grossir. Leur transformation finale me démontrera que j'ai réellement sous les yeux la larve authentique du Cione.

Ce sont des vers nus, apodes, uniformément d'un jaunâtre pâle, sauf la tête, qui est noire, et le premier segment du thorax, qui est orné de deux gros points noirs. Sur toute la surface du corps, ils sont vernis d'une humeur glutineuse, si bien qu'ils adhèrent au pinceau servant à les cueillir et s'en détachent difficilement par des secousses. Tracassés, ils émettent du bout de l'intestin un fluide visqueux, origine apparemment de leur enduit.

Ils errent paresseusement sur les jeunes rameaux, dont ils rongent l'écorce jusqu'au bois; ils broutent aussi les feuilles raméales, bien moindres que celles de la base. Un bon endroit de pâturage trouvé, ils s'y tiennent immobiles, bouclés en arc et retenus par leur glu. Leur marche est une reptation onduleuse, ayant pour point d'appui leur derrière collant. Impotents culs-de-jatte, mais vernis d'un enduit adhésif, ils ont la station assez fixe pour résister, sans chute, à l'ébranlement du rameau qui les porte. Quand on est dépourvu de tout grappin apte à saisir, se vêtir de glu afin de pouvoir déambuler sans péril de chute, même par un fort coup de vent, est originale invention dont je ne connais pas encore d'autre exemple.

Nos vers sont d'éducation facile. Mis dans un bocal avec quelques tendres rameaux de la plante nourricière, ils continuent quelque temps de brouter, puis ils fabriquent une jolie ampoule où doit se faire la transformation. Assister à ce travail et me rendre compte de la méthode suivie, étaient le but principal de mon étude. J'y suis parvenu, non sans grande dépense d'assiduité.

Sa vie durant, la larve est enduite, tant à la face dorsale qu'à la face ventrale, d'une humeur visqueuse, incolore, très nettement adhésive. Du bout d'un pinceau touchons légèrement la bête en un point quelconque. La matière glutineuse vient et s'étire en fil de certaine longueur. Recommençons le contact sous les ardeurs du soleil, par un temps très sec. La viscosité n'est pas amoindrie. Nos vernis se dessèchent, celui du ver ne se dessèche pas ; et c'est là propriété de haute valeur qui permet à la faible larve, sans crainte des aridités de la bise et des violences de l'insolation, solide adhérence sur la plante nourricière, amie du grand air et des chaudes expositions.

L'officine de l'enduit visqueux est aisément découverte ; il suffit de faire cheminer la bête sur une lame de verre. On voit de temps à autre une sorte de rosée filante suinter au bout terminal de l'intestin et lubrifier le dernier anneau. L'humeur glutineuse est donc déversée par le canal digestif. Y a-t-il là un laboratoire glandulaire spécial, ou bien est-ce l'intestin lui-même qui travaille le produit ? Je laisserai la question sans réponse, n'ayant plus aujourd'hui la sûreté de main et l'acuité de vue nécessaires à la fine anatomie. Toujours est-il que le ver se badigeonne avec une glu dont la terminaison de l'intestin est du moins l'entrepôt, s'il n'en est pas la source réelle.

De quelle manière l'émission visqueuse se distribue-t-elle sur tout le corps, au-dessus comme au-dessous ? La larve est cul-de-jatte, elle chemine en prenant appui sur son derrière. De plus, elle est assez bien segmentée. Le dos, en particulier, porte une série de bourrelets de quelque saillie ; la face ventrale, de son côté, se plisse de reliefs noduleux, très modifiables par le fait de la reptation. Quand il progresse, l'avant flexueux et tâtonnant pour s'informer de la voie, le ver est une série de vagues qui se suivent dans un ordre parfait.

L'onde part de l'extrémité postérieure, et rapidement gagne, de proche en proche, jusqu'à la tête. Une seconde à l'instant lui succède dans le même ordre, suivie d'une troisième, d'une quatrième, indéfiniment. Chacune de ces ondes, propagées d'un bout à l'autre, est un pas. Tant qu'elle dure, le point d'appui, c'est-à-dire l'orifice de l'intestin, reste en place, d'abord un peu en avance et puis un peu en retard sur l'élan de l'ensemble. De là résulte que la source à rosée glutineuse frôle tour à tour l'extrémité du ventre et l'extrémité du dos de la bête en marche. Voilà déposée en haut et en bas la minime gouttelette de glu.

Reste à la distribuer. C'est l'affaire de la reptation. Entre les plis, les bourrelets que l'onde locomotrice rapproche et puis éloigne, des contacts se font, des interstices s'ouvrent, où le fluide visqueux s'insinue, de proche en proche, par capillarité. Sans aucune intervention d'une industrie particulière, le ver s'habille de glu rien qu'en cheminant. Chaque onde locomotrice, chaque pas fournit son tribut au pourpoint visqueux. Ainsi se compensent les pertes que la larve ne peut manquer de faire sur son trajet quand elle vagabonde d'un pâturage à l'autre ; ainsi, l'apport du nouveau balançant l'usure du vieux, s'obtient badigeon convenable, ni trop mince ni trop épais.

L'enduit complet est de formation rapide. De la pointe d'un pinceau, je lave un ver dans quelques gouttes d'eau. La viscosité disparaît, dissoute, et le liquide de l'ablution, évaporé sur une lame de verre, laisse une trace pareille à celle d'une faible dissolution de gomme arabique. Je mets le ver se ressuyer sur du papier buvard. Alors, touché d'un fétu de paille, il n'y adhère plus; il a perdu son enduit.

Comment le remplacera-t-il ? C'est très simple. Quelques minutes, je laisse le ver cheminer à sa guise. Il n'en faut pas davantage : la couche visqueuse est revenue, la bête se colle au fétu qui la touche. En somme, le vernis dont se couvre le ver du Cione est un fluide visqueux, soluble dans l'eau, d'émission prompte et de dessiccation très difficultueuse, même sous les ardeurs du soleil et l'aride haleine de la bise.

Ces données acquises, tâchons de voir comment se construit l'ampoule où doit se faire la transformation. Le 8 juillet 1906, mon fils Paul, mon zélé collaborateur maintenant que me défaillent les bonnes jambes d'autrefois, m'apporte, de sa course matinale, une superbe girandole de Verbascum peuplée par le Cione. Les larves y abondent. Deux surtout m'agréent; tandis que les autres stationnent et pâturent, celles-ci errent inquiètes, insoucieuses du manger. A n'en pas douter, elles sont en recherche d'un emplacement propice au travail de la nymphose.

Je les loge, chacune à part, dans un petit tube de verre

qui me rendra l'observation aisée. Dans le cas où la plante nourricière leur serait utile, je les munis d'une brindille de Verbascum. Et maintenant, loupe en main, du matin au soir, puis dans la nuit autant que le permettront les lourdeurs du sommeil et la douteuse clarté d'une bougie, soyons aux aguets; de bien curieuses choses vont se passer. Décrivons-les heure par heure.

Huit heures du matin. — La larve ne fait cas du rameau que je lui ai donné. Elle chemine sur le verre, dardant de-çà, de-là, son avant effilé. D'une douce reptation qui fait onduler le dos et le ventre, elle cherche à s'établir commodément. En deux heures de cet exercice, que l'émission visqueuse ne peut manquer d'accompagner, elle a trouvé à son goût.

Dix heures. — Maintenant fixée sur le verre, la larve s'est raccourcie en manière de tonnelet, ou de grain de froment dont les bouts seraient arrondis. A l'un des pôles luit un point noir. C'est la tête engoncée dans un pli du premier segment. La coloration n'a pas changé, elle reste d'un jaune sale.

Une heure après midi. — Copieuse émission de fins granules noirs, suivie de déjections demi-fluides. Afin de ne pas souiller la future cabine et de préparer l'intestin à la délicate chimie qui va suivre, le ver s'expurge au préalable de ses immondices. Il est alors d'un jaune pâle uniforme, sans les nébulosités qui le déparaient au début. Il repose en plein sur toute la face ventrale.

Trois heures. — Sous l'épiderme, au dos surtout, la loupe constate de subtiles pulsations, de légers frémissements rappelant ceux d'une nappe liquide en apprêts d'ébullition. Le vaisseau dorsal lui-même plus activement que d'habitude se dilate, se contracte dans toute sa longueur. C'est un accès de fièvre. Un travail intime doit se préparer qui met en émoi tout l'organisme. Serait-ce un préparatif d'excoriation?

Cinq heures. — Non, car la bête met fin à son immobilité. Elle quitte son tas d'ordures, elle se remet à véhémentement cheminer, plus inquiète que jamais. Que se passe-t-il d'insolite? La logique aidant, il me semble l'entrevoir.

Rappelons-nous que l'enduit visqueux dont s'habille le ver ne se dessèche pas, condition indispensable à la liberté des mouvements. Converti en vernis sec, en pellicule aride, il entraverait, il arrêterait la reptation; maintenu fluide, c'est la goutte d'huile qui graisse la machine locomotrice. Cette couche d'humeur sera cependant la matière de l'ampoule à nymphose; le coulant deviendra baudruche, le liquide se fera solide.

Ce changement d'état fait d'abord songer à une oxydation. Il convient de renoncer à cette idée. Si le durcissement était, en effet, le résultat d'une oxydation, le ver, visqueux dès sa naissance et toujours exposé à l'air, serait depuis longtemps vêtu, non d'une fine tunique de glu, mais d'un rigide étui de parchemin. La dessiccation, c'est de pleine évidence, doit s'effectuer aux derniers moments et de façon rapide, lorsque le ver se prépare à changer de forme. Avant, cette dessiccation serait un péril; maintenant, elle est un bon moyen de défense.

Pour solidifier les peintures à l'huile de lin, notre

industrie fait emploi de siccatifs, c’est-à-dire d’ingrédients qui agissent sur l’huile, la résinifient et lui donnent consistance. Le Cione a pareillement son siccatif, les faits qui vont suivre le prouvent. Par un changement profond dans la marche de son officine organique, c’est peut-être à ce produit desséchant que travaillait le ver lorsque ses pauvres chairs frémissaient de fiévreux tressaillements; c’est à la diffusion du siccatif sur toute la surface du corps qu’il vient de procéder à la faveur d’une longue promenade, la dernière de la vie larvaire.

Sept heures. — La larve s’immobilise de nouveau, couchée à plat sur le ventre. Est-ce la fin des préparatifs? Pas encore. Il faut une fondation à l’édifice globulaire, une base où le ver puisse prendre appui pour gonfler son ampoule.

Huit heures. — Autour de la tête et de l’avant de la poitrine, en contact avec la lame de verre comme le reste du corps, maintenant apparaît un liséré d’un blanc pur, comme s’il avait neigé en ces points. Cela forme une sorte de fer à cheval cernant une aire où le dépôt neigeux se continue en vague nébulosité. De la base de ce liséré s’irradient en brefs pinceaux des filaments de la même matière blanche. Cette structure dénote un travail de la bouche, un menu travail de filière. Et en effet, nulle autre part qu’autour de la tête ne se montre pareille matière blanche. Les deux pôles de la bête prennent donc part à la confection de l’habitacle; celui d’avant fournit les fondements, celui d’arrière fournit l’édifice.

Dix heures. — La larve se raccourcit. De son point d’appui, c’est-à-dire de la tête ancrée sur le coussinet neigeux, elle rapproche un peu l'arrière ; elle se boucle, fait le gros dos, petit à petit se conglobe en sphérule. Sans être discernable encore, l'ampoule se prépare. Le siccatif a produit son effet, la viscosité primitive s'est transmutée en une sorte d'épiderme, assez souple en ce moment pour se distendre sous une poussée de l'échine. Lorsque la capacité sera assez grande, le ver se décollera de son enveloppe et se trouvera libre dans une enceinte spacieuse.

Je tiendrais à voir cette décortication, mais les choses se passent avec une désespérante lenteur. Il se fait tard. Le sommeil et la fatigue m'accablent. Allons dormir. Ce que j'ai vu suffit à faire deviner le peu qui reste à voir.

Le lendemain, lorsque les blancheurs de l'aube donnent éclairage suffisant, j'accours à mes larves. L'ampoule est terminée. C'est un gracieux ovoïde en baudruche extra-fine, sans adhérence aucune avec la bestiole incluse. La confection en a duré une vingtaine d'heures. Il reste à la consolider au moyen d'une doublure. La transparence de la muraille permet de suivre l'opération.

On voit la petite tête noire du ver monter et descendre, obliquer de par-ici et de par-là, et de temps à autre cueillir des mandibules, sur le seuil de l'intestin, une parcelle de mastic, aussitôt mise en place et minutieusement lissée. Point par point, à petits coups, ainsi se crépit l'intérieur de la cabine. Crainte de mal voir à travers la paroi, je tronque une ampoule, je mets la larve partiellement à découvert. L'ouvrage se poursuit sans grande hésitation. L'étrange méthode est d'une évidence qui ne laisse rien à désirer. Le ver exploite son derrière comme entrepôt de ciment consolidateur; la terminaison intestinale est pour lui l'équivalent du baquet où le maçon puise sa truelle de mortier.

Cette originale façon d'opérer m'est connue. Autrefois, un gros charançon, le Larin maculé, hôte du chardon à têtes bleues (*Echinops Ritro*), m'a rendu témoin de semblable industrie. Lui aussi fiente son mastic. Du bout des mandibules, il le cueille sur l'orifice évacuateur; il le met en place avec une stricte économie. Il a d'ailleurs d'autres matériaux à son service : les poils, des débris de fleurettes de son chardon. Son mastic ne sert qu'à cimenter, à glacer l'ouvrage. De son côté, le ver du Cione n'utilise rien autre que le suintement de son intestin; aussi la cabine obtenue est-elle d'une perfection hors ligne.

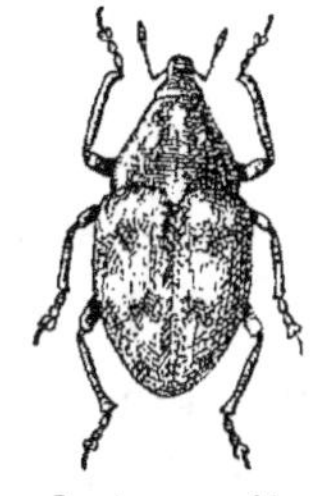

Larin maculé
grossi 2 fois 1/2.

Outre le Larin maculé, mes notes mentionnent d'autres Charançons, par exemple celui de l'ail (*Brachycerus algirus*), qui savent crépir leur cellule avec un fin enduit fourni par le derrière. Cet art intestinal paraît donc d'usage assez fréquent parmi les Curculionides constructeurs de chambrettes où doit se faire la transformation; mais nul n'y excelle autant que le Cione. Son travail gagne en outre en intérêt si l'on considère que dans la même usine, à peu d'intervalle, s'élaborent trois produits différents : d'abord une glu

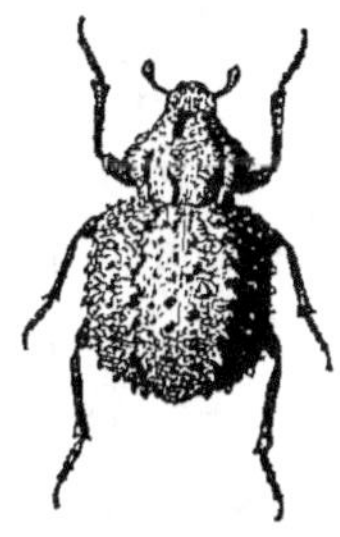

Brachycerus
algirus
grossi 3 fois.

fluide, moyen d'adhérence sur le branlant appui du Verbascum battu des vents; puis une humeur siccative qui change l'enduit visqueux en membrane de baudruche; enfin un mastic qui renforce l'ampoule séparée de la bête par une sorte d'excoriation épidermique. Quel laboratoire, quelle délicate chimie dans un bout d'intestin!

A quoi bon ces minutieux détails heure par heure? Pourquoi ces puérilités? Que nous importe l'industrie d'un ver infime, à peine connu même des gens du métier?

Eh bien, ces puérilités touchent aux plus graves questions qu'il nous soit donné d'agiter. Le monde est-il œuvre harmonique, régie par un ressort primordial, cause des causes? Est-il, au contraire, un chaos de conflits aveugles dont les poussées réciproques, vaille que vaille, au hasard, s'équilibrent? C'est à sonder scientifiquement ces bagatelles et autres semblables que peuvent servir, mieux que ne le font les syllogismes, les minuties entomologiques scrutées un peu à fond. Pour sa part, l'humble Cione nous affirme un ressort primordial, moteur des plus petites comme des plus grandes choses.

Une journée n'est pas de trop pour donner bonne doublure à l'ampoule. Le lendemain, la larve se dépouille, passe à l'état de nymphe. Achevons son histoire avec les données glanées dans la campagne. Les coques à nymphose se trouvent fréquemment sur les herbages voisins de la plante nourricière, sur les chaumes et les feuilles mortes des graminées. En général cependant elles occupent les menus rameaux du Verbascum, dépouillés de leur écorce et desséchés. En septembre, un peu plus tôt, un peu plus tard, il en sort l'insecte adulte.

La capsule de baudruche ne se déchire pas au hasard, de façon irrégulière; elle se divise nettement en deux parties égales, rappelant les deux calottes d'une boîte à savonnette. Est-ce l'insecte inclus qui, de sa dent patiente, a rongé l'enveloppe et pratiqué une fissure suivant l'équateur? Non, car les bords de l'un et de l'autre hémisphère sont d'une parfaite netteté. Il y avait donc là une ligne circulaire toute prête pour une facile déhiscence. Il a suffi à l'insecte de faire le gros dos et de pousser un peu pour desceller tout d'une pièce la voûte de sa cabine et se libérer.

Cette ligne de facile rupture, je parviens à la voir sur certaines capsules intactes. C'est un trait subtil cernant l'équateur. Comment fait l'insecte pour préparer de la sorte la déhiscence de sa loge? Une humble plante printanière, l'Anagallis, à fleurs écarlates ou azurées, a pareillement sa boîte à savonnette, sa pyxide, d'éclatement aisé en deux hémisphères, lorsque doit se faire la dissémination des graines. De part et d'autre, c'est l'ouvrage d'une savante inconscience. Pas plus que l'Anagallis, le ver ne combine ses plans; il arrive à l'ingénieux assemblage par la seule inspiration de l'instinct.

Plus nombreuse que les capsules à déhiscence correcte, d'autres se trouvent grossièrement percées d'une brèche informe. Par là doit être sorti quelque parasite, un brutal qui, ne connaissant pas le secret du fin assemblage, s'est libéré en déchirant la baudruche. En des cellules non encore trouées, je rencontre sa larve. C'est un vermisseau blanc fixé sur un lardon bruni, restes de la nymphe du Cione. L'intrus achève de humer et de tarir le maître de céans, tout tendre encore, à chairs naissantes. Je crois reconnaître dans l'égorgeur un bandit de la tribu des Chalcidiens, coutumiers de pareils massacres.

Son aspect et sa ripaille ne me trompent pas en effet. Mes locaux d'éducation me donnent, en abondance, un petit Chalcidien couleur de bronze, à tête large, à ventre cercliforme et pointu, sans tarière visible. M'informer de son nom auprès des maîtres en la matière me sourit médiocrement. Je ne demande pas à la bête : « Comment t'appelles-tu ? » Je lui demande : « Que sais-tu faire ? »

Le parasite anonyme éclos dans mes bocaux n'a pas d'instrument analogue à celui du Leucospis, chef de file des Chalcidiens ; il n'a pas de sonde capable de traverser une enceinte et de conduire l'œuf à distance sur la pièce alimentaire. Son germe a donc été déposé dans les flancs mêmes du ver du Cione avant que ce dernier n'eût construit sa coque.

Les méthodes de ces minimes brigands .préposés à l'émondage du trop nombreux sont des plus variées. Chaque corporation a la sienne, toujours d'une effroyable efficacité. En quoi le Cione, si petit, encombrerait-il le monde ? N'importe, il doit être jugulé et périr dans son berceau, victime du Chalcidien. Comme les autres, il doit, lui le nain, le placide, fournir sa part de matière organisable, qui s'affinera de mieux en mieux en passant d'un estomac à l'autre.

Récapitulons les mœurs du Cione, mœurs bien singulières chez un insecte de la série des Charançons. La mère confie sa ponte aux capsules naissantes du Verbascum sinué. Jusque-là tout est correct. D'autres

Curculionides, en effet, affectionnent, pour l'établissement des fils, les coques de tel et de tel autre Verbascum, celles aussi de la Scrofulaire et du Muflier, plantes de la même famille botanique. Mais voici que l'exceptionnel, l'étrange, tout aussitôt apparaît. La mère Cione fait choix du Verbascum dont les capsules sont les moindres, lorsque dans le voisinage et dans la même saison d'autres se trouvent chargés de fruits dont la grosseur fournirait copieuse nourriture et gîte spacieux ; elle préfère la disette à l'abondance, l'étroitesse à l'ampleur.

Elle fait pire. Insoucieuse de laisser provende à sa nitée, elle mordille les tendres semences, les détruit, les extirpe, afin d'obtenir une niche au sein de l'infime globule. Là dedans, elle insinue une demi-douzaine d'œufs, plus ou moins. Avec ce qui reste de comestible, le logis entier serait-il consommé, il n'y a pas de quoi nourrir un seul vermisseau.

Lorsque la huche n'a pas de pain, la maison se déserte. Éclos du jour, les jeunes abandonnent donc la famélique demeure. Audacieux révolutionnaires, ils entreprennent ce qui est une abomination parmi les Curculionides, tous casaniers par excellence ; ils affrontent les périls du dehors, ils voyagent, ils courent le monde d'une feuille à l'autre, en quête du manger. Cette exode étrange, inavouable pour un Charançon, n'est pas un coup de tête, mais une nécessité imposée par la disette ; on émigre parce que la mère s'est désintéressée de l'alimentation.

Si le voyage a ses agréments capables de faire oublier les douceurs de la niche où tranquillement on digère, il a ses désavantages aussi. Le ver, privé de pattes, ne progresse qu'au moyen d'une vague reptation. Chez lui, nul outil d'adhérence qui permette station fixe sur le rameau, d'où le moindre vent peut faire choir. Le besoin est ingénieux. Pour parer aux périls de chute, le promeneur s'enduit d'une humeur visqueuse, qui le vernit et le colle sur la voie parcourue.

Ce n'est pas tout. Lorsque vient l'heure délicate de la nymphose, un abri est indispensable où le ver puisse se transformer en paix. Le vagabond n'a rien ; il n'est pas domicilié, il loge à la belle étoile ; mais il sait, au moment requis, se confectionner une tente capsulaire dont l'intestin lui fournit les matériaux. Aucun autre de son ordre ne sait édifier semblable demeure. Souhaitons-lui que l'odieux Chalcidien, juguleur de nymphes, ne le visite pas dans son joli tabernacle.

Chez le ver hôte du Verbascum sinué, c'est, on le voit, une révolution profonde dans les usages de la gent Charançon. Pour mieux en juger, consultons une espèce voisine, rangée non loin du Cione par les classificateurs ; comparons les deux genres de vie, d'une part l'exception et d'autre part la règle. La comparaison aura d'autant plus de mérite que le nouveau témoin exploite, lui aussi, un Verbascum. On le nomme *Gymnetron thapsicola*, Germ.

Costume en bure roussâtre, corps rondelet, taille comparable à celle du Cione, voilà le sujet. Remarquons le qualificatif *thapsicola*, habitant du thapsus. Cette fois, et je m'en réjouis, le terme est des plus heureux ; il met le novice en mesure d'arriver exactement à l'insecte sans autre donnée que celle de la plante nourricière.

La botanique appelle *Verbascum thapsus* le vulgaire

Bouillon-blanc, ami des cultures champêtres aussi bien dans le nord que dans le midi. Son inflorescence, au lieu de se ramifier comme celle du Verbascum sinué, consiste en une seule et dense quenouille de fleurs jaunes. A ces fleurs succèdent, serrées l'une contre l'autre, des capsules du volume à peu près d'une moyenne olive. Ce ne sont plus les mesquines coques où le ver du Cione périrait de famine s'il ne les abandonnait aussitôt éclos; ce sont des coffres riches de vivres pour une larve et même pour deux. Une cloison la divise en deux compartiments égaux, bourrés l'un et l'autre de semences.

La fantaisie m'est venue d'évaluer approximativement le trésor séminal du Bouillon-blanc. Dans une seule coque j'ai compté jusqu'à trois cent vingt et une graines. Or une quenouille de dimensions ordinaires comprend cent cinquante capsules. Le total des graines est alors de quarante-huit mille. Que veut faire la plante de telle prodigalité? La part faite au petit nombre de semences réclamé par le maintien prospère de l'espèce, il est visible que le Bouillon-blanc est un amasseur d'atomes nutritifs; il crée du comestible, il appelle des convives à son opulent banquet.

Au courant de ces choses, le Gymnetron, dès le mois de mai, visite la plantureuse quenouille; il y installe ses vers. Les capsules peuplées se reconnaissent au point brun qui fait tache à la base. C'est le pertuis foré par le rostre de la pondeuse, l'ouverture nécessaire à l'introduction des œufs. Habituellement il y en a deux, correspondant à l'une et l'autre loge du fruit. Bientôt les suintements de la loge se figent, se dessèchent en obstruant la subtile lucarne, et la capsule se retrouve close, sans communication aucune avec l'extérieur.

En juin et juillet, ouvrons les coques marquées de stigmates bruns. Presque toujours il y a deux larves grassouillettes, d'aspect beurré, renflées en avant, rétrécies en arrière et courbées en virgule. Nul vestige de pattes, organes fort inutiles en pareil logis. Couché à son aise, le ver a sous la dent nourriture copieuse, d'abord les semences tendres et sucrées, puis le placenta, support commun des graines, charnu pareillement et de haut goût. En de telles conditions, il fait bon vivre, immobile, tout entier aux félicités du ventre.

Il faudrait un cataclysme pour déranger le béat ermite. Ce cataclysme, je le provoque en ouvrant la cellule. Aussitôt le ver s'agite, frétille désespéré, tant lui est odieux l'accès de l'air et de la lumière. Il lui faut au delà d'une heure pour revenir de son émotion. En voilà un qui certainement ne sera jamais tenté de sortir de chez lui et d'aller vagabonder comme le fait le ver du Cione. Il est au plus haut degré casanier par hérédité de famille, et casanier il restera.

Il refuse même de voisiner de porte à porte. Dans la même capsule, de l'autre côté de la cloison, un confrère grignote. Jamais il ne le visite, ce qui lui serait facile en perçant la cloison, en ce moment véritable gâteau non moins tendre que les graines et le placenta. Dans la capsule, part à deux inviolable. De ce côté-ci demeure le premier, de ce côté-là demeure le second, et jamais entre eux la moindre relation par le vasistas d'une lucarne. Chacun chez soi.

Il est tellement heureux dans sa loge qu'il y séjourne très longtemps après avoir pris la forme adulte. De dix mois sur douze, il n'en sort pas. En avril, lorsque se gonflent les boutons des tiges nouvelles, il perce la capsule natale, devenue robuste donjon ; il vient aux joies du soleil sur les quenouilles récentes, de jour en jour plus longues et plus fleuries ; il s'ébaudit par couples, puis établit en mai sa famille, qui répétera obstinément les usages sédentaires des aînés.

Avec ces données, philosophons maintenant un peu. Tout Charançon passe la vie larvaire au point où l'œuf a été déposé. Diverses larves, il est vrai, lorsque s'approche le moment de la transformation, émigrent et descendent en terre. Le Brachycère abandonne son bulbille d'ail ; le Balanin, sa noisette, son gland ; le Rhynchite, son cigare en feuille de vigne, de peuplier ; le Ceutorhynque, son trognon de chou. Mais ces désertions de vers parvenus à leur pleine croissance n'infirment en rien la loi : toute larve de Curculionide grandit aux lieux mêmes de sa naissance.

Or voici que, par un revirement des plus inattendus, la larve de Cione quitte, toute jeune, le logis natal, la capsule du Verbascum ; il lui faut le dehors, le pâturage à l'air libre sur l'écorce d'un rameau, ce qui lui impose deux industries inconnues partout ailleurs : le pourpoint de viscosité donnant appui stable à la promeneuse, et l'ampoule de baudruche servant de cabine à la nymphe.

D'où provient cette aberration ? Deux idées se présentent, l'une basée sur la décadence, l'autre sur le progrès. On se dit : la mère Cione jadis, dans le recul des

x.

âges, suivait les règlements de sa tribu. Comme les autres Curculionides grugeurs de semences non mûres, elle affectionnait les grosses capsules, suffisantes à l'alimentation d'une famille sédentaire. Plus tard, par inadvertance, étourderie ou tout autre motif, elle s'est adressée à l'avare Verbascum sinué. Fidèle aux antiques usages, elle a bien choisi pour domaine une plante pareille de genre à celle qu'elle exploitait d'abord ; mais, par malchance, il se trouve que le Verbascum adopté n'est pas capable de nourrir un seul ver dans son fruit trop petit. De l'ineptie de la mère est venue la décadence ; la périlleuse vie errante a remplacé la tranquille vie sédentaire. L'espèce est en voie d'extinction.

On pourrait dire encore : au début, le Cione avait pour lot le Verbascum sinué ; mais, les vers se trouvant mal de pareille installation, la mère est en recherche d'un établissement meilleur. De lents essais l'y amèneront un jour. De temps à autre, je la rencontre, en effet, sur le *Verbascum maïale* et sur le *Verbascum thapsus*, l'un et l'autre à grosses capsules ; seulement elle est là par hasard, en excursion, occupée de bonnes lampées, et non de ponte. L'avenir l'y fixera tôt ou tard en vue de la famille. L'espèce est en voie d'amélioration.

En assaisonnant l'affaire de termes rébarbatifs, bons à dissimuler le vague de l'idée, on pourrait présenter le Cione comme un superbe exemple des changements apportés par les siècles dans les mœurs de l'insecte. Ce serait très savant, mais serait-ce bien clair ? J'en doute. Lorsqu'il me tombe sous les yeux une page hérissée de locutions barbares, dites scientifiques, je me dis :

« Prends garde! l'auteur ne possède pas bien ce qu'il dit, sinon il aurait trouvé, dans le vocabulaire qu'ont martelé tant de bons esprits, de quoi formuler nettement sa pensée. »

Boileau, à qui l'on dénie le souffle poétique, mais qui certes avait du bon sens, et beaucoup, nous dit :

> Ce que l'on conçoit bien s'énonce clairement.

Parfait, Nicolas! Oui, de la clarté, toujours de la clarté. Il appelle chat un chat. Faisons comme lui : appelons charabia une prose savantissime, donnant à répéter la boutade de Voltaire : « Lorsque celui qui écoute ne comprend pas, et que celui qui parle ne sait pas lui-même ce qu'il dit, alors on fait de la métaphysique. » Ajoutons : « Et de la haute science. »

Bornons-nous à poser le problème du Cione, sans grand espoir qu'il soit un jour clairement résolu. D'ailleurs, à vrai dire, il n'y a peut-être pas de problème. Le ver du Cione est vagabond d'origine, et vagabond il restera, au milieu des autres Curculionides, tous essentiellement casaniers. Tenons-nous-en là ; c'est le plus simple et le plus clair.

VI

L'ERGATE. — LE COSSUS

C'est aujourd'hui mardi gras, réminiscence des antiques saturnales. Je médite à cette occasion un mets insensé, qui eût fait les délices des gourmets de Rome. Je désire que ma folie culinaire ait quelque renom. Il me faut des témoins dégustateurs qui, chacun à sa manière, sachent apprécier les mérites d'un manger inconnu dont nul, hors des érudits, n'a jamais entendu parler. La grave question se débattra en conseil.

Nous serons huit, ma famille d'abord et puis deux amis, probablement les seules personnes du village devant lesquelles je puisse me permettre de telles excentricités de table sans quolibets à l'adresse de ce que l'on prendrait pour une manie dépravée.

L'un est l'instituteur. Puisqu'il me le permet et qu'il ne craint pas les propos des sots si par hasard notre festin vient à se divulguer, appelons-le de son nom, Jullian. A larges vues et nourri de science, il a l'esprit ouvert à toute vérité.

Le second, Marius Guigue, est un aveugle qui, menuisier de son état, manie la scie et le rabot dans l'obscurité la plus noire avec la même sûreté de main que le fait, en plein jour, un habile voyant. Il a perdu la vue en sa jeunesse, après avoir connu les joies de la lumière et les émerveillements de la couleur. En compensation des perpétuelles ténèbres, il s'est acquis une douce philosophie, toujours riante ; un désir ardent de combler du mieux possible les lacunes de sa maigre instruction primaire ; une sensibilité d'ouïe apte à saisir les subtiles délicatesses musicales ; une finesse de tact bien extraordinaire en des doigts rendus calleux par le travail de l'atelier. Dans nos conversations, s'il a besoin d'être renseigné sur telle et telle autre propriété géométrique, il me tend la main largement ouverte. C'est notre tableau noir. Du bout de l'index, j'y trace la figure à construire, j'accompagne d'une brève explication mon léger attouchement. Cela suffit : est comprise l'idée que le rabot, la scie, le tour traduiront en réalité.

L'après-midi des dimanches, en hiver surtout, lorsque trois bûches flambant dans l'âtre font délicieuse diversion aux sauvageries du mistral, on se réunit chez moi. Nous formons à nous trois l'Athénée du village, l'Institut rural où l'on parle de tout, excepté de l'odieuse politique. Philosophie, morale, littérature, linguistique, sciences, histoire, numismatique, archéologie, suivant les remous imprévus de la conversation, fournissent tour à tour aliment à notre échange d'idées. En pareille réunion, charme de ma solitude, s'est comploté le dîner d'aujourd'hui. Le mets extraordinaire consiste en *Cossus*, gourmandise de haut renom aux temps antiques.

Quand il eut assez mangé de peuples, le Romain, abruti par l'excès de luxe, se mit à manger des vers. Pline nous dit : ***Romanis in hoc luxuria esse cœpit, prægrandesque roborum vermes delicatiore sunt in cibo; cossos vocant.***

Les Romains en arrivèrent à tel point de luxe de table qu'ils estimèrent morceaux délicieux les gros vers du chêne, appelés Cossus.

Que sont au juste ces vers? Le naturaliste latin n'est pas bien explicite; il nous dit pour tout renseignement, qu'ils habitent le tronc des chênes. N'importe, avec cette donnée, on ne peut se méprendre. Il s'agit de la larve du grand Capricorne (*Cerambyx heros*).

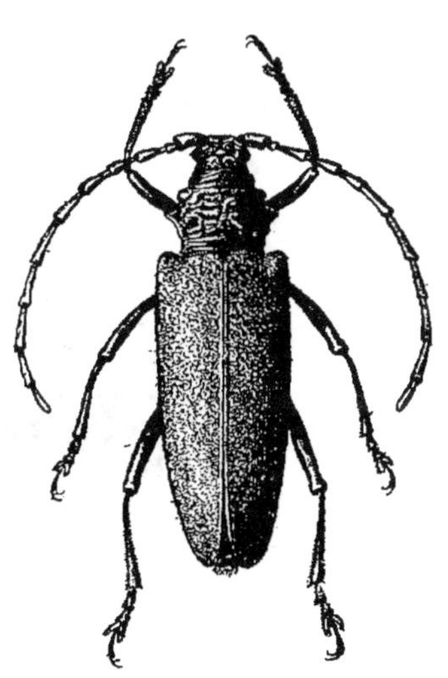

Cerambyx heros, femelle.

Hôte fréquent du chêne, cette larve est, en effet, corpulente; elle attire l'attention par son aspect de blanche et grosse andouillette. Mais l'expression *prægrandes roborum vermes* doit, à mon sens, se généraliser un peu. Pline n'y regardait pas de si près. Ayant à parler d'un gros ver, il cite celui du chêne, le plus fréquent parmi ceux de quelque prestance; il néglige, il sous-entend les autres, qu'il ne distinguait probablement pas du premier.

Ne tenons compte trop rigoureux de l'arbre requis par e texte latin, fouillons plus avant la pensée du vieil auteur et nous trouverons d'autres vers non moins dignes du titre de Cossus que celui du chêne, par exemple celui du châtaignier, larve du Cerf-volant.

Une condition indispensable est à remplir pour mériter la célèbre appellation : il faut que le ver soit grassouillet, de taille avantageuse et d'aspect non repoussant. Or, par un travail singulier de la nomenclature savante, il se fait

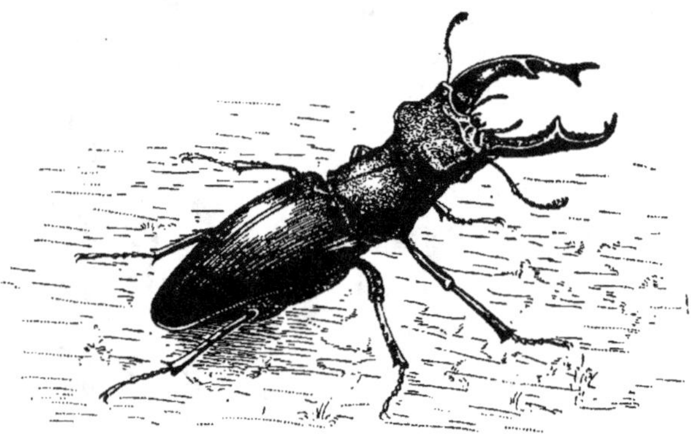

Cerf-volant, mâle.

que le terme de Cossus revient à la puissante chenille dont les galeries éventrent les vieux saules, bête hideuse, puante, couleur lie de vin. Jamais gosier, fût-il romain, n'eût osé faire bouchée de pareille horreur. Le Cossus des naturalistes modernes n'est certainement pas celui des antiques gourmets.

En dehors des larves du Capricorne et du Cerf-volant, identifiées par les auteurs avec le fameux ver de Pline, j'en connais une autre qui, à mon avis, remplirait mieux les conditions voulues. Disons comment j'en fis la trouvaille.

Bois de pins où fut étudié le Cossus.

La loi, si peu prévoyante, laisse tranquille le tueur de beaux arbres, l'inepte qui, pour une poignée d'écus, saccage la majesté des bois, découronne la campagne, tarit les nuées et change le sol en une scorie haletante de soif. Il y avait dans mon voisinage un superbe bosquet de pins, délices du merle, du geai, de la grive et autres passants, parmi lesquels j'étais, et des mieux assidus. Le propriétaire le fit abattre. Deux ou trois ans après le massacre, je vins visiter les lieux.

Les pins avaient disparu, convertis en fagots et solives ; seules restaient les énormes souches, d'extraction trop difficultueuse. Elles devaient pourrir sur place. En ces reliques, bien travaillées déjà par les injures du temps, s'ouvraient d'amples galeries, indices d'une vigoureuse population achevant l'œuvre de mort commencée par l'homme. Il conviendra de s'informer de ce qui grouille là dedans. Le propriétaire a exploité son bosquet ; il m'abandonne l'exploitation de l'idée, dont il ne fait nul cas.

Dans l'après-midi d'une belle journée d'hiver, toute ma famille présente et mon fils Paul maniant un solide outil de dépècement, nous nous mettons à éventrer une paire de souches. Dur et sec au dehors, le bois se change à l'intérieur en assises très souples, semblables à des plaques d'amadou. Au sein de cette moite et tiède pourriture, abonde un ver de la grosseur du pouce. Jamais je n'en ai vu d'aussi replet.

C'est caressant au regard par sa blancheur d'ivoire et doux au toucher par sa finesse de satin. Si l'on est affranchi des préjugés gastriques, c'est même appétissant par son apparence de sacoche translucide, gonflée de beurre frais. A cette vue, une idée surgit : c'est ici le Cossus, le véritable Cossus, bien supérieur au rustique ver du Capricorne. Pourquoi ne pas essayer le mets tant vanté? L'occasion est belle et ne se présentera peut-être jamais plus.

En conséquence, ample récolte est faite, en premier lieu pour l'étude du ver, dont la configuration m'annonce un longicorne; en second lieu pour le problème culinaire. Il faut savoir quel insecte au juste représente cette larve; il faut s'informer aussi de la valeur sapide du Cossus. C'est mardi gras, l'heure est propice à cette folie de table.

J'ignore à quelle sauce, au temps des Césars, se mangeait le Cossus, les Apicius de l'époque ne nous ayant rien transmis à cet égard. Les ortolans se mettent à la broche : ce serait les profaner que de leur adjoindre la sapidité d'apprêts compliqués. Procédons de même pour les Cossus, ces ortolans de l'entomologie. Rangés en brochettes, ils sont exposés sur le gril aux ardeurs d'une braise vive. Une pincée de sel, condiment obligé de nos mets, est le seul appoint qui intervienne. Le rôti se dore, doucement grésille, pleure quelques larmes huileuses, qui prennent feu au contact des charbons et brûlent avec une belle flamme blanche. Voilà qui est fait. Servons chaud.

Encouragée par mon exemple, ma famille bravement attaque sa brochette. L'instituteur hésite, dupe de son imagination qui voit ramper dans l'assiette les gros vers de tantôt. Il s'est réservé les pièces les plus petites, de souvenir moins troublant. Mieux affranchi des répugnances imaginaires, l'aveugle se recueille et savoure avec tous les signes de la satisfaction.

Le témoignage est unanime. Le rôti est juteux, souple et de haut goût. On lui reconnaît certaine saveur d'amandes grillées que relève un vague arome de vanille. En somme, le mets vermiculaire est trouvé très acceptable; on pourrait même dire excellent. Que serait-ce si l'art raffiné des gourmets antiques avaient cuisiné la chose!

La peau seule laisse à désirer, tant elle est coriace. Le mets est une fine andouillette enveloppée de parchemin; le contenu est délicieux, le sac est indomptable. J'offre cette dépouille à ma chatte; elle la refuse, bien que très friande d'une peau de saucisson. Mes deux chiens, mes assidus acolytes à l'heure du dîner, la refusent aussi, obstinément la refusent, non certes pour cause de contexture trop tenace, car leur gosier glouton est d'une haute indifférence aux difficultés de la déglutition. De leur flair subtil, ils ont reconnu, dans le morceau offert, une pièce insolite, absolument inconnue de leur race, et méfiants, après un coup de nez, ils reculent comme si je leur offrais une tartine de moutarde. C'est trop nouveau pour eux.

Ils me rappellent les naïfs ébahissements des villageoises mes voisines lorsque, les jours de marché d'Orange, elles passent devant l'étalage des poissonnières. Il y a là des bourriches de coquillages, des paniers de langoustes, des corbeilles d'oursins. « Tiens! se disent -elles; cela se mange! Et comment? Bouilli ou rôti? Pour rien au monde nous n'en mettrions sur notre pain. »

Et, très surprises qu'il y ait des gens capables de mordre sur pareilles horreurs, elles se détournent de l'oursin. Ainsi font ma chatte et mes deux chiens. Pour eux comme pour nous, le manger exceptionnel demande apprentissage.

Au peu qu'il nous dit du Cossus, Pline ajoute : *Etiam farinâ saginati, hi quoque altiles sunt;* c'est-à-dire qu'on engraissait les vers avec de la farine pour les rendre meilleurs. La recette m'a d'abord choqué, d'autant plus que le vieux naturaliste est coutumier de ce système d'engraissement.

Il nous parle d'un certain Fulvius Hirpinus qui inventa l'art d'élever les Escargots, alors très estimés des gourmands. Un parc, entouré d'eau pour empêcher l'évasion et garni de vases en poterie comme abris, recevait le troupeau soumis à l'engrais. Nourris d'une pâtée de farine et de vin cuit, les Colimaçons devenaient d'une grosseur énorme. Malgré tout mon respect pour le vénérable naturaliste, je ne peux admettre la prospérité du mollusque mis au régime de la farine et du vin cuit. Il y a là des exagérations puériles, inévitables au début, lorsque l'esprit d'examen n'était pas encore né. Pline nous répète avec candeur les naïvetés rurales de son temps.

J'ai des doutes pareillement sur les Cossus qui, nourris de farine, prennent de l'embonpoint. A la rigueur cependant le résultat est moins incroyable que celui du parc à Escargots. Par scrupule d'observateur, essayons la méthode. Je mets quelques vers des pins dans un bocal plein de farine. Rien autre n'est servi comme nourriture. Je m'attendais à voir les larves, noyées dans cette fine

Ergates faber, mâle et femelle.

poussière, rapidement dépérir, soit asphyxiées par l'obstruction des stigmates, soit anémiées par manque d'un aliment convenable.

Mon erreur était grande, et Pline avait raison. Les Cossus prospèrent dans la farine et très bien s'en nourrissent. J'en ai sous les yeux qui depuis douze mois habitent pareil milieu. Il s'y creusent des couloirs en laissant derrière eux, comme résidu de la digestion, une pâte roussâtre. Qu'ils se soient réellement engraissés, je ne peux l'affirmer; mais du moins ils ont bon aspect, superbe corpulence, tout autant que les autres, tenus en bocaux avec des débris de la souche natale. La farine leur suffit, sinon pour les engraisser, au moins pour les maintenir en excellent état.

Assez sur le Cossus et mes folles brochettes. Si j'ai entrepris cette étude, ce n'était certes pas dans l'espoir d'enrichir la cuisine. Non, ce n'était pas là mon but, bien que Brillat-Savarin ait dit : « L'invention d'un plat nouveau importe plus à l'humanité que la découverte d'un astéroïde. » La rareté des gros vers du pin, la répugnance que toute vermine inspire à l'immense majorité d'entre nous s'opposeront toujours à ce que ma trouvaille devienne mets usuel. Probablement même cela restera-t-il simple curiosité que l'on accepte de confiance sans la vérifier. Tout le monde n'a pas l'indépendance stomacale nécessaire à l'appréciation des mérites d'un ver.

A mon égard, c'était encore moins attrait d'une bouchée friande. Ma sobriété est bien difficile à tenter. Une poignée de cerises m'agrée mieux que les préparations de nos cuisines. Mon unique désir était d'élucider un point d’histoire naturelle. Y suis-je parvenu? Peut-être bien.

Occupons-nous maintenant des métamorphoses du ver; tâchons d’obtenir la forme adulte, afin de déterminer notre sujet, jusqu’à présent anonyme. L’éducation en est des plus faciles. Dans des pots à fleurs de moyenne grandeur, j’installe mes larves déjà dodues, telles que me les fournit le pin. Je les approvisionne d’un copieux monceau de débris venus de la souche natale, en choisissant de préférence les couches centrales, devenues, par la pourriture, souples feuillets d’amadou.

Dans cet opulent réfectoire les vers s’insinuent à leur guise; d’une paresseuse reptation ils montent, descendent, stationnent, toujours rongeant. Je n’ai plus à m’occuper d’eux, pourvu que les victuailles se maintiennent fraîches. Avec ce traitement sommaire, je les ai gardés en excellent état une paire d’années. Mes pensionnaires ont le calme d’un bon estomac qui béatement digère; la nostalgie leur est inconnue.

Les premiers jours de juillet, je surprends un ver qui véhémentement se démène, tournoyant sur lui-même. C’est un exercice d’assouplissement en vue de la prochaine excoriation. La tumultueuse gymnastique se passe dans une vaste loge sans structure spéciale. Nul ciment, nul badigeon. De ses roulements de croupe le gros ver a simplement refoulé autour de lui la matière ligneuse pulvérulente, provenant des vivres émiettés ou même digérés. Il l’a comprimée, feutrée; et comme la fraîcheur en a été maintenue par mes soins à un degré convenable, cette matière a fait prise en une paroi de quelque solidité, remarquablement lisse. C'est du stuc en pâte ligneuse.

Quelques jours après, par un temps de chaleur étouffante, le ver se dépouille. L'excoriation se faisant de nuit, je n'ai pu y assister, mais, le lendemain, j'ai à ma disposition la défroque toute récente. La peau s'est fendue sur le thorax jusqu'au premier segment, qui s'est dégagé en entraînant la tête. Par l'étroite fissure dorsale, la nymphe est sortie au moyen d'étirements et de contractions, de manière que la dépouille forme une outre chiffonnée presque intacte.

Le jour même de sa libération, la nymphe est d'un blanc superbe. C'est mieux que de l'albâtre, mieux que de l'ivoire. A la matière de nos bougies stéariques surfines accordons une douce translucidité, et nous aurons à peu près l'aspect de ces chairs naissantes, en voie de cristallisation.

L'arrangement des membres est d'impeccable symétrie. Les pattes repliées font songer à des bras en croix sur la poitrine, dans une pose hiératique. Nos peintres n'ont pas mieux trouvé pour signifier la résignation mystique à l'accomplissement de la destinée. Rangés bout à bout, les tarses figurent deux longs cordons noueux qui descendent le long de la nymphe en manière d'étoles sacerdotales. Les élytres et les ailes, assemblées deux par deux en un étui commun, s'aplatissent en larges palettes pareilles à des lames de talc. En avant, les antennes s'infléchissent en gracieuses crosses, puis se glissent sous les genoux des premières pattes et viennent appliquer leur bout sur les palettes alaires. Les côtés du corselet légèrement débordent en manière de coiffure rappelant les blanches cornettes des religieuses.

Mes enfants, à qui je montre l'admirable créature, ont une expression heureuse pour la désigner. « C'est une communiante, disent-ils, une communiante dans ses voiles blancs. » Si ce n'était corruptible, quel délicieux bijou ! Nos artistes, en recherche de sujets d'ornementation, trouveraient là exquis modèle. Et ce bijou se meut. Au moindre trouble, il se trémousse sur l'échine. Ainsi frétille le goujon mis à sec sur la rive. Se sentant en péril, l'effrayé cherche à se faire effrayant.

Le lendemain, une subtile teinte enfumée obnubile la nymphe. Le travail de l'ultime transformation commence, et se poursuit une quinzaine de jours. Enfin, dans la dernière quinzaine de juillet, la tunique de la nymphe se résout en loques, déchirée qu'elle est par le jeu des membres qui s'étirent et gesticulent. L'adulte apparaît, costumé de roux ferrugineux et de blanc. Assez vite la teinte s'assombrit et graduellement tourne au noir. L'insecte a terminé son évolution.

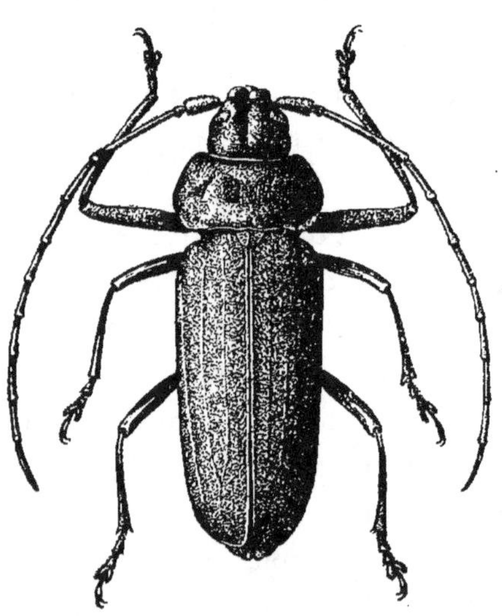

Ergates faber, mâle.

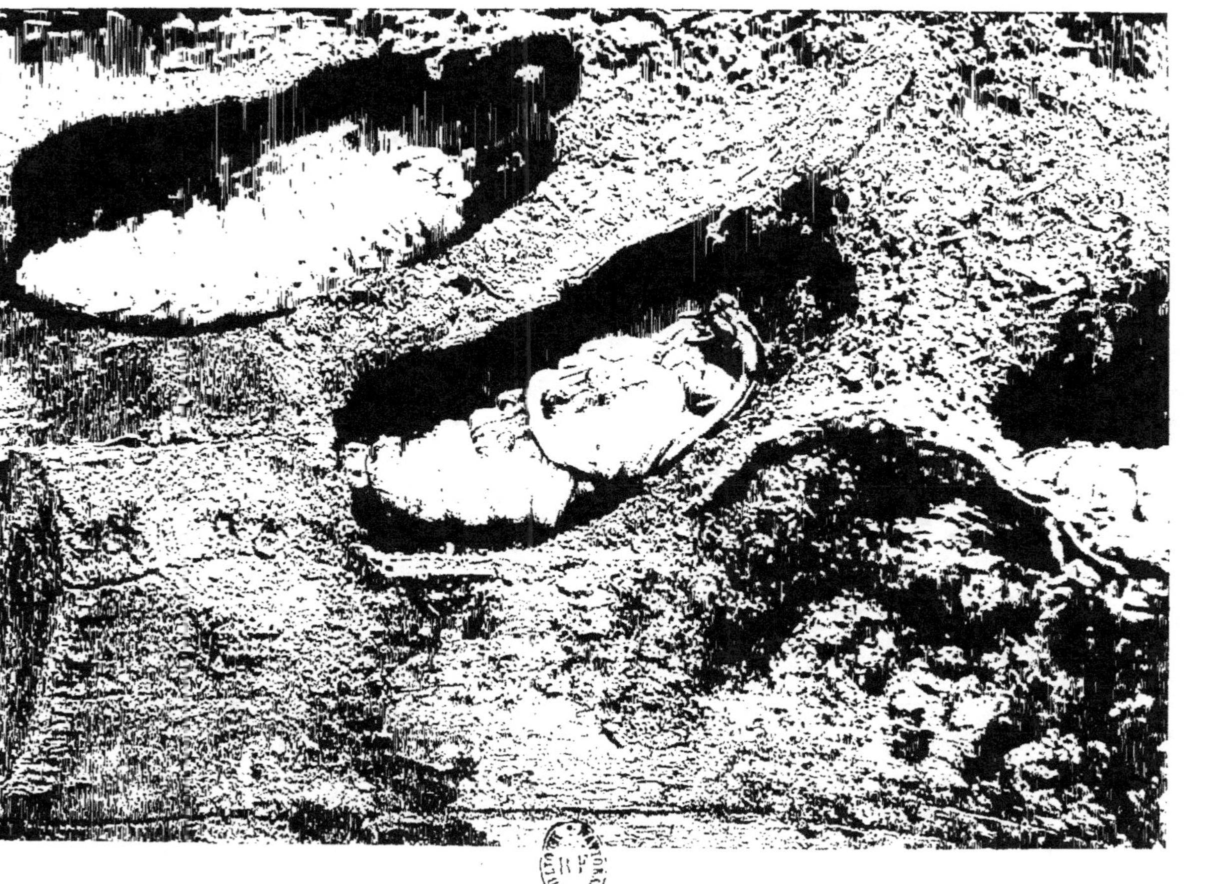

Nymphe de l'Ergates faber.

Je reconnais en lui l'*Ergates faber* des entomologistes ; traduisez : l'ouvrier forgeron. Si quelqu'un sait pour quels motifs le long cornu, ami des vieilles souches de pin, a été appelé ouvrier forgeron, je lui serais reconnaissant de me l'apprendre.

L'Ergate est un superbe insecte, rivalisant de taille avec le grand Capricorne, mais il est plus large d'élytres et quelque peu déprimé. Le mâle a sur le corselet deux larges facettes triangulaires et luisantes. C'est là son blason, sa parure, sans autre utilité que celle d'un atour masculin.

A la clarté d'une lanterne, car l'insecte est nocturne, j'ai essayé de voir, sur les lieux d'origine, les mœurs nuptiales du blasonné des pins. Vers les dix et onze heures de la nuit, mon fils Paul a parcouru, lanterne en main, le bosquet ravagé ; il a visité les vieilles souches une par une. L'expédition n'a pas eu de résultat ; aucun Ergate ne s'est montré, ni de l'un ni de l'autre sexe. L'insuccès n'est pas à regretter : l'éducation en volière suffit à nous renseigner sur le plus intéressant de l'affaire.

En d'amples cloches de toile métallique recouvrant un monceau de débris venus des pins pourris, j'installe, par couples isolés, les insectes nés dans mon cabinet. Comme nourriture, je leur sers des quartiers de poire, des grappillons de raisin, des morceaux de melon, choses dont le grand Capricorne est friand.

De jour, les captifs rarement se montrent ; ils se tiennent blottis dans l'amas d'éclats de bois. Ils en sortent la nuit. Gravement ils déambulent, tantôt sur le treillis, tantôt sur le monceau ligneux représentant la souche où ils doivent accourir à l'époque de la ponte. Jamais ils ne touchent aux vivres, maintenus frais par un renouvellement presque quotidien ; jamais un coup de dent aux fruits, ces bonnes choses qui sont le régal du Capricorne. Ils sont dédaigneux du manger.

Il y a pire : ils semblent dédaigneux de la pariade. Pendant près d'un mois, je les surveille chaque soir. Quels tristes amoureux ! Jamais de la part du mâle un élan pour courtiser sa compagne ; jamais de la part de la femelle une agacerie pour émoustiller le compère. Ils se fuient, et s'il y a rencontre, c'est pour s'estropier mutuellement. Sous toutes mes cloches, au nombre de cinq, je trouve tôt ou tard le mâle ou la femelle indifféremment, parfois l'un et l'autre, amputés de quelques pattes et plus ou moins décornés. La section est si nette qu'elle semble faite avec un sécateur. Le tranchant des mandibules, façonnées en couperet, explique cet abatis. Moi-même, si j'ai le doigt pincé, je suis mordu jusqu'au sang.

Quel est donc ce peuple barbare où la rencontre des sexes a pour conséquence de réciproques mutilations ; où les enlacements sont de farouches prises de corps ; les caresses, des charcuteries ! Entre mâles, dans les rixes pour la possession de la nubile, que des horions soient échangés, rien de plus fréquent ; c'est la règle pour la majeure part de la série animale. Mais ici la femelle est fort maltraitée elle-même, peut-être après avoir commencé. Ah ! tu m'as détérioré le plumet, se dit l'ouvrier forgeron ; vlan ! à mon tour je te casse une patte. Suivent des ripostes. Le sécateur fonctionne de part et d'autre, et la lutte a pour résultat deux estropiés.

Ces brutalités seraient explicables dans le tumulte d'une foule trop étroitement logée et grouillant en désespérée ; elle cesse de l'être sous une cloche spacieuse qui laisse aux deux captifs une étendue très suffisante pour les rondes nocturnes. Rien ne manque dans la volière que la liberté de l'essor. Cette privation leur aigrirait-elle le caractère ? Avec eux, que nous sommes loin du vulgaire Capricorne ! Celui-ci, ferait-il partie de la mêlée d'une douzaine sous la même cloche, un mois durant, sans noise aucune entre voisins,

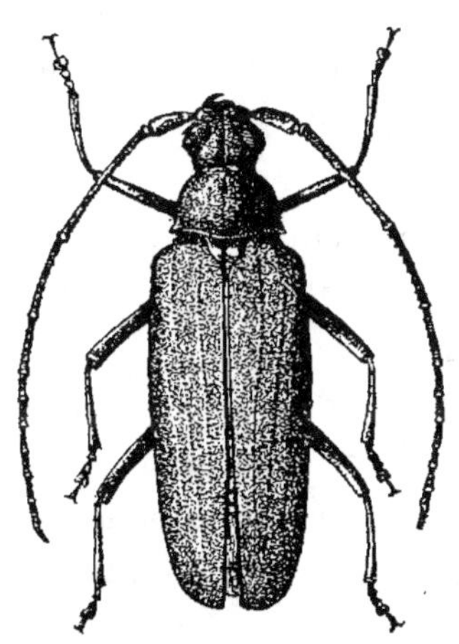

Ægosoma scabricorne, mâle.

chevauche sa compagne et la caresse de temps à autre d'un coup de langue sur l'échine. Autre peuple, autres mœurs.

Je connais un émule de l'insecte des pins dans la sauvage propension à se mutiler entre pareils. C'est l'Ægosome (*Ægosoma scabricorne*, Fab.), lui aussi ami des ténèbres et longuement encorné. Sa larve vit dans le bois des vieux saules éventrés par les ans. L'adulte est un bel insecte, costumé de marron clair et porteur d'antennes très rudes. Avec le Capricorne et l'Ergate, il représente ce que nos longicornes ont de plus remarquable comme taille.

En juillet, vers les onze heures du soir, quand la nuit

est chaude et calme, je le trouve plaqué à l'intérieur des saules caverneux, plus souvent à l'extérieur sur les grossières écorces du tronc. Les mâles sont assez fréquents. Immobiles, non effrayés par les soudaines lueurs de ma lanterne, ils attendent la sortie des femelles, réfugiées dans les profondes anfractuosités du bois délabré.

L'Ægosome est armé, lui aussi, de fortes cisailles, de couperets mandibulaires qui, très utiles au nouvel adulte pour se frayer une voie de sortie, deviennent d'un abus criant entre collègues, enclins à se trancher, l'un l'autre, pattes et antennes. Si je n'isole mes sujets, un par un, dans de forts cornets de papier, je suis certain, à mon retour de l'expédition nocturne, de n'avoir dans la boîte que des éclopés, des manchots, des bancals. En route, le tranchoir mandibulaire a furieusement travaillé. Presque tous sont des amputés au moins d'une patte.

En volière, avec éclats de vieux saule pour refuge, figues, poires et autres fruits pour nourriture, ils sont plus tolérants. Trois ou quatre jours, à la tombée de la nuit, mes captifs sont dans une grande agitation. Ils parcourent rapidement le dôme du treillis, se querellent au passage, se mordent, se distribuent des coups de tranchoir. Faute de femelles, presque introuvables aux heures peut-être non assez tardives de mes visites, je n'ai pu voir les noces, mais j'ai assisté à des brutalités capables de me renseigner un peu. Coupeur de pattes comme le longicorne des pins, l'Ægosome doit être de médiocre galanterie. Je me le figure battant sa compagne, l'estropiant quelque peu, non sans recevoir, lui aussi, sa part de horions.

Ver et nymphe de l'Ergates faber.

Si c'étaient là simples affaires de longicorne, le scandale n'aurait pas grande portée; mais, hélas! nous avons, nous aussi, nos querelles de ménage. L'insecte explique les siennes par ses habitudes nocturnes; la lumière adoucit les mœurs, l'obscurité les déprave. Le résultat est pire avec les ténèbres de l'esprit, et le butor qui bat sa femme est un enténébré.

VII

L'ONTHOPHAGE TAUREAU. — LA CELLULE

Commencée aujourd'hui et demain délaissée, plus tard de nouveau reprise et de nouveau abandonnée, suivant les chances du jour, l'étude des instincts a la marche hésitante. Le cours des saisons impose des haltes fastidieuses de longueur; il reporte à l'année suivante, si ce n'est plus loin, la réponse attendue. D'ailleurs, amenée d'habitude par un événement fortuit, de maigre intérêt s'il est isolé, la question surgit à l'improviste, toute nébuleuse, non apte à donner prise à l'interrogation correcte. Comment interroger ce qui n'est pas encore soupçonné? Les données manquent pour la franche attaque du problème.

Cueillir ces données par fragments, les soumettre à des essais variés afin d'en éprouver la valeur, les grouper en un faisceau qui cerne l'inconnue et de plus en plus la dégage, tout cela exige long espace de temps, d'autant plus que les périodes propices sont brèves. Les années s'écoulent, et bien des fois la complète solution n'est pas venue. Toujours des lacunes restent à combler; toujours, derrière les traits mis en lumière, d'autres attendent, obnubilés d'obscur.

Il serait préférable, je le sais bien, d'éviter des redites et de donner, chaque fois, une histoire complète; mais, dans le domaine des instincts, qui peut se flatter d'une moisson ne laissant après elle rien d'important à glaner? Parfois la gerbe des épis laissés sur le terrain est supérieure d'intérêt à la gerbe primordiale. S'il fallait attendre de connaître en tous ses détails la question étudiée, nul n'oserait écrire le peu qui lui est connu. De temps à autre, quelques vérités se révèlent, minimes cubes de l'énorme mosaïque des choses. Divulguons la trouvaille, si humble soit-elle; d'autres viendront qui, faisant récolte, eux aussi, de quelques parcelles, assembleront le tout en un tableau toujours agrandi, mais toujours ébréché par l'inconnu.

Et puis, le poids de l'âge m'interdit les longs espoirs. Peu confiant dans la journée de demain, j'écris au jour le jour, à mesure que j'observe. Cette méthode, non choisie, mais imposée, amène certains retours sur d'anciens sujets, lorsque des aperçus fournis par de nouvelles recherches viennent compléter et parfois modifier le texte primitif.

Une éducation sommaire, sans plan arrêté, pêle-mêle avec d'autres sujets dont l'histoire m'intéressait davantage, me valait autrefois, concernant les Onthophages, certains résultats dignes d'attention. Un des volumes qui précèdent en donne le rapide aperçu. Les résultats, acquis à la hâte et presque fortuitement, m'ont inspiré le désir de suivre, en pleine vigilance, les mœurs, l'industrie, le développement de l'insecte déjà présenté au lecteur de façon trop sommaire. Parlons donc encore une fois des Onthophages, le petit peuple cornu fanatique de bouse.

Ces derniers temps, j'ai élevé les espèces suivantes, telles que me les fournissait la chance des récoltes : *Onthophagus taurus*, Linn., *Onthophagus vacca*, Linn., *Onthophagus furcatus*, Fab., *Onthophagus Schreberi*, Linn., *Onthophagus nuchicornis*, Linn., *Onthophagus Lemur*, Fab. Nul choix de ma part; j'accepte tout ce qui se présente en nombre suffisant. Le premier surtout abonde. J'en suis ravi, car l'Onthophage taureau est le chef

Onthophage taureau
grossi 2 fois 1/2.

de file de la corporation. Nul ne l'égale, sinon pour le costume, plus riche et cuivreux chez d'autres, du moins pour le gracieux encornement des mâles. Il sera, dans ma ménagerie, l'objet d'une attention spéciale. Du reste, ce qu'il m'apprendra se répétant ailleurs sans variations notables, son histoire sera celle de la tribu entière.

J'en fais capture, ainsi que des autres, dans le courant du mois de mai. A cette époque de l'éveil génésique, je les trouve grouillant, très affairés, sous les déjections du mouton, non celles qui se moulent en olives et se disséminent en traînées, mais celles qui sont émises en galettes de quelque ampleur. Les premières sont trop arides, trop parcimonieuses, et l'Onthophage n'en fait cas; les secondes, généreuses brioches, sont exploitées de préférence à toute autre provende.

Le copieux monceau du mulet est aussi largement utilisé; mais c'est très filandreux, et si l'insecte y trouve en abondance de quoi festoyer lui-même, il est rare qu'il en fasse usage à l'intention des fils. Quand il s'agit de nids, le fournisseur par excellence est le mouton. A ses produits, de plasticité hors ligne, accourt la clientèle des Onthophages, fins connaisseurs tout autant que le Scarabée, le Copris, le Sisyphe. Si, du reste, la pâtisserie ovine manque, on se rabat, à l'aide d'une minutieuse sélection, sur le grossier amas du mulet.

L'éducation des Onthophages ne présente aucune difficulté. Une grande volière, propice aux joyeux ébats, n'est pas ici nécessaire; elle serait même incommode et se prêterait mal à l'observation précise, à cause du tumulte dans une foule nombreuse et variée. Je lui préfère des établissements multiples, plus simples, plus réduits, que je puisse admettre dans l'intimité de mon cabinet de travail. Cela se prêtera mieux à des visites assidues, sans encombrement de terres remuées. Que choisir comme loges?

On fait emploi dans les ménages de récipients en verre sur l'embouchure desquels se visse un couvercle en fer-blanc. Là se conservent miel, compotes, confitures, gelées et autres produits similaires, trésor de la mère de famille quand viennent les pénuries de l'hiver. Je m'en procure une douzaine en dévalisant l'armoire à conserves de la maison. Leur contenance est d'un litre en moyenne.

A demi rempli de sable frais, garni en outre de vivres empruntés à la pâtisserie du mouton, chaque bocal reçoit un lot d'Onthophages, séparés par espèces et les deux sexes présents. Lorsque sont épuisés les chalets en verre et que la population devient trop dense, j'ai recours à de simples pots à fleurs, meublés suivant les règles et clos d'un carreau de vitre. Le tout est rangé sur ma grande table de laboratoire. Mes captifs sont satisfaits de leur installation; ils y trouvent douce température, illumination discrète et vivres premier choix.

Que faut-il de plus à la félicité des Bousiers? Rien autre que les ivresses de la pariade. Ils ne s'en privent pas. Internés dans la seconde quinzaine de mai, sans nul souci du nouvel état de choses qui met fin aux ébats parmi les touffes de thym, ardemment ils se recherchent, se lutinent, s'assemblent par couples,

L'occasion est excellente de trouver réponse à cette première question : les Onthophages connaissent-ils la collaboration du père et de la mère dans les soins de la nitée? Y a-t-il chez eux ménage permanent, à l'exemple de ce que nous ont montré le Géotrupe, le Sisyphe, le Minotaure? Ou bien la pariade est-elle suivie d'une brusque et définitive rupture? L'Onthophage taureau va nous le dire.

Délicatement, je déménage deux accouplés et les établis à part dans un autre bocal, pourvu de victuailles et de sable frais. Le changement de logis s'opère sans encombre; les deux enlacés se maintiennent unis. Un quart d'heure après, on se sépare; la grosse affaire est terminée. Les vivres sont auprès. Un moment on s'y restaure, puis chacun, sans la moindre préoccupation de l'autre, creuse son terrier et s'y enfouit solitaire.

Une semaine environ s'écoule. Le mâle reparaît à la surface ; il est inquiet, il s'escrime à l'escalade ; les relations sont finies, bien finies ; il veut s'en aller. Plus tard, la femelle remonte à son tour ; elle sonde la brioche voisine, en prélève le meilleur et le descend sous terre. Elle nidifie. Quant à son compagnon, il ne prend pas même garde aux événements, ces choses-là ne le regardent pas. Consultés de la même façon, les autres captifs, n'importe l'espèce, fournissent réponse identique. La tribu onthophagienne ignore les liens du ménage.

Qu'ont de plus ceux qui les connaissent et si fidèlement les pratiquent ? Je ne le vois pas bien ; soyons plus franc, disons que je ne le vois pas du tout. Si le Géotrupe, avec son volumineux boudin, m'explique un peu la collaboration du père, aide précieux dans la confection de semblable conserve ; si le Minotaure, avec son puits énorme de profondeur, me fait entrevoir la nécessité de l'auxiliaire à trident, qui pousse au dehors les déblais tandis que la mère creuse, je cesse de comprendre au sujet du Sisyphe, très économe en vivres ainsi qu'en travail d'excavation.

Que, dans ce dernier cas, le mâle soit de quelque utilité, surveillant la pilule, donnant un coup d'épaule, encourageant de sa présence la femelle, je n'en disconviens pas ; mais après tout son rôle de collaborateur est bien secondaire, et la mère, semble-t-il, pourrait se passer de tout aide, ainsi qu'il est de règle chez le Scarabée. Voici d'ailleurs l'Onthophage taureau, encore moindre que le Sisyphe; et ce nain, étranger à l'association qui double la force, accomplit besogne à peu près équivalente à celle du rouleur de pilules par attelage à deux.

Comment donc se répartissent les talents, les industries? Accumulant faits sur faits, observations sur observations, le saura-t-on un jour? Je me permets d'en douter. Des amis parfois me disent : « Maintenant que vous avez cueilli ample moisson de détails, vous devriez à l'analyse faire succéder la synthèse, et généraliser, en une vue d'ensemble, la genèse des instincts. »

Que me proposent-ils là, les imprudents! Parce que j'ai remué quelques grains de sable sur le rivage, suis-je en état de connaître les abîmes océaniques? La vie a des secrets insondables. Le savoir humain sera rayé des archives du monde avant que nous ayons le dernier mot d'un moucheron.

Non moins obscure est la question des nids. Entendons par nid tout habitacle, ouvrage intentionnel, qui reçoit la ponte et protège l'évolution des fils. L'hyménoptère y excelle. Il connaît les cabines de cotonnade, de cire, de feuillage, de résine; il bâtit des tourelles de pisé, des coupoles de maçonnerie; il pétrit des urnes d'argile. L'Aranéide rivalise avec lui. Rappelons les aérostats, les paraboloïdes étoilés de certaines Épeires; la sacoche globuleuse de la Lycose; le cloître à voûtes ogivales de l'Araignée labyrinthe; la tente et les sachets lenticulaires de la Clotho.

Le Criquet pratique des silos surmontés d'une cheminée

spumeuse ; la Mante fait mousser sa glaire en édifice spongieux. De leur côté, le Diptère et le Papillon ignorent ces tendresses ; ils se bornent à déposer leurs œufs en des points où les jeunes puissent d'eux-mêmes trouver le vivre et le couvert. Le Coléoptère, lui aussi, est en général d'une extrême ignorance dans les délicatesses de la nidification. Par une exception bien singulière, seuls les Bousiers, dans la foule immense des cuirassés d'élytres, ont une industrie d'éducateurs qui supporte la comparaison avec celle des mieux doués. Comment leur est venue cette industrie ?

Des esprits aventureux, illusionnés par des audaces théoriques, nous affirment que la science de l'avenir, riche de documents puisés dans le tréfonds de la fibre et de la cellule, dressera une table de filiation où la série animale sera cataloguée de telle manière que la place occupée nous dira les instincts, sans besoin aucun d'observation préalable. On déterminera les aptitudes au moyen de formules savantes, de même qu'on détermine les nombres d'après leurs logarithmes.

C'est superbe, mais prenons garde : nous sommes chez les Bousiers ; consultons-les avant de dresser la table logarithmique des instincts. L'Onthophage est apparenté au Copris, au Scarabée, au Sisyphe, tous versés dans les élégances pilulaires. D'après la place qu'il occupe dans la table des bêtes, essayons de dire par avance, avec les seules données de la formule, ce qu'il sait faire dans l'art des nids.

Il est petit, j'en conviens, mais l'exiguïté de la taille n'enlève rien aux talents, témoin la Mésange penduline, le Troglodyte, le Serin, qui, des moindres parmi nos oisillons, sont cependant des artistes incomparables. Les proches alliés de l'Onthophage excellent dans les grâces de l'ovoïde et de la gourde en col de poire. Lui si mignon, si correct, doit travailler encore mieux.

Eh bien, la table nous trompe, la formule nous ment : l'Onthophage est un très médiocre artiste; son nid est ouvrage rudimentaire, presque inavouable. Pour les six espèces élevées, je l'obtiens à profusion dans mes bocaux et pots à fleurs. A lui seul, l'Onthophage taureau m'en fournit bien près d'un cent, et je n'en trouve pas deux exactement semblables, comme devraient l'être des pièces sorties du même moule et de la même officine.

A ce défaut d'exacte similitude s'adjoint, tantôt plus, tantôt moins accentuée, l'incorrection des formes. Il est aisé cependant de reconnaître, dans l'ensemble, le prototype d'après lequel travaille le maladroit nidificateur. C'est une outre configurée en dé à coudre et dressée verticale, la calotte sphérique en bas, l'ouverture circulaire en haut.

Parfois l'insecte s'établit dans la région centrale de mes appareils, au sein de la masse terreuse; alors, la résistance étant la même en tous les sens, la configuration utriculaire est assez précise; mais, préférant les bases solides aux appuis poudreux, l'Onthophage bâtit d'habitude contre les parois du bocal, surtout celle du fond. Si l'appui est vertical, la sacoche est un bref cylindre sectionné suivant sa longueur, avec facette lisse et plane contre le verre, et convexité rugueuse partout ailleurs. Si le support est horizontal, cas le plus fréquent, la cabine est une sorte de vague pastille ovalaire, plane en dessous, gibbeuse et formant voûte en dessus. A l'incorrection de ces formes tourmentées, que ne régit aucun devis bien défini, s'ajoute la grossièreté des surfaces, qui toutes, à l'exception des parties en contact avec le verre, s'encroûtent d'une écorce de sable.

La marche du travail explique ce disgracieux revêtement. Aux approches de la ponte, l'Onthophage fore un puits cylindrique et descend en terre à médiocre profondeur. Là, travaillant du chaperon, de l'échine et des pattes antérieures dentelées en râteau, il refoule et tasse autour de lui les matériaux remués, de façon à obtenir tant bien que mal un nid d'ampleur convenable. Il s'agit alors de cimenter les parois croulantes de la cavité.

L'insecte remonte à la surface par la voie de son puits; il cueille sur le seuil de sa porte une brassée de mortier provenant de la galette sous laquelle s'est faite élection de domicile; il redescend avec sa charge, qu'il étale et comprime sur la paroi sableuse. Ainsi s'obtient une couverture de béton dont le cailloutis est fourni par la muraille même, et le ciment par le produit du mouton. En quelques voyages, les coups de truelle se répétant, le silo est crépi de partout; les parois, tout incrustées de grains de sable, ne sont plus sujettes à l'effondrement. La cabine est prête; il reste à la peupler et à la garnir.

Au fond est ménagé d'abord un vaste espace libre, la chambre d'éclosion, sur la paroi de laquelle l'œuf est déposé. Vient après la cueillette des vivres destinés au ver, cueillette qui se fait avec de délicates précautions. Naguère, lorsqu'il bâtissait, l'insecte exploitait l'extérieur de la masse pâteuse, ne tenait compte des souillures de terre. Maintenant il pénètre au cœur même du bloc, par une galerie qui semble pratiquée avec un emporte-pièce. Pour déguster un fromage, le commerçant fait emploi d'une sonde cylindrique creuse qui plonge profondément et se retire chargée d'un échantillon pris dans les couches centrales. Quand il amasse pour son ver, l'Onthophage opère comme s'il était doué de pareille sonde.

Il fore la pièce exploitée d'un trou exactement rond; il va droit au centre, où la matière, non exposée au contact de l'air, s'est conservée plus sapide, plus souple. Là seulement sont cueillies les brassées qui, mises en cellier à mesure, pétries et tassées au point requis, remplissent la sacoche jusqu'à l'embouchure. Enfin, un tampon du même mortier, dont les parois sont faites mi-partie sable et mi-partie ciment stercoral, clôt rustiquement la cellule, de façon que l'examen de l'extérieur ne permet pas de distinguer ce qui est l'avant et ce qui est l'arrière.

Pour juger de l'ouvrage et de ses mérites, il faut l'ouvrir. Un vide spacieux, de configuration ovale, occupe le bout d'arrière. C'est la chambre natale, énorme d'ampleur par rapport à son contenu, l'œuf fixé sur la paroi, tantôt au fond de la loge et tantôt latéralement. L'œuf est un menu cylindre blanc, arrondi aux deux bouts et mesurant un millimètre de longueur immédiatement après la ponte. Sans autre appui que le point où l'a implanté l'oviducte, il se dresse sur son extrémité d'arrière et se projette dans le vide.

Un regard quelque peu interrogateur est tout surpris de voir si minime germe inclus dans si vaste loge. A quoi bon tant d'espace pour un œuf si petit? Attentivement examinée à l'intérieur, la paroi de la chambre suscite une autre question. Elle est enduite d'une fine bouillie verdâtre, demi-fluide et luisante, dont l'aspect ne s'accorde pas avec ce que nous montre, soit au dehors, soit au dedans, la pièce d'où l'insecte a extrait ses matériaux.

Semblable badigeon s'observe dans la niche que le Scarabée, le Copris, le Sisyphe, le Géotrupe et autres préparateurs de conserves stercorales ménagent au sein même des vivres pour recevoir l'œuf; mais nulle part je ne l'ai vu aussi copieux, toute proportion gardée, que dans la chambre d'éclosion de l'Onthophage. Intrigué longtemps par ce vernis de purée, dont le Scarabée sacré m'avait fourni le premier exemple, j'avais d'abord pris la chose pour une couche d'humeur suintant de la masse des vivres et s'amassant à la surface de l'enceinte sans autre travail que celui de la capillarité. C'est l'interprétation que j'ai admise en divers passages concernant cet enduit.

Je faisais erreur. La vérité est bien autrement digne d'attention. Aujourd'hui, mieux instruit par l'Onthophage, je me renouvelle la demande : ce badigeon luisant, cette crème demi-coulante, est-ce le résultat d'une exsudation naturelle, ou bien le produit de soins maternels? Une expérience aussi concluante que simple nous donnera la réponse. J'aurais dû la faire au début. Je n'y ai pas songé, parce que le simple est, d'habitude, le dernier consulté. La voici.

Dans un menu bocal de la capacité d'un œuf de poule, je tasse de la fiente de mouton telle que l'emploie l'Onthophage. Avec une baguette de verre, qui laisse empreinte parfaitement lisse, je pratique dans la masse une cavité cylindrique d'un pouce environ de profondeur. La baguette retirée, je couvre l'orifice avec une dalle de la même matière, et je protège le tout de la dessiccation au moyen d'un couvercle hermétique. C'est en gros la poire du Scarabée sacré et sa chambre d'éclosion; c'est, avec une exagération énorme, la sacoche de l'Onthophage.

Disons qu'après le retrait de la baguette de verre, la surface de la cavité est d'un noir verdâtre mat, sans aucune trace d'humeur luisante extravasée. S'il se fait réellement une exsudation par capillarité, le vernis demi-fluide apparaîtra; s'il ne se produit rien de pareil, l'aspect mat persistera. J'attends une paire de jours pour laisser au suintement capillaire le temps de s'effectuer, si tel est bien le cas.

J'examine alors la cavité. Nulle purée luisante sur la paroi; l'aspect mat et aride est resté ce qu'il était au début. Trois jours plus tard, nouvel examen. Rien n'a changé : le puits laissé par la baguette de verre n'a pas éprouvé la moindre exsudation; il est même un peu plus aride. La capillarité et ses extravasements ne sont alors pour rien en cette affaire.

Qu'est-ce donc que le badigeon reconnu en toute loge ? La réponse est forcée : c'est un produit de la mère, un brouet spécial, un laitage élaboré en vue du nouveau-né.

Le Pigeonneau introduit son bec dans celui des parents qui lui ingurgitent, avec des efforts convulsifs, d'abord une purée caséeuse sécrétée par le jabot, plus tard une bouillie de graines ramollies par un commencement de digestion. Il est nourri d'aliments dégorgés, secourables aux débilités d'un estomac novice. A peu près de même s'élève, en ses débuts, le vermisseau de l'Onthophage. Pour lui faciliter les premières bouchées, la mère lui prépare, en son jabot, une crème légère et fortifiante.

Transmettre la friandise de bouche à bouche pour elle est impossible : la construction d'autres cellules la retient ailleurs. De plus, circonstance plus grave, la ponte se fait œuf par œuf, à des intervalles largement espacés, et l'éclosion est assez tardive; le temps manquerait donc s'il fallait élever la famille à la manière des Pigeons. Une autre méthode est forcément nécessaire.

La bouillie infantile est dégorgée de partout sur la paroi de la cabine de façon que le nouveau-né trouve autour de lui abondante tartine, où le pain, nourriture de l'âge fort, est représenté par la matière sans apprêt, telle que l'a fournie le mouton, tandis que la confiture, mets de l'âge faible, est représentée par la même matière délicatement mijotée, au préalable, dans l'estomac de la mère. Nous allons voir tantôt le nourrisson pourlécher d'abord la confiture, tout autour de lui, puis attaquer bravement le pain. Un poupard, parmi les nôtres, ne se comporte pas autrement.

J'aurais désiré surprendre la mère en train de dégorger et d'étaler sa bouillie. Je n'ai pu y parvenir. Les choses se passent dans un étroit réduit où le regard n'a pas accès lorsque la pâtissière y travaille; et puis, le trouble de l'exposition au grand jour arrête aussitôt la besogne.

Si l'observation directe fait défaut, du moins l'aspect de la matière et l'expérience de la cuvette creusée avec une baguette de verre parlent très clairement et nous apprennent que l'Onthophage, émule en cela du Pigeon, mais avec une méthode différente, dégorge à ses fils les premières bouchées. Autant faut-il en dire des autres Bousiers versés dans l'art d'une chambre d'éclosion au sein des vivres.

Partout ailleurs, dans la série des insectes, exception faite des Apiaires, préparateurs de purées dégorgées sous forme de miel, ne se retrouvent pareilles tendresses. L'exploiteur de la bouse nous édifie de ses mœurs. Divers pratiquent l'association à deux et fondent le ménage; divers préludent à l'allaitement, souveraine expression des soins maternels; de leur jabot ils font mamelle. La vie a ses caprices. C'est dans l'ordure qu'elle établit les mieux doués en qualités familiales. Il est vrai que de là, d'un brusque essor, elle monte aux sublimités de l'oiseau.

L'œuf des Onthophages grossit considérablement après la ponte; il double à peu près ses dimensions linéaires, ce qui augmente le volume dans la proportion de un à huit. Semblable accroissement est général chez les Bousiers. Qui prend note, pour une espèce quelconque, des dimensions de l'œuf récemment pondu, et le mesure de nouveau aux approches de la naissance du ver, est tout surpris du singulier progrès. Celui du Scarabée sacré, par exemple, d'abord logé assez au large dans sa chambre d'éclosion, se gonfle au point d'occuper en plein la niche, de très peu s'en faut.

Une première idée vient à l'esprit, toute simple et séduisante : c'est que l'œuf se nourrit. Enveloppé d'effluves au puissant fumet, il se pénètre d'émanations qui distendent sa flexible tunique; il s'accroît par une

sorte de respiration alimentaire, de même que la semence
se gonfle dans un sol fertile. Ainsi je me le figurais au
début, lorsque pour la première fois se présenta le délicat
problème. Mais est-ce bien cela réellement? Ah! s'il suffisait, pour prendre réfection, de stationner devant une
rôtisserie et de humer les bouffées des bonnes choses qui
s'y préparent, combien, pour divers d'entre nous, le
monde changerait d'aspect! Ce serait trop beau.

L'Onthophage, le Copris et les autres à chambre badi-
geonnée de crème nous trompent, nous illusionnent avec
leur œuf apte à grossir. Le Minotaure tardivement me
l'affirme; il m'impose profonde retouche à mes interpré-
tations d'autrefois. Son œuf n'est pas inclus dans une
niche, à l'intérieur des victuailles dont les émanations
pourraient expliquer sa croissance; il est en dehors de la
saucisse, bien au-dessous, entouré de partout de sable; et
néanmoins il grossit tout autant que les autres logés en
grasse cabine.

En outre, le ver nouveau-né m'étonne par sa corpulence de poupard; il a de sept à huit fois la grosseur
initiale de l'œuf d'où il provient; le contenu dépasse de
beaucoup la capacité du contenant. De plus, avant de
toucher aux vivres dont il est séparé par un plafond de
sable qu'il lui faudra au préalable traverser, le ver continue un certain temps son étrange croissance, comme si
de nouveaux matériaux s'adjoignaient à ceux venus de
l'œuf.

Ici, dans les aridités du sable, nul moyen d'invoquer
des effluves, bons à donner de quoi grandir et faire ses
graisses. D'où provient alors la croissance tant de l'œuf

que du nouveau-né? Le Scorpion languedocien nous fournit un excellent point de départ. Lors de son passage d'une sorte de forme larvaire à la configuration finale, identique à celle de l'adulte, nous l'avons vu brusquement doubler de longueur, et par suite octupler le volume avant d'avoir pris la moindre nourriture. Il se fait dans l'organisme un arrangement intime d'ordre plus élevé, et les dimensions augmentent sans apport de substance nouvelle.

L'animal est un édifice apte à devenir plus spacieux avec la même somme de matériaux. Tout dépend de l'architecture moléculaire, affinée de mieux en mieux par les tressaillements de la vie. Le contenu de l'œuf, amas compact, se dilate en créature plus volumineuse par cela même qu'elle est riche d'organes à fonctions diverses. Pareillement, la locomotive, créature de l'industrie, occupe plus de place que la ferraille, sa matière fondue en un seul lingot.

Si l'enveloppe est extensible, l'œuf grossit sous la poussée de son contenu qui s'organise et se dilate. C'est le cas des divers Bousiers. Si l'enveloppe est rigide, un vide se fait au gros bout par l'évaporation, et ce surcroît d'espace fournit le large nécessaire à l'augmentation de volume du contenu. C'est le cas de l'oiseau, se développant dans une enceinte calcaire invariable. De part et d'autre, il y a dilatation, avec cette différence que la molle enveloppe rend sensible au dehors le travail de l'intérieur, tandis que l'enveloppe rigide n'en laisse rien apercevoir.

Enfin l'éclosion n'arrête pas toujours la croissance non précédée d'alimentation. La larve un peu de temps encore continue de grossir ; elle achève de se stabiliser dans son équilibre d'être vivant ; elle se perfectionne par un supplément d'extension. Le Scorpion nous l'a déjà dit, le ver du Minotaure et bien d'autres nous l'affirment de nouveau. C'est en petit ce qu'autrefois nous a montré l'aile du Criquet, qui, sortie d'une minime gaine, se déploie rapidement en voilure de grande ampleur.

Par deux fois, dans l'histoire des Bousiers, voici donc que je change d'avis : d'abord au sujet de la bouillie étalée sur la paroi de la chambre natale, et puis au sujet de l'œuf augmentant de volume après la ponte. Je viens de corriger mon dire sans être bien confus de mon erreur, tant il est difficile d'atteindre, au premier coup de sonde, le filon du vrai. Il n'y a qu'un moyen de ne jamais se tromper : c'est de ne rien faire, et surtout de ne pas remuer des idées.

VIII

L'ONTHOPHAGE TAUREAU. — LA LARVE,
LA NYMPHE

Le mois de mai est l'époque des nids pour les divers Onthophages, en particulier pour l'Onthophage taureau. Alors les mères descendent en terre à médiocre profondeur, sous le couvert de la galette d'où s'extraient les matériaux de construction et d'approvisionnement ; sans le concours des mâles qui, insoucieux de la famille, continuent à mener vie de liesse, elles façonnent leurs cabines et les bourrent de vivres après le dépôt de l'œuf. L'ouvrage, d'ailleurs, simple et rustique, n'exige

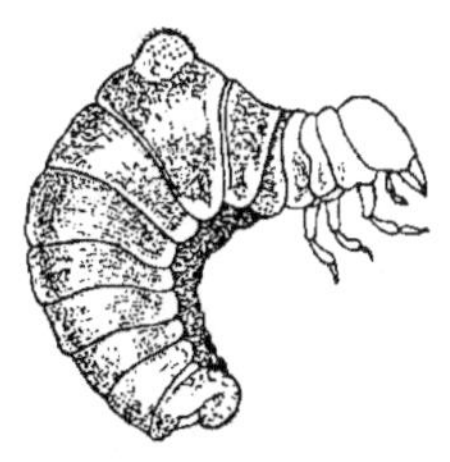

Larve
de l'Onthophage taureau
grossie 3 fois.

guère la collaboration des élégants cornus. Cinq ou six établissements au plus, fondés chacun en une paire de jours, représentent la totalité du travail d'une mère. Du temps reste, et beaucoup, pour les joies du printemps.

En une semaine environ, le petit ver éclôt, tout

étrange et paradoxal. Il a sur l'échine une gibbe énorme en pain de sucre, dont le poids l'entraîne et le fait chavirer pour peu qu'il essaye de se tenir sur les pattes et de marcher. A tout instant, il chancelle et tombe sous le faix de la bosse. La larve du Scarabée sacré nous a montré jadis une besace dorsale, entrepôt de ciment pour calfeutrer les fissures accidentelles de la boîte aux vivres et garantir le manger d'une trop rapide dessiccation. Le ver de l'Onthophage exagère à outrance semblable entrepôt; il en fait un monument conique, extravagant, grotesque, voisin de la caricature. Est-ce folle joyeuseté de mascarade? Est-ce déformation logique ayant plus tard son utilité? L'avenir nous l'apprendra.

Sans en dire plus long, faute de termes aptes à rendre de pareilles étrangetés, je renvoie le lecteur au ver de l'Oniticelle, dont j'ai donné le croquis dans la cinquième série des *Souvenirs*. Les deux bossus ont étroite ressemblance.

Incapable de tenir sa gibbe d'aplomb, le ver de l'Onthophage se couche sur le flanc et lèche autour de lui la crème de sa loge. Il y en a partout, au plafond, sur les murs, sur le plancher. Lorsqu'un point est dénudé à fond, le consommateur se déplace un peu à la faveur de ses pattes bien conformées; il chavire de nouveau et de nouveau pourlèche. La cabine étant vaste et largement pourvue, le régime à la confiture est de quelque durée.

Les gros poupards du Géotrupe, du Copris, du Scarabée achèvent en une brève séance la friandise tapissant leur étroite loge, friandise sobrement servie et juste suffisante pour ouvrir l'appétit et préparer l'estomac à nourriture moins délicate; lui, nain chétif, en a pour plus d'une semaine. La spacieuse chambre natale, hors de proportion avec la taille du nourrisson, a permis cette prodigalité. Enfin s'attaque la véritable miche. En un mois environ tout est consommé, moins la paroi de la sacoche.

Maintenant va se révéler le magnifique rôle de la bosse. Des tubes de verre, préparés en vue des événements, me permettent de suivre en son travail la larve de plus en plus grassouillette et gibbeuse. Je la vois se retirer à l'un des bouts de la cellule, devenue masure croulante. Elle y bâtit un coffret où doit se faire la transformation. Elle a pour matériaux les résidus digestifs amassés dans la gibbe et convertis en mortier. De son ordure tenue en réserve dans ce récipient, l'architecte stercoral va se construire un chef-d'œuvre d'élégance.

Je le suis, de la loupe, en ses manœuvres. Il se boucle, ferme le circuit de l'appareil digestif, met en contact les deux pôles et saisit du bout des mandibules une pelote de fiente à l'instant éjaculée. Cela se cueille très proprement, moulé et dosé à la perfection. D'une douce flexion de la nuque, le moellon est mis en place. D'autres suivent, superposés en assises d'une minutieuse régularité. Tapotant un peu des palpes, le ver s'informe de la stabilité des morceaux, de leur exacte liaison, de leur agencement bien ordonné. Il tourne au centre de l'ouvrage à mesure que l'édifice s'élève, comme le fait un maçon construisant une tourelle.

Parfois la pièce déposée se détache, le ciment ayant cédé. Le ver la reprend des mandibules, mais, avant de la remettre en place, il l'enduit d'une humeur adhésive. Il la présente à son derrière, d'où suinte à l'instant, à peine perceptible, un extrait gommeux consolidateur. La bosse fournit les matériaux; l'intestin donne, s'il en est besoin, la colle d'assemblage.

Ainsi s'obtient un gracieux logis, de forme ovoïde, poli comme stuc à l'intérieur, agrémenté extérieurement d'écailles peu saillantes, comparables à celles d'un cône de cèdre. Chacune de ces écailles est un des moellons issus de la bosse. Le coffret n'est pas gros, un noyau de cerise le représenterait à peu près en volume; mais il est si correct, si joliment façonné, qu'il peut soutenir la comparaison avec les plus beaux produits de l'industrie entomologique.

L'Onthophage taureau n'a pas le monopole de cette bijouterie; tous, dans la série entière, y excellent pareillement. L'un des moindres, l'Onthophage fourchu, dont l'œuvre ne dépasse guère le volume d'un grain de poivre, est aussi expert que les autres dans l'art des boîtes configurées en cône de cèdre. C'est un talent de famille, talent invariable malgré la diversité de taille, de costume et d'appareil corniculaire. L'Onitis Bison, l'Oniticelle à pieds jaunes et bien d'autres assurément s'enferment, pour la métamorphose, dans un habitacle d'architecture pareille à celle des Onthophages; ils nous disent, eux aussi, que les instincts ne sont pas sous la dépendance des formes.

Dans la première semaine de juillet, achevons de

ruiner la cellule de l'Onthophage taureau, cellule déjà bien compromise par la larve, qui, le contenu de la sacoche épuisé, a rongé la couche interne de la paroi. La masure s'enlève aussi aisément que le brou d'une noix en complète maturité. Une sorte d'énucléation nous donne la semence, c'est-à-dire le coffret à nymphose, parfaitement net, sans adhérence aucune avec son enveloppe. Cassons le bijou. La nymphe s'y trouve à demi transparente et comme sculptée dans un morceau de cristal. La bonne fortune me vaut un mâle, d'intérêt plus grand à cause de l'armure frontale.

Les cornes dessinent un superbe croissant, penché en arrière et couché sur les épaules. Elles sont gonfles, incolores comme toute chose que la vie travaille au sein d'une humeur génératrice. A leur base se rembrunissent les points oculaires, ne voyant pas encore, mais promettant de voir. Le chaperon se dilate, se relève. Vue de face, la tête est celle d'un taureau, à large mufle, à cornes énormes, imitées de celles de l'Urus.

Si les artistes du temps des Pharaons avaient connu l'Onthophage naissant, ils en auraient assurément tiré parti pour leurs images hiératiques. Cela vaut bien le Scarabée sacré; cela le dépasse en singularités où pouvait s'exercer le symbolisme sacerdotal. Au bord antérieur du corselet se dresse, en effet, une corne impaire, aussi puissante que les deux autres et configurée en cylindre que termine un bouton conique. Elle se dirige en avant et s'engage au centre du croissant frontal, qu'elle déborde un peu. C'est magnifique d'original agencement. Les graveurs d'hiéroglyphes y auraient vu le croissant d'Isis où plonge le promontoire du monde.

D'autres étrangetés parachèvent la curieuse nymphe. A droite et à gauche, le ventre est armé de quatre cornicules semblables à des épines de cristal. Total : onze pièces à la panoplie; deux sur le front, une sur le thorax, huit sur l'abdomen. La bête d'autrefois se complaisait aux encornements bizarres; certains reptiles des temps géologiques se mettaient un éperon pointu sur la paupière supérieure. Plus audacieux, l'Onthophage s'en met huit sur les côtés du ventre, outre l'épieu qu'il s'implante sur le dos. Passe encore des cornes frontales, d'usage assez répandu; mais que veut-il faire des autres? Rien du tout. Ce sont des fantaisies passagères, des joyaux de la prime jeunesse; l'adulte n'en conservera pas la moindre trace.

Voici que la nymphe mûrit. Les appendices du front, d'abord en totalité hyalins, laissent voir, par transparence, un trait d'un brun rougeâtre, courbé en arc. C'est la corne véritable qui prend forme, durcit et se colore. Dans l'appendice du corselet et dans ceux du ventre, persiste, au contraire, l'aspect vitreux. Ce sont des poches stériles, privées d'un germe apte à se développer. L'organisme les a produites en un moment de fougue; puis, dédaigneux, ou peut-être impuissant, il laisse l'ouvrage se flétrir, inutile.

Au dépouillement de la nymphe, lorsque se déchire la fine tunique de la forme adulte, ces étranges encornements se chiffonnent en guenille, qui tombe avec le reste de la défroque. Dans l'espoir de trouver au moins une trace des choses disparues, la loupe explore en vain les bases naguère occupées. Rien ne s'y trouve d'appréciable; le lisse remplace le saillant, le nul succède au réel. De la panoplie accessoire, qui tant promettait, rien absolument ne reste; tout s'est évanoui, évaporé pour ainsi dire.

L'Onthophage taureau n'est pas le seul doué de ces appendices fugaces, disparaissant en plein lorsque la nymphe se dépouille. Les autres membres de la tribu en possèdent de pareils sur le ventre et le corselet. L'un d'eux, l'*Onthophagus Lemur*, parvenu à l'état parfait, orne l'avant de son corselet de quatre minimes boutons rangés en demi-cercle. Les deux extrêmes sont isolés, les deux médians sont contigus. Ces derniers corres

Onthophage Lemur, grossi trois fois

pondent exactement à la base de la corne thoracique de la nymphe et pourraient être pris pour le résidu atrophié de l'appendice disparu. Il convient de renoncer à cette idée, car les boutons latéraux, plus développés que les médians, occupent des points où la nymphe n'avait pas de cornes. Pour cet Onthophage, comme pour les autres, l'armure nymphale est trompeuse et n'aboutit à rien.

Quelques Bousiers voisins des Onthophages ont aussi des nymphes cornues. Tel est l'Oniticelle à pieds jaunes, le seul que les circonstances m'aient permis d'examiner sous ce rapport. Il possède, à l'état de nymphe, une superbe corne sur le corselet, et de chaque côté du ventre une rangée de quatre épines, ainsi qu'il est de règle parmi les Onthophages. Le tout disparaît à fond sur l'insecte adulte.

Il est à croire que, si j'avais su profiter de l'occasion lorsque autrefois je parvins à élever l'Onitis Bison, venu de Montpellier, j'aurais constaté la même armure sur le thorax et sur l'abdomen de la nymphe. N'étant pas avisé par des observations antérieures, désireux d'ailleurs de troubler le moins possible le couple d'étrangers, j'ai laissé l'occasion s'échapper.

Remarquons enfin que les genres Onitis, Oniticelle et Onthophage construisent tous les trois, pour la nymphose, une cabine à écailles dont la forme rappelle le fruit de l'aulne et le cône du cèdre. Il est alors permis d'admettre, sans trop s'aventurer, que les divers constructeurs de semblables coffrets connaissent tous la panoplie nymphale, corne sur le corselet, diadème de huit épines autour du ventre. Ce n'est pas à dire que l'armure détermine le coffret, ni le coffret l'armure. Ces curieuses particularités s'accompagnent sans mutuellement s'influencer.

La simple exposition des faits ne nous suffisant pas, nous désirerions entrevoir le motif de ce luxe corniculaire. Est-ce une vague réminiscence des usages de jadis, lorsque la vie dépensait son excès de jeune sève en créations bizarres, bannies aujourd'hui de notre monde mieux pondéré? L'Onthophage est-il le représentant amoindri d'une antique race d'encornés maintenant désuète? Nous donne-t-il une image affaiblie du passé?

Tel soupçon ne repose sur aucune raison valable. Le

Bousier est récent dans la chronologie générale des êtres; il prend rang parmi les derniers venus. Avec lui, nul moyen de reculer dans les nuages du passé, si favorables à l'invention de précurseurs imaginaires. Les feuillets géologiques, pas même les feuillets lacustres riches de Diptères et de Charançons, n'ont donné jusqu'ici la moindre relique concernant les exploiteurs de la bouse. Il est dès lors prudent de ne pas invoquer de lointains ancêtres cornés, dont l'Onthophage serait un dérivé par décadence.

Le passé n'expliquant rien, tournons-nous vers l'avenir. Si la corne thoracique n'est pas une réminiscence, elle peut être une promesse. Elle représente un timide essai, que les siècles durciront en armure permanente. Elle nous fait assister à l'élaboration lentement graduelle d'un organe nouveau; elle nous montre la vie en travail d'une pièce qui n'existe pas encore sur le corselet de l'adulte, mais doit exister un jour. Nous prenons sur le fait la genèse des espèces; le présent nous enseigne comment se prépare l'avenir.

Et que veut-il faire de son œuvre en projet, l'insecte à qui l'ambition est venue de se mettre plus tard un épieu sur l'échine? Tout au moins comme atour de la coquetterie masculine, la chose est à la mode chez divers Scarabées étrangers qui s'alimentent, eux et leurs larves, de matières végétales en décomposition. Des colosses, parmi les cuirassés d'élytres, associent volontiers leur placide corpulence avec des hallebardes effroyables d'aspect.

Voyez celui-ci, le Dynaste Hercule, hôte des souches pourries sous l'ardent climat des Antilles. Le pacifique

géant mérite bien son nom : il mesure trois pouces de
longueur. A quoi peuvent lui servir la menaçante flam-
berge du corselet et le cric dentelé du front, si ce n'est
à se faire beau auprès de sa femelle, dépourvue elle-
même de pareilles extravagances? Peut-être encore lui
viennent-elles en aide pour certains travaux, de même
que le trident sert au Minotaure dans l'émiettement des

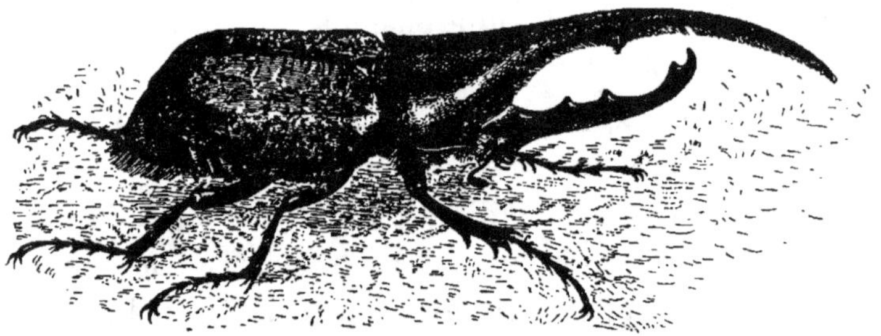

Dynaste hercule réduit de moitié.

pilules et dans le charroi des déblais. Un outillage
dont nous ne connaissons pas l'emploi nous paraît toujours singulier. N'ayant jamais fréquenté l'Hercule des
Antilles, je m'en tiens à des soupçons sur le rôle de son
effrayante mécanique.

Eh bien, l'un des sujets de mes volières, s'il persistait
dans sa tentative, arriverait à semblable parure de sauvage. C'est l'*Onthophagus vacca*. Sa nymphe a sur le
front une grosse corne, une seule, infléchie en arrière;
sur le corselet, elle en possède une pareille, penchée en
avant. Les deux, rapprochant leurs extrémités, figurent
une sorte de pince. Que manque-t-il à l'insecte pour
acquérir, en petit, l'original ornement du Scarabée des

Antilles? Il lui manque la persévérance. Il mûrit l'appendice du front, il laisse dépérir anémié celui du corselet.
L'essai d'un pal sur l'échine ne lui réussit pas mieux qu'à
l'Onthophage taureau; il manque une superbe occasion
de se faire beau pour les noces
et menaçant pour la bataille.

Les autres n'ont pas meilleur
succès. J'en élève six espèces
différentes. Toutes, à l'état de
nymphe, possèdent la corne thoracique et la couronne ventrale à huit

Onthophagus vacca,
grossi 3 fois.

rayons; aucune ne tire parti de ces avantages, disparus en
plein lorsque l'adulte rompt sa défroque. Dans mon étroit
voisinage, on compte une douzaine d'espèces d'Onthophages; dans le monde entier on en connaît des centaines. Toutes, indigènes et exotiques, ont même structure
générale; toutes très probablement possèdent en leur
jeune âge l'appendice dorsal, et aucune encore, malgré
la variété du climat, ici torride et là modéré, n'est parvenue à le durcir en une corne stable.

L'avenir ne pourrait-il parachever l'ouvrage dont le
devis est si nettement tracé? On se le demande d'autant
plus volontiers que toutes les apparences encouragent la
question. Soumettons à l'examen de la loupe l'encornement frontal de l'Onthophage taureau à l'état de
nymphe; puis considérons avec les mêmes scrupules
l'épieu du corselet. Au début, nulle différence entre eux,
moins la configuration d'ensemble. C'est de part et
d'autre le même aspect vitreux, la même gaine gonfle
d'humeur hyaline, le même projet d'organe nettement

accusé. Une patte en formation ne s'annonce pas mieux que la corne du corselet et celles du front.

Est-ce que le temps manquerait à la pousse thoracique pour s'organiser en appendice rigide et permanent? L'évolution de la nymphe est rapide, en peu de semaines l'insecte est parfait. Si cette brève durée suffit à la maturité des cornes du front ne pourrait-il se faire que la maturité de la corne thoracique exigeât davantage? Par artifice prolongeons la période nymphale, donnons au germe le temps de se développer.

Il me semble qu'un abaissement de température, modéré et maintenu quelques semaines, des mois s'il le faut, serait capable d'amener pareil résultat en ralentissant la marche de l'évolution. Alors, avec une douce lenteur, propice aux délicates formations, l'organe annoncé cristallisera pour ainsi dire et deviendra l'épieu promis par les apparences.

Cette expérience me souriait. Je n'ai pu l'entreprendre faute de moyens pour obtenir une température froide, constante et de longue durée. Qu'aurais-je obtenu si ma pénurie ne m'avait détourné de l'entreprise? Un ralentissement dans la marche de la métamorphose, mais rien autre de plus apparemment. La corne du corselet aurait persisté dans sa stérilité et tôt au tard aurait disparu.

Ma conviction a ses raisons. La demeure de l'Onthophage en travail de métamorphose est peu profonde; les variations de température aisément s'y font ressentir. D'autre part, les saisons sont capricieuses, le printemps surtout. Sous le ciel de la Provence, les mois de mai et de juin, si le mistral se met de la partie, ont des périodes de recul thermométrique qui semblent ramener l'hiver.

A ces vicissitudes ajoutons l'influence d'un climat plus septentrional. Les Onthophages occupent en latitude une large zone. Ceux du Nord, moins bien favorisés du soleil que ceux du Midi, peuvent, si les circonstances changeantes s'y prêtent à l'époque de la transformation, subir pour de longues semaines un abaissement de température qui prolonge le travail de l'évolution, et devrait de la sorte permettre à l'armure thoracique de se consolider en corne, de loin en loin et de façon accidentelle. La condition d'une température modérée, même froide, à l'époque de la nymphose, se réalise donc çà et là sans l'intervention de nos artifices.

Or, qu'advient-il de ce surcroît de durée mis au service du travail organique? La corne promise mûrit-elle? Nullement; elle se flétrit non moins bien que sous le stimulant d'un bon soleil. Les archives de l'entomologie n'ont jamais parlé d'un Onthophage porteur d'une corne sur le corselet. Personne même ne soupçonnerait la possibilité de pareille armure si je n'avais ébruité l'étrange appareil de la nymphe. L'influence du climat n'est donc ici pour rien.

Creusée plus avant, la question se complique : les encornements de l'Onthophage, du Copris, du Minotaure et de tant d'autres sont l'apanage du mâle; la femelle en est dépourvue ou n'en porte que de modestes réductions. Dans ces produits corniculaires on doit voir des atours bien plus que des instruments de travail. Le mâle se fait beau pour la pariade; mais, à l'exception du Minotaure qui fixe et maintient avec son trident l'aride pilule à concasser, je n'en connais pas utilisant leur armure comme outil. Cornes et fourches du front, crêtes et lunules du corselet sont les joyaux de la coquetterie masculine et rien de plus. Pour attirer les prétendants, l'autre sexe n'a pas besoin de semblables attraits; la féminité lui suffit, et la parure se néglige.

Maintenant voici de quoi nous donner à réfléchir. La nymphe de l'Onthophage du sexe féminin, nymphe à front inerme, porte sur le thorax une corne vitreuse, aussi longue, aussi riche de promesses que celle de l'autre sexe. Si cette dernière excroissance est un projet d'ornementation non complètement réalisé, la première le serait aussi, et alors les deux sexes, ambitieux de s'embellir l'un et l'autre, travailleraient d'un même zèle à s'encorner le thorax.

Nous assisterions à la genèse d'une espèce qui ne serait pas réellement un Onthophage, mais un dérivé du groupe; nous verrions le début d'étrangetés bannies jusqu'ici de chez les Bousiers, dont aucun, les deux sexes à la fois, ne s'est avisé de s'implanter un pal sur l'échine. Chose plus singulière : la femelle, toujours plus modeste d'apparat dans l'entière série entomologique, rivaliserait avec le mâle dans la propension aux embellissements bizarres. Telle ambition me laisse incrédule.

Il est dès lors à croire que si les possibilités de l'avenir réalisent jamais un Bousier porteur d'une corne sur le corselet, ce révolutionnaire des usages présents ne sera pas l'Onthophage parvenu à mûrir l'appendice thoracique de la nymphe, mais bien un insecte issu d'un modèle nouveau. La puissance créatrice met au rebut les vieux moules et les remplace par d'autres, pétris à nouveaux frais, d'après des plans de variété inépuisable. Son officine n'est pas une avare friperie où le vivant revêt la défroque du mort; c'est un atelier de médailles où chaque effigie reçoit l'empreinte d'un coin spécial. Son trésor des formes, de richesse illimitée, exclut la lésinerie, raccommodant le vieux pour en faire du neuf. Elle brise tout moule usé, elle l'abolit sans mesquines retouches.

Que signifient alors ces apprêts corniculaires, toujours flétris avant d'aboutir? Sans grande confusion de mon ignorance, j'avouerai que je n'en sais absolument rien. A défaut de tournure savante, ma réponse a du moins un mérite : celui de la pleine sincérité.

IX

LE HANNETON DES PINS

———

En écrivant Hanneton des pins en tête de ce chapitre, je commets une hérésie volontaire; la dénomination orthodoxe de l'insecte est : Hanneton foulon (*Melolontha fullo*, Lin.). Il ne faut pas être difficile en matière de nomenclature, je le sais bien; faites un bruit quelconque, soudez-y désinence latine, et vous aurez, pour l'euphonie, l'équivalent de bien des étiquettes alignées dans les boîtes de l'entomologiste. La raucité serait encore excusable si le terme barbare ne signifiait autre chose que la bête signifiée, mais d'habitude, ce nom, fouillé dans ses racines grecques ou autres, a certains sens où le novice espère trouver de quoi se renseigner un peu.

Mal lui en prend. Le mot savant lui parle de subtilités difficiles à saisir et d'importance très médiocre. Trop souvent il l'égare, il l'achemine vers des aperçus n'ayant rien de commun avec la vérité telle que nous la fournit l'observation. Ce sont parfois des erreurs criantes, parfois des allusions bizarres, insensées. Pourvu qu'elles sonnent décemment, combien sont préférables les locutions où l'étymologie ne trouve rien à disséquer !

De ce nombre serait *fullo*, si le mot n'avait pas une signification première sur laquelle l'esprit se porte immédiatement. Cette expression latine veut dire le *foulon*, celui qui sous un filet d'eau foule le drap, l'assouplit et l'expurge des apprêts du tissage. En quoi le Hanneton objet de ce chapitre a-t-il quelques rapports avec l'ouvrier fouleur ? Vainement on se creuserait la cervelle, réponse acceptable ne viendrait pas.

Le terme de *fullo* appliqué à un insecte se trouve dans Pline. En un certain chapitre, le grand naturaliste traite des remèdes contre la jaunisse, les fièvres, l'hydropisie. Il y a un peu de tout dans cette antique pharmacopée : la dent la plus longue d'un chien noir ; le museau d'une souris enveloppé d'un linge rose ; l'œil droit d'un lézard vert, arraché sur l'animal vivant et mis dans un sachet en peau de chevreau ; le cœur d'un serpent, extirpé de la main gauche ; les quatre articles de la queue d'un scorpion, le dard compris, serrés dans un linge noir de façon que, de trois jours, le malade ne puisse voir ni le remède ni celui qui l'a appliqué ; et tant d'autres extravagances. On ferme le livre, effrayé du bourbier de sottises d'où nous est venu l'art de guérir.

Au milieu de ces insanités, préludes de la médecine, figure le foulon. *Tertium qui vocatur fullo, albis guttis, dissectum utrique lacerto adalligant*, dit le texte. Pour combattre les fièvres, il faut diviser en deux le Scarabée foulon, en appliquer une moitié sur le bras droit, et l'autre moitié sur le bras gauche.

Or, par ce vocable de Scarabée foulon, que désignait l'antique naturaliste? On ne le sait pas bien au juste. La qualification *albis guttis*, taches blanches, conviendrait assez bien au Hanneton des pins, tiqueté de blanc, mais c'est insuffisant pour donner certitude. Pline lui-même ne semble pas bien fixé sur son merveilleux remède. De son temps, les yeux ne savaient pas encore voir l'insecte. C'était trop petit, bon à récréer les enfants qui l'attachaient au bout d'un long fil et le faisaient tourner en rond, mais indigne d'occuper l'attention d'un homme qui se respecte.

Le mot lui était apparemment venu des gens de la campagne, très médiocres observateurs et enclins aux dénominations extravagantes. Le savant accepta la locution rurale, œuvre peut-être de l'imagination enfantine, et, sans mieux s'informer, il l'appliqua par à peu près. Le mot nous est parvenu, tout embaumé d'antiquité ; les naturalistes modernes l'ont cueilli, et voici comment l'un de nos plus beaux insectes est devenu le foulon. La majesté des siècles a consacré l'étrange appellation.

Malgré tout mon respect pour le vieux langage, le terme de foulon ne m'agrée, parce que, en la circonstance, il est insensé. Le bon sens doit avoir le pas sur les aberrations de la nomenclature. Pourquoi ne pas dire Hanneton des pins, en souvenir de l'arbre aimé, paradis de l'insecte pendant les deux ou trois semaines de sa vie aérienne? Ce serait très simple, on ne peut mieux naturel : raison majeure pour venir en dernier lieu.

Il faut errer longtemps dans la nuit de l'absurde avant d'atteindre le vrai, rayonnant de lumière. Toutes nos sciences en témoignent, même celle du nombre. Essayez d'additionner une colonne de nombres écrits en chiffres romains ; vous y renoncerez, abêti par la confusion des symboles, et vous reconnaîtrez quelle révolution a faite dans le calcul la trouvaille du zéro. C'est toujours l'œuf de Colomb, fort peu de chose, en vérité, mais il faut y songer.

En attendant que l'avenir rejette dans l'oubli le malencontreux foulon, disons, quant à nous, Hanneton des pins. Avec cette expression, nul ne peut se méprendre : notre insecte fréquente uniquement les pins. Il est de belle prestance, rivalisant avec celle de l'Oryate nasicorne. Son costume, s'il n'a pas les somptuosités métalliques chères au Carabe, au Bupreste, à la Cétoine, est du moins d'une rare élégance. Sur un fond noir ou marron se distribue un épais semis de taches capricieuses faites de velours blanc. C'est modeste et superbe à la fois.

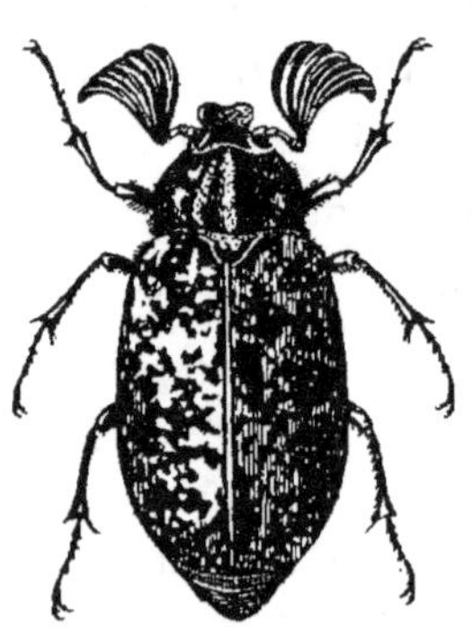

Hanneton des pins mâle.

Comme panaches, le mâle porte au bout de ses brèves antennes sept grands feuillets superposés, qui, s'étalant en éventail ou se refermant, traduisent les émotions éprouvées. On prendrait d'abord ce magnifique feuillage pour un appareil sensoriel de haute perfection, apte à percevoir de subtiles odeurs, des ondes sonores presque muettes et autres avis ignorés de nos sens ; la femelle nous avertit de ne pas trop nous engager dans cette voie. Ses devoirs maternels lui imposent une impressionnabilité pour le moins aussi grande que celle de l'autre sexe, et cependant ses panaches antennaires sont très petits et se composent de six maigres feuillets.

A quoi bon alors l'énorme éventail du mâle? L'appareil à sept feuillets est pour le Hanneton des pins ce que sont pour le Cérambyx les longues cornes vibrantes; pour l'Onthophage, la panoplie du front; pour le Cerf-volant, les andouillers fourchus des mandibules. Chacun, à sa manière, se pare d'extravagances nuptiales.

Le beau Hanneton paraît vers le solstice d'été, à peu près en même temps que les premières Cigales. La précision de sa venue le range dans le calendrier entomologique, non moins bien réglé que celui des saisons. Lorsque viennent les plus longs jours, ces jours qui n'en finissent plus et dorent les moissons, il ne manque pas d'accourir à son arbre. Les feux de la Saint-Jean, réminiscence des fêtes du soleil, allumés par les enfants dans les rues du village, n'ont pas date mieux ponctuelle.

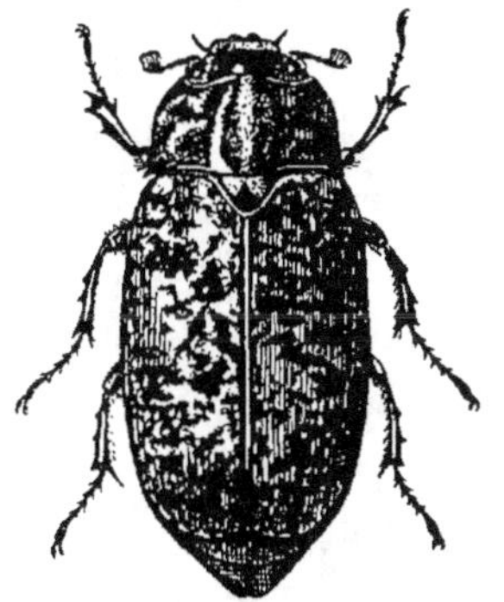

Hanneton des pins femelle.

A cette époque et aux heures crépusculaires, tous les soirs, si le temps est calme, l'insecte vient visiter les pins de l'enclos. Je le suis du regard dans ses évolutions. D'un essor silencieux, non dépourvu de fougue, les mâles surtout virent et revirent en étalant leurs grands panaches antennaires; ils vont aux rameaux où les femelles les attendent; ils passent, repassent, se profilent en traits noirs sur les pâleurs du ciel où meurent les dernières clartés. Ils se posent, repartent, recommencent leurs rondes affairées. Que font-ils là-haut pendant la quinzaine de soirées que dure le festival?

L'affaire est évidente : ils font un brin de cour aux belles, ils continuent leurs hommages jusqu'à la nuit close. Le lendemain matin, mâles et femelles occupent d'habitude les rameaux inférieurs. Ils s'y trouvent isolés, immobiles, indifférents à ce qui se passe autour d'eux. Il ne fuient pas la main qui va les saisir. Appendus par les pattes d'arrière, la plupart grignotent une aiguille de pin; doucement ils somnolent, le morceau à la bouche. Le crépuscule revenu, ils reprennent leurs ébats.

Voir ces ébats dans les hauteurs de l'arbre n'est guère possible; essayons de les voir en captivité. Quatre paires sont cueillies le matin et mises dans une ample volière avec des ramilles de pin. Le spectacle ne répond guère à mon attente; la privation de l'essor en est cause. Tout au plus, de temps à autre, un mâle se rapproche de sa convoitée; il étale ses feuillets antennaires, les agite d'un léger frisson, s'informant peut-être s'il est agréé; il fait le beau, il met en évidence ses mérites cornus. Étalage inutile : la femelle ne bouge, comme insensible à ces démonstrations. La captivité a des tristesses difficiles à surmonter. Je n'ai pu en voir davantage. La pariade doit se faire, paraît-il, à des heures avancées de la nuit, si bien que j'ai manqué le moment propice.

Un détail surtout m'intéressait. Le Hanneton des

pins possède une musique. La femelle en est douée pareillement. Comme moyen de séduction et d'appel, le prétendant en fait-il usage? Au couplet de l'énamouré, l'autre donne-t-elle réponse par un couplet semblable? Que cela se passe de la sorte dans les conditions normales, au milieu de la ramée, c'est fort possible, mais je ne l'affirmerais pas, n'ayant jamais rien entendu de pareil ni sur les pins ni dans la volière.

Le son est produit par l'extrémité du ventre, qui, d'un mouvement doux, remonte, s'abaisse tour à tour en frôlant, de ses derniers segments, le bord postérieur des élytres maintenues immobiles. Il n'y a pas d'outillage spécial ni sur la surface frottante ni sur la surface frottée. La loupe y cherche en vain de fines stries propres à bruire. De part et d'autre, c'est lisse. Comment alors s'engendre le son?

Promenons le bout du doigt mouillé sur une lame de verre, sur un carreau de vitre; nous obtiendrons un son assez nourri, non dépourvu d'analogie avec celui du Hanneton. Mieux encore : pour frictionner le verre, servons-nous d'un morceau de gomme élastique; nous reproduirons assez fidèlement les sonorités de l'insecte. Si la mesure musicale est bien gardée, on s'y méprendrait, tant l'imitation réussit.

Eh bien, dans l'appareil du Hanneton, la pulpe du bout du doigt, le morceau de gomme élastique sont représentés par les mollesses du ventre que l'insecte meut; le carreau de vitre est la lame des élytres, lame mince, rigide, éminemment apte à vibrer. Le mécanisme sonore du Hanneton est donc des plus simples.

D'autres coléoptères, en petit nombre, sont doués du même privilège. Tels sont e Copris espagnol et le Bolbocère consommateur de truffes. L'un et l'autre bruissent au moyen de légères oscillations du ventre, qui frôle doucement le bord postérieur des élytres.

Les Cérambyx ont une autre méthode, également basée sur la friction. Le grand Capricorne, par exemple, fait mouvoir son corselet sur son articulation avec la poitrine. Il y a là une puissante saillie cylindrique qui s'emboîte étroitement dans la cavité du corselet et forme un joint à la fois robuste et mobile. Cette saillie porte en dessus une aire convexe, en forme d'écusson héraldique, toute lisse, absolument dépourvue de stries quelconques. Telle est la machinette à musique.

Le bord du corselet, lui-même lisse à l'intérieur, frotte sur cette aire, avance et recule en une oscillation cadencée, et de la sorte engendre un son assimilable, lui aussi, à celui du carreau de vitre que frotte le doigt mouillé. Cependant il m'est impossible de faire sonner l'appareil de l'insecte mort, en mouvant moi-même le corselet. Si je n'entends rien, je sens du moins sous les doigts moteurs l'aigre frémissement des surfaces frictionnées. Encore un peu, le son serait là. Que manque-t-il? Le coup d'archet que seul l'insecte vivant peut donner.

Même mécanisme pour le petit Capricorne, *Cerambyx cerdo;* pour l'hôte des saules, l'Aromie à odeur de rose, *Aromia moschata.* De leur côté, l'Ægosome et l'Ergate, puissants longicornes, sont dépourvus de la saillie emboîtée dans le corselet, ou plutôt n'en possèdent que

Larves du Hanneton des pins.

le strict nécessaire à la jonction des pièces. Du coup, les deux gros nocturnes sont muets.

Si l'instrument du Hanneton nous est connu dans la simplicité de son mécanisme, il n'en reste pas moins énigmatique dans ses usages. L'insecte s'en sert-il comme moyen d'appel nuptial? C'est probable. Sur les pins néanmoins, malgré toute mon attention aux heures propices, je n'ai pas entendu le moindre bruissement. Je n'ai rien entendu non plus dans les volières, où la distance ne pouvait faire obstacle à l'audition.

Veut-on faire bruire le Hanneton, il suffit de le prendre entre les doigts et de le tracasser un peu. Aussitôt l'appareil sonore fonctionne, ne cessant que lorsque le repos est venu. Ce n'est pas alors un chant, mais une plainte, une protestation contre le mauvais sort. Singulier monde où la peine se traduit par des couplets, et la joie par du silence.

De façon pareille se comportent les autres râcleurs de ventre ou de corselet. Surprise sur ses pilules, au fond du terrier, la mère Copris gémit, un instant se lamente; le Bolbocère, prisonnier dans la main, proteste par une douce cantilène; le Capricorne saisi grince éperdument. Tous se taisent dès que le péril est passé; tous aussi, en parfait repos, persistent dans le silence. Hors des émois que je leur suscitais, je n'ai jamais entendu ni l'un ni l'autre faisant sonner son appareil.

D'autres, pourvus d'instruments de haute perfection, chantent pour charmer leur solitude, se convier à la pariade, célébrer les joies de la vie et les fêtes du soleil. La plupart de ces lyriques se font muets en un moment de danger. Au moindre trouble, le Dectique ferme sa boîte à musique, voile son tympanon qu'ébranlait un archet; le Grillon rabat les ailes qui vibraient élevées.

Au contraire, la Cigale, entre nos doigts, crie désespérément; l'Éphippigère se plaint en mode mineur. Tristesses et félicités ont même traduction, de sorte qu'il est bien difficile de dire à quels usages précis est destiné l'organe stridulateur. Tranquille, l'insecte célèbre-t-il, en effet, ses joies? Tracassé, déplore-t-il son infortune? Veut-il en imposer par du bruit à ses ennemis? L'appareil sonore serait-il, au moment requis, un moyen de défense, d'intimidation? Si le Capricorne et la Cigale bruissent dans le danger, pourquoi le Dectique et le Grillon se taisent-ils?

En somme, la phonétique de l'insecte est loin d'être connue dans ses causes déterminantes. Elle ne l'est pas davantage au sujet des sons perçus. L'ouïe de l'insecte saisit-elle les mêmes sons que la nôtre? Est-elle sensible, en particulier, à ce que nous appelons sons musicaux? Sans espoir aucun d'ailleurs de résoudre l'obscure question, j'ai fait essai d'une expérience bonne à relater. Un de mes lecteurs, enthousiasmé de ce que lui apprenaient mes bêtes, m'avait envoyé de Genève une boîte à musique, espérant qu'elle me serait utile dans mes recherches acoustiques. Elle l'a été en effet. Racontons la chose. Ce sera pour moi l'occasion de remercier l'auteur du gracieux envoi.

La machinette musicale a un répertoire assez varié, toujours avec des sons d'une limpidité cristalline qui doivent, à mon sens, attirer l'attention {d'un auditoire entomologique. L'un des airs agréant le plus à mes projets est celui des *Cloches de Corneville*. Avec cet appât, séduirai-je l'attention d'un Hanneton, d'un Capricorne, d'un Grillon?

Je débute par le Capricorne. C'est le petit *Cerambyx cerdo*. Je saisis le moment où il courtise sa compagne à distance. Ses fines antennes projetées en avant et immobiles, il semble interroger. C'est alors que sonnent mélodieusement les Cloches de Corneville, din, dan, din, doun. Rien ne bouge chez l'insecte en pose méditative. Pas le moindre tressaillement, pas la moindre inflexion dans les antennes, organes de l'audition. Je renouvelle la tentative en changeant l'heure et le jour. Essais inutiles : pas un mouvement antennaire qui dénote, de la part de l'insecte, la moindre attention à ma musique.

Même résultat avec le Hanneton des pins, dont les feuillets antennaires gardent exactement la même disposition qu'ils avaient au milieu du silence; même résultat avec le Grillon, dont les menus filets tendus doivent aisément vibrer sous le choc des ondes sonores. Mes trois expérimentés sont d'une parfaite indifférence à mes moyens d'émotion; aucun ne donne indice d'une impression ressentie.

Autrefois, une artillerie tonnant sous le platane où se tenait l'orchestre ne suspendait un instant, n'altérait en rien le concert des Cigales; plus tard, le brouhaha d'une foule en fête, la pétarade d'un feu d'artifice tiré tout à côté n'embrouillaient pas la géométrie d'une Épeire travaillant à sa toile; aujourd'hui la limpide tintinnabulation des Cloches de Corneville laisse l'insecte dans un profonde indifférence, autant qu'il nous est possible d'en juger. En déduirons-nous la surdité? Ce serait aller beaucoup trop loin.

Ces expériences nous autorisent seulement à penser que l'acoustique de l'insecte n'est pas la nôtre, de même que l'optique de ses yeux à facettes n'est pas assimilable à celle de nos yeux. Un joujou de physique, le microphone, entend — s'il est permis de parler de la sorte — ce qui pour nous est silence; il n'entendrait pas un vacarme puissant; il se détraquerait et fonctionnerait mal, soumis au fracas du tonnerre. Que sera-ce de l'insecte, autre joujou plus délicat encore! Il est étranger à nos sons, musicaux ou grossiers. Il a pour lui ceux de son petit monde, hors desquels le reste des sonorités n'a pas de valeur.

Dans la première quinzaine de juillet, les mâles du Hanneton des pins observés en volière se retirent à l'écart, parfois s'ensevelissent et tout doucement se laissent mourir, tués par l'âge. Les mères, d'autre part, s'occupent de la ponte, ou pour mieux dire de leur semis. Du bout du ventre, taillé en soc obtus, elles fouillent la terre; elles y descendent, tantôt en plein, tantôt jusqu'aux épaules. Les œufs, au nombre d'une vingtaine, sont déposés isolés, un par un, dans de petites cavités rondes du volume d'un pois. Aucu autre soin ne leur est donné. C'est un véritable semis au plantoir.

Cela rappelle l'Arachide, la légumineuse africaine, qui recroqueville ses pédoncules floraux et descend en terre, pour les faire germer, ses graines oléagineuses, à

Le Hanneton des pins, mâle et femelle.

saveur de noisette. Cela remet en mémoire une plante de ma région, la Vesce à double fruit (*Vicia amphicarpa*, Dorth.), qui produit deux sortes de gousses, les unes aériennes, à semences nombreuses, les autres souterraines, à semences plus grosses et réduites le plus souvent à deux. Les deux genres de graines s'équivalent d'ailleurs; ce que les unes donnent, les autres le donnent aussi.

Que le sol s'humecte, et tout est prêt pour la germination; le semis préalable a été fait par la Vesce et l'Arachide mêmes. En soins maternels, ici le végétal rivalise avec l'animal; le Hanneton des pins ne fait pas mieux que les deux légumineuses. Il sème dans le sol, et c'est tout, absolument tout. Que nous sommes loin du Minotaure, si soigneux de sa famille!

Les œufs, ovoïdes obtus aux deux bouts, mesurent de quatre à cinq millimètres de longueur. Ils sont d'un blanc mat, fermes et comme pourvus d'une coquille crétacée imitant celle des œufs de poule. L'apparence est trompeuse : ce qui reste après l'éclosion est une membrane translucide, fine et souple. L'aspect crayeux provient du contenu vu par transparence. L'éclosion se fait vers le milieu d'août, un mois après la ponte.

Comment nourrir les vermisseaux et assister aux premières bouchées? Je me guide sur ce que m'ont appris les terrains fréquentés par les larves grossies. Je fais un mélange de sable frais et de menus détritus de feuilles quelconques brunies par la pourriture. En pareil milieu, les nouveau-nés prospèrent, je les vois qui s'ouvrent, de-çà, de-là, de brèves galeries, happent des parcelles pourries et les consomment avec tous les signes de la satisfaction, si bien que, si j'avais le loisir de continuer cette éducation pendant les trois ou quatre années nécessaires, j'obtiendrais certainement des larves mûres pour la transformation.

Mais il est inutile de perdre son temps en pareil élevage, des fouilles à la campagne me donnent le ver en plein développement. Il est superbe de corpulence, fléchi en crochet, d'un blanc beurré en avant, d'un brun terreux en arrière à cause de la bedaine où s'amasse le trésor stercoral, destiné plus tard à crépir, à cimenter la loge où se fera la nymphose. Tous ces bedonnants à crochet, vers d'Orycte et de Cétoine, de Hanneton et d'Anoxie, sont des économes en matière fécale; ils gardent en réserve dans leur panse brunie de quoi se maçonner une cellule quand viendra le moment.

Je recueille mes gros vers dans un sol sablonneux, où végètent de maigres touffes de graminées, à grande distance de tout arbre résineux, sauf le cyprès, que ne fréquente pas l'adulte. Après ses ébats réglementaires sur les pins, l'insecte est donc venu de loin déposer ici sa ponte. Il se nourrit sobrement des aiguilles du pin, il faut à sa larve débris de feuillage quelconque, macérés en terre par la pourriture. Ainsi se détermine l'abandon du paradis nuptial.

Le ver du Hanneton vulgaire, le Man, vorace rongeur des tendres racines, est un fléau pour nos cultures; celui du Hanneton des pins ne me semble guère calamiteux. Des radicelles pourries, des détritus végétaux en décomposition lui suffisent. Quant à l'adulte, il broute, sans

en faire abus, les aiguilles vertes des pins. Si j'étais
propriétaire, j'aurais médiocre souci de ses dégâts.
Quelques bouchées prélevées sur l'immense feuillage,
quelques aiguilles de pin dépointées ne sont pas grave
affaire. Laissons-le tranquille. C'est une parure des
chauds crépuscules, un élégant joyau du solstice d'été.

X

LE CHARANÇON DE L'IRIS DES MARAIS

Avec ses fruits, la plante a été et continue d'être la principale nourrice de l'homme. L'antique paradis, dont nous parlent les légendes orientales, n'avait pas d'autre ressource alimentaire. C'était un jardin délicieux avec frais ruisselets et fruits de toutes sortes, y compris la pomme qui devait nous être si fatale. D'autre part, nos misères ont, de fort bonne heure, cherché soulagement dans les vertus des simples, vertus tantôt réelles, tantôt et le plus souvent imaginaires. La connaissance des plantes est donc vieille comme nos infirmités et nos besoins de nourriture.

Celle des insectes est, au contraire, toute récente. Les anciens ignoraient la petite bête, ne daignaient lui donner un coup d'œil. Ce dédain n'est pas près de finir. Nous connaissons vaguement le travail de l'Abeille et du Ver à soie ; nous avons entendu parler de l'industrie de la Fourmi ; nous savons que la Cigale chante, sans nous faire une idée précise de la chanteuse, confondue avec d'autres; nous avons peut-être accordé un regard distrait aux magnificences des Papillons; à cela, pour l'immense majorité, se réduit l'entomologie. Qui de nous, s'il n'est pas du métier, se risquerait à dire le nom d'un insecte, même choisi parmi les plus remarquables?

Le paysan de la Provence, assez ouvert à l'observation des choses de la glèbe, a tout au plus une douzaine de termes pour dénommer confusément le monde immense des insectes; il possède un vocabulaire très riche pour désigner les plantes. Tel brin d'herbe que l'on se figurerait connu des botanistes seuls lui est familier et porte dénomination précise.

Or l'insecte végétarien est, en général, d'une scrupuleuse fidélité à sa plante nourricière, de telle sorte que, la botanique et l'entomologie se donnant la main, bien des hésitations sont épargnées au débutant. Le végétal exploité dit le nom de l'insecte exploiteur. Qui ne connaît, par exemple, le superbe Iris des marais? Il mire dans l'eau des ruisseaux les verts coutelas de ses feuilles et les jaunes bouquets de ses fleurs. La jolie grenouille verte, la Rainette, se gonflant la gorge en poche de cornemuse, y coasse aux approches de la pluie.

Approchons-nous. Sur ses capsules à trois valves, que les chaleurs de juin commencent à mûrir, nous verrons curieux spectacle. En remuante compagnie, des Charançons courtauds et roussâtres s'enlacent, se quittent, se reprennent. Ils travaillent du bec et sont en affaires de pariade. Voilà notre sujet pour aujourd'hui.

Le langage usuel ne leur a pas donné de nom, mais l'histoire leur a infligé la bizarre appellation de *Mono-*

nychus pseudo-acori, Fab. Littéralement cela veut dire : ongle unique du privé de pupille. Le scalpel du grammairien, fouillant et disséquant les entrailles des mots, est sujet, comme le scalpel de l'anatomiste, à de singulières rencontres. Expliquons le savant jargon qui, tout d'abord, ne présente aucun sens.

La plante secourable aux privés de pupille, c'est-à-dire aux infirmes de la vue, est l'Acore, dont l'antique médecine faisait usage dans certaines affections des yeux. Ses feuilles, en forme de glaive, ont quelque ressemblance avec celles de l'Iris des marais. Celui-ci est donc le

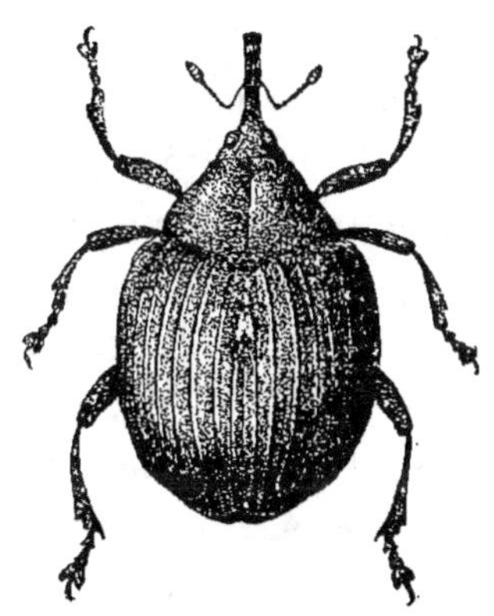

Charançon de l'Iris des marais
grossi 8 fois.

faux privé de pupille, l'image trompeuse de la célèbre plante médicinale.

Quant à l'ongle unique, son explication est dans les tarses, les six doigts de l'insecte, qui sont tous armés d'une seule griffette, au lieu d'en avoir deux ainsi qu'il est de règle générale. Cette étrange exception méritait certes d'être signalée; c'est égal : à *Mononychus pseudo-acori* chacun préférera Charançon de l'Iris des marais. Insoucieuse d'imposant apparat, l'appellation vulgaire ne tourneboule pas l'esprit et mène droit à l'insecte.

En juin, je cueille des tiges de l'Iris des marais surmontées de leur bouquet de capsules qui, déjà grosses, longtemps se maintiennent vertes et fraîches. Le Cha-

rançon exploiteur les accompagne. En captivité sous le
treillis d'une cloche, le travail se poursuit comme au
bord du ruisseau. La plupart, isolés ou par groupes,
stationnent en des points à leur convenance. Le rostre
plongé dans l'enveloppe verte, indéfiniment ils s'abreuvent, sirotent. Quand ils se retirent repus, une larme
gommeuse suinte qui, se desséchant plus tard sur l'orifice
du puits, marque le point tari.

D'autres paissent. Ils attaquent les tendres capsules et
les décortiquent jusqu'aux semences. Malgré leur minime
taille, ce sont de gloutons grignoteurs; s'ils s'attablent
plusieurs ensemble, ils rongent sur de larges étendues;
mais ils ne descendent pas jusqu'aux semences, nourriture réservée aux larves. Beaucoup déambulent, insoucieux du manger. Ils se rencontrent, se lutinent un
moment, s'apparient.

Je ne parviens pas à voir la ponte, qui, du reste, ne
doit guère différer de celle des autres Charançons ino-
culateurs. La mère apparemment fore un puits avec le
rostre; alors elle se retourne et met en place l'œuf au
moyen de son oviducte. J'ai vu des larves tout récemment écloses. La vermine occupe l'intérieur d'une graine,
dont la matière s'organise et commence à prendre
fermeté.

A la fin de juillet, j'ouvre des capsules apportées le
jour même des bords du ruisseau. Dans la plupart se
trouve l'insecte sous les trois formes de larve, de nymphe
et d'adulte. Chacune des trois loges du fruit contient une
rangée d'une quinzaine de semences, plates et serrées
étroitement l'une contre l'autre. La part d'un ver est de

trois graines contiguës. Celle du milieu est en entier consommée, moins l'enveloppe, trop coriace; les deux extrêmes sont simplement entamées. De là résulte une loge faite de trois pièces, la centrale figurant un anneau, les deux extrêmes excavées en godet.

Avec sa quinzaine de semences, chaque compartiment du fruit peut donc héberger cinq larves au plus, leur fournir ration convenable et case isolée, ne gênant pas les voisines. Cependant sur le dos de la capsule on compte, pour chaque loge, environ une vingtaine de perforations, dont la margelle est une petite verrue, soit de gomme, soit de matière brunie. Ce sont là autant de sondages faits par le rostre du Charançon.

Les uns se rapportent à l'alimentation; ce sont des buvettes où les colons de la capsule ont pris réfection. Les autres concernent la ponte, la mise en place des œufs, un par un, au sein des vivres. A l'extérieur, rien ne distingue un point buvette d'un point berceau; aussi, d'après le seul relevé des sondages, est-il impossible de préciser combien d'œufs ont été confiés à la capsule. Admettons un nombre moyen. Sur les vingt piqûres d'une loge, considérons-en dix comme appartenant à la ponte. Ce serait le double de ce que cette loge peut nourrir. Que sont alors devenus les surnuméraires?

Ici revient en mémoire la Bruche qui sème sur la cosse de ses pois un nombre d'œufs exagéré, hors de proportion avec les vivres contenus. De même, sur l'Iris, la poudeuse ne tient compte des rations; elle peuple le déjà peuplé, elle comble le trop-plein. La fougue de procréation ne calcule pas l'avenir. Prospérera qui pourra.

On comprend le *Verbascum thapsus* se permettant quarante-huit mille graines lorsque la germination d'une seule suffirait au maintien de l'espèce; sa quenouille est un trésor de matière comestible dont fera profit une foule de consommateurs. On cesse de comprendre la Bruche, le Charançon de l'Iris et tant d'autres qui, non exposés à de sévères émondages, exagèrent néanmoins la famille sans tenir compte des ressources disponibles.

Faute de place au bouquet de l'Iris, sur les dix convives d'une loge, quatre ou cinq au plus survivront. Quant à la disparition des autres, n'allons pas en chercher la cause dans le massacre entre rivaux, bien que la concurrence vitale soit féconde en pareilles scélératesses. Le vermisseau du Charançon est trop pacifique pour tordre le cou à qui le gêne. Je préfère l'explication donnée au sujet de la Bruche des pois. Les tard venus, trouvant prises les bonnes places, se laissent mourir sans lutte pour déloger autrui. Aux premiers installés, l'abondance et la vie; aux retardataires, la disette et la mort.

En août commence l'apparition des adultes hors des fruits de l'Iris. La larve n'a pas le talent de celle de la Bruche; de sa dent patiente elle ne prépare rien en vue de l'exode. C'est l'insecte parfait lui-même qui pratique la voie de sortie, consistant en un pertuis rond foré à travers l'enveloppe coriace de la graine et l'épaisse paroi du fruit. Enfin, en septembre, les capsules de l'Iris brunissent, dessoudent leurs trois valves; la demeure menace ruine. Avant qu'elle soit inhabitable, les derniers occupants se hâtent de déménager, chacun par sa ronde lucarne. On passera la mauvaise saison dans le voisinage, sous un abri quelconque; puis, le printemps revenu et l'Iris jauni de fleurs, recommencera le peuplement des capsules.

La flore de ma région, non loin des lieux fréquentés par notre insecte, comprend trois espèces d'Iris, outre celui des marais. Sur les collines voisines, parmi les Cistes et les Romarins, abonde l'Iris nain (*Iris chamœiris*, Bertol.), à fleurs variables de coloration, tantôt violacées, tantôt jaunes ou blanches, tantôt parées d'un mélange des trois teintes. La plante est à peine haute d'un travers de main, mais ses fleurs ne le cèdent en rien comme ampleur à celles des autres espèces.

Sur les mêmes collines, aux points où les eaux pluviales laissent un peu de fraîcheur, pousse, en superbe tapis, l'Iris bâtard (*Iris spuria*, Lin.), élancé de taille, fluet de feuillage et paré de fleurs d'une rare élégance. Enfin, à proximité du ruisselet où j'observe l'insecte, se rencontre l'Iris gigot (*Iris fœtidissima*, Lin.), dont le feuillage froissé donne un vague relent de gigot à l'ail. Les semences en sont d'un beau rouge orangé, caractère spécifique ne se retrouvant pas ailleurs.

En somme, sans compter les étrangers que la culture peut avoir introduits dans les jardins des alentours, voilà quatre espèces d'Iris indigènes à la disposition du Charançon. De part et d'autre, les fruits sont pareils, tous également volumineux et riches de semences dont les propriétés alimentaires ne doivent pas différer beaucoup. Les quatre plantes d'ailleurs fleurissent à la même époque. Et sur ce nombre, qui lui permettrait large extension de sa race, le Charançon choisit invariablement l'Iris des marais. Il ne m'est jamais arrivé de le trouver établi dans les capsules de l'un des trois autres.

Pour quels motifs à l'abondance variée préfère-t-il l'uniformité mesquine? Dans ce choix doivent intervenir les goûts de l'insecte adulte et ceux de la larve. Le premier s'alimente de l'enveloppe charnue des capsules; le ver, de son côté, se nourrit uniquement des semences non encore durcies et toutes juteuses. Les appétits de l'adulte sont-ils satisfaits avec les fruits d'un Iris quelconque? C'est à vérifier.

Sous cloche en treillis, je mets le Charançon en présence de capsules vertes provenant de diverses origines. Il y a là, pêle-mêle avec les fruits de l'Iris des marais, ceux de l'Iris nain, ceux de l'Iris gigot et ceux de l'Iris bâtard. J'y adjoins des capsules étrangères, celles de l'Iris pâle (*Iris pallida*, Lam.) et celles de l'Iris xiphioïde (*Iris xiphioïdes*, Ehrh.), si différent des autres par son bulbe remplaçant l'habituel rhizome.

Eh bien, tous ces fruits sont acceptés avec le même empressement que ceux de l'Iris des marais. Le Charançon les crible de piqûres, les dénude, les perfore de fenêtres. Souvent sont contiguës les capsules de mon choix et celles des bords du ruisseau, d'usage normal; le consommateur ne fait entre elles aucune différence, il va sans hésitation de l'une à l'autre, il les attaque avec un zèle que n'altère en rien la nouveauté du mets. Tout lui est bon, venu d'un Iris quelconque.

Et ce n'est pas là, comme il serait permis de le croire, une aberration amenée par les ennuis de la captivité. J'ai trouvé dans l'enclos, sur les hautes tiges de l'Iris pâle, un

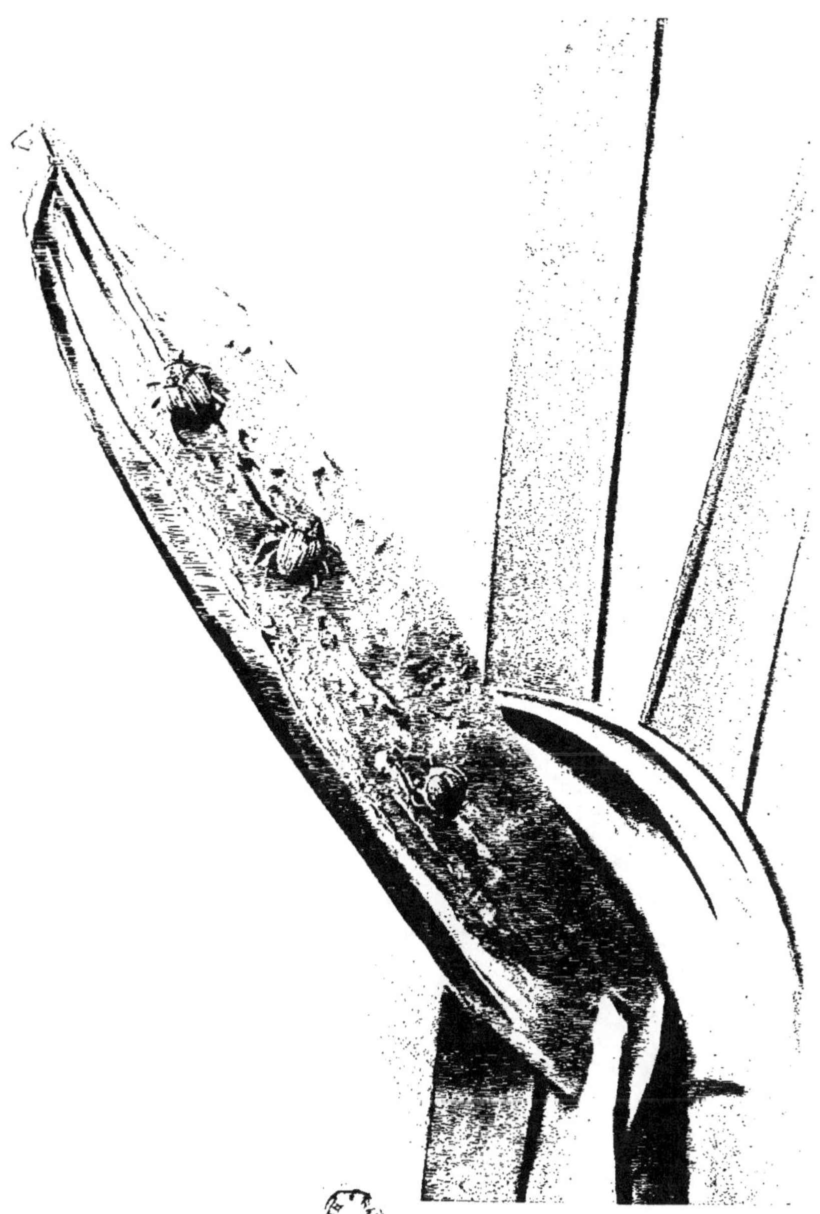

Charançon de l'Iris des marais.

groupe de notre Charançon attablé aux capsules vertes. D'où venaient-ils en pèlerins observés pour la première fois entre mes quatre murailles? Comment avaient-ils appris, ces colons des fraîches rives, que, dans les aridités de mon arpent de cailloux, fleurissait un Iris excellent à exploiter? Toujours est-il que, des capsules commençantes, ils ne laissèrent rien d'intact. La trouvaille alimentaire leur convenait fort bien. Aussi me fut-il impossible de mettre à profit cette aubaine pour savoir si la plante insolite pouvait convenir à l'établissement de la famille.

En dehors du genre Iris, y a-t-il d'autres plantes botaniquement très voisines, dont les fruits soient agréés? J'ai vainement essayé les capsules trigones du Glaïeul des moissons (*Gladiolus segetum*, Gawl.) et les capsules globuleuses de deux Asphodèles, *Asphodelus luteus*, Lin., et *Asphodelus cerasiferus*, Gay. Le Charançon n'en a pas voulu. Tout au plus a-t-il plongé le rostre dans les vertes billes de l'Asphodèle jaune, le vulgaire Bâton de Jacob. Il a dégusté, puis s'est retiré. Le mets ne lui convenait pas, et la faim n'a pu vaincre l'obstination du dédaigneux. La mort par famine plutôt que de toucher à des vivres non traditionnels.

Il va de soi que sur le Glaïeul et les deux Asphodèles je n'ai rien obtenu en fait de ponte. Ce que l'insecte estime mauvais pour sa propre réfection est à plus forte raison refusé quand il s'agit du manger des vers. Je n'ai pas été plus heureux avec les divers Iris essayés, sauf celui des marais. Faut-il mettre ce refus sur le compte de la captivité? Non; car se peuplaient assez bien sous mes cloches les capsules de l'Iris des marais. C'est, du moment qu'il s'agit d'établir la famille, l'abstention absolue de tout ce qui n'est pas dans les habitudes; c'est l'inébranlable fidélité aux us et coutumes des anciens. Je n'ai jamais trouvé, en effet, le Charançon établi autre part que dans les capsules de l'Iris des marais, si affriolantes d'aspect que fussent les autres, celles de l'Iris nain surtout, bien charnues et très nombreuses au printemps.

XI

LES INSECTES VÉGÉTARIENS

Seul des vivants, l'homme civilisé sait manger; entendons par là qu'il met de l'apparat aux affaires de gueule. Il a cuisine savante, art raffiné des sauces. Avec un luxe de vaisselle, il solennise ses repas. Il pontifie à table, il y pratique des rites, des cérémonies. En ses banquets, il veut de la musique et des fleurs afin de mastiquer somptueusement sa part de bête morte. L'animal n'a pas ces travers. Tout simplement il se repaît, ce qui pourrait bien être après tout le vrai moyen de ne pas se détériorer. Il prend sa réfection, et cela lui suffit. Il mange pour vivre, et divers parmi nous vivent avant tout pour manger.

L'estomac de l'homme est un gouffre où s'engloutit toute chose mangeable. Celui de l'insecte végétarien est une officine méticuleuse où ne sont admises que des bouchées scrupuleusement déterminées. Chaque convive du banquet végétal a sa plante, son fruit, sa capsule, sa graine qu'il exploite passionnément, dédaigneux des autres vivres, seraient-ils de valeur pareille.

L'insecte carnassier, au contraire, affranchi des étroites spécialités, se repaît de toute chair. Le Carabe doré trouve à son goût la Chenille, la Mante, le Hanneton, le Lombric, la Limace et tout autre gibier. Les Cerceris amassent, pour leurs vers, des bourriches de Curculionides et de Buprestes, sans distinction d'espèces. De son côté, la Bruche ne connaît que son pois et sa fève; le Rhynchite doré, que la prunelle; le Larin maculé, que le globule azuré de son petit chardon; le Balanin des noisetiers, que son aveline; le Charançon dont on vient de lire l'histoire, que la capsule de l'Iris des marais. Ainsi des autres. Le végétarien est un spécialiste à courtes vues; le carnassier, un émancipé qui généralise.

Jadis, avec un succès qui faisait mes délices d'observateur, j'ai changé le régime de diverses larves carnassières. A qui vivait de Curculionides, j'ai servi des Criquets; à qui vivait de Criquets, j'ai servi des Diptères. Mes nourrissons acceptaient sans hésiter la victuaille inconnue de leur race et ne s'en portaient pas plus mal; mais je ne me chargerais pas d'élever une chenille avec le premier feuillage venu; plutôt que d'y toucher, elle se laisserait périr de faim.

Mieux affinée que celle du végétal, la matière animale permet à l'estomac de passer d'un mets à l'autre sans graduelle accoutumance, tandis que celle de la plante, relativement fruste, exige apprentissage de la part du consommateur. Transmuer de la chair de mouton en chair de loup est œuvre aisée, quelques retouches secondaires y suffisent; mais faire de la chair de mouton avec des herbages est travail de haute chimie digestive, pour lequel ne sont pas de trop les quatre estomacs du ruminant. S'il est carnivore, l'insecte est donc capable de varier son régime, tous les gibiers étant équivalents.

La nourriture végétale amène d'autres conditions. Avec ses farineux, ses huiles, ses essences, ses épices, souvent ses toxiques, chaque plante essayée serait innovation périlleuse que ne se permettra pas l'insecte, rebuté dès les premières bouchées. A ces dangereuses nouveautés, combien est préférable l'immuable mets consacré par les antiques usages! Voilà pourquoi, sans doute, l'insecte végétarien est fidèle à sa plante.

Comment s'est faite cette répartition des biens de la terre entre les consommateurs? N'espérons guère le savoir; le problème est trop au-dessus de nos moyens de recherche. Tout au plus, l'expérimentation aidant, nous est-il permis de sonder un peu ce coin de l'inconnu, de rechercher à quel point est fixé le manger de l'insecte, et de noter les variations de régime, s'il y en a. Ainsi se recueilleront des données que l'avenir utilisera pour acheminer la question plus loin.

Sur la fin de l'automne, j'avais mis en volière deux couples de Géotrupe stercoraire, avec abondant monceau de vivres venus du mulet. Aucun projet de ma part concernant mes captifs; je les avais logés par vieille habitude de ne pas laisser perdre une occasion. Le hasard me les avait mis sous la main, le hasard fera le reste.

Avec les somptueuses provisions dont je les avais

gratifiés, les Géotrupes avaient largement de quoi vaquer à leurs affaires de famille. Sans autre intervention de ma part, tout l'hiver ils furent oubliés. Aux approches du renouveau, en une heure de loisir, la curiosité me vint de les visiter. Par les faces latérales du logis, faces consistant en treillis métallique, il avait plu comme à la rue; et, les eaux ne trouvant pas à s'écouler à travers le plancher du fond, la terre de la volière était devenue boue.

Les saucissons alimentaires, ouvrage des parents, étaient malgré tout nombreux, mais en quel piteux état! Délavés par les pluies, lessivés jusqu'à l'intérieur par de continuelles infiltrations, ils tombaient en loques si je les dérangeais de leur place. Chacun néanmoins, dans la chambre délabrée du bout inférieur, contenait un œuf pondu vers la fin de l'automne; et cet œuf, épargné par les boues glacées de l'hiver, était si rebondi, si luisant de santé, qu'une prochaine éclosion paraissait évidente.

Que donner aux vermisseaux qui vont sortir de là? Je n'ose compter sur les ruines des saucissons réglementaires. Autant vaudrait donner aux nouveau-nés un bout de vieille corde. Que faire? Usons d'un artifice insensé, servons un mets de notre invention, absolument inconnu chez les Géotrupes.

Avec des feuilles pourrissant à terre, feuilles de noisetier et de cerisier, de marronnier, d'orme, de cognassier et autres, se prépare la pâtée de mes vers. Je les mets ramollir dans l'eau, puis les découpe en fines lanières imitant le tabac à fumer. L'œuf est déposé au fond d'une éprouvette, et par-dessus je tasse une colonne de mon hachis foliaire. Comme termes de comparaison, d'autres œufs sont logés de façon pareille, mais avec l'ingrate provende des conserves normales lessivées par les pluies.

L'éclosion se fait dans les premiers jours de mars. J'ai sous les yeux, au sortir de l'œuf, la larve qui tant me surprit lorsque, pour la première fois, il y a bien des années, je la reconnus estropiée. Ayant à revenir sur cette étrange aberration, je me bornerai à dire quelques mots de la tête, remarquablement volumineuse, gonflée qu'elle est des muscles moteurs des cisailles mandibulaires, cisailles façonnées en tailloirs, avec crénelures à l'extrémité et robuste éperon à la base. Il suffit de voir cette armure dentaire pour reconnaître dans le nouveau-né un consommateur que ne rebuteront pas les fibres ligneuses. Avec pareil engin d'émiettement, un fétu de paille doit être brioche.

J'assiste aux premières bouchées. Je m'attendais à des hésitations, à des recherches inquiètes au milieu de vivres insolites, dont jamais Géotrupe apparemment n'a fait usage. Il n'en est rien. Le consommateur de saucisses en bouse accepte d'emblée les saucisses en feuilles mortes, et avec un tel entrain que, dès la première séance, je suis convaincu du succès de ma bizarre entreprise.

Comme début, le vermisseau trouve à sa portée le bâtonnet d'une nervure. Il le happe, le tourne, le retourne à l'aide des palpes et des pattes antérieures ; doucement il le grignote par un bout. Tout y passe. Suivent d'autres morceaux, gros ou menus indifféremment. Aucun choix ; ce que les mandibules rencontrent est grugé. Et cela indéfiniment, toujours avec un appétit inaltérable, si bien que l'insecte parvient sans encombre à l'état parfait. Lorsque le dos a pris le noir d'ébène et le ventre le violet améthyste, je donne la liberté à mon Géotrupe. Je suis émerveillé de ce qu'il vient de m'apprendre.

Une épreuve inverse s'imposait. Un bousier prospère avec des feuilles pourries ; obtiendrai-je le même succès en nourrissant de bouse un consommateur de détritus foliaires? Dans le monceau de feuilles mortes que j'entasse dans un coin du jardin pour obtenir du terreau, sont cueillies douze larves de Cétoine dorée, parvenues à demi-grosseur. Je les établis dans un bocal, sans autre nourriture que du crottin de mulet, convenablement rassis par une aération de quelques jours sur la grand'-route. La victuaille stercorale est très bien acceptée par le futur hôte des roses. Je ne parviens pas à reconnaître des signes d'hésitation et de répugnance. A demi sec, le filandreux rogaton du mulet est consommé non moins bien que le feuillage bruni par la pourriture. Un second bocal contient des larves normalement alimentées. Entre les deux groupes, nulle différence sous le rapport de l'appétit et de l'apparence de santé. De part et d'autre enfin la transformation régulièrement s'accomplit.

Ce double succès amène une réflexion. Certes, le ver de la Cétoine n'aurait qu'à perdre s'il s'avisait d'abandonner son tas de feuilles mortes pour venir exploiter sur la grand'route le monceau du mulet; il quitterait l'abondance inépuisable, la douce moiteur, la sécurité profonde, et trouverait en échange provende mesquine,

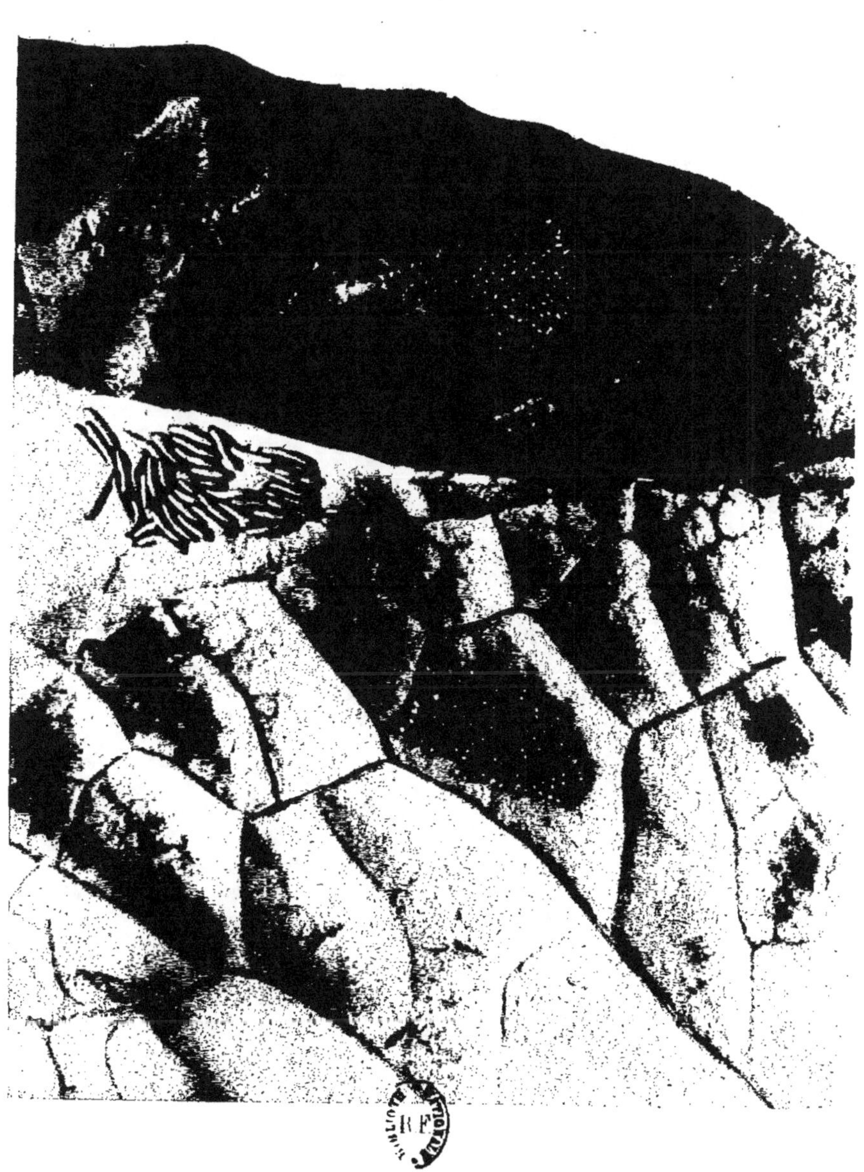

Ponte de la Piéride et jeunes chenilles.

périlleuse, foulée sous les pieds des passants. Il ne commettra pas cette folie, si alléchant que soit l'attrait d'un mets nouveau.

Pour le ver du Géotrupe c'est une autre affaire. Sans être rare en pleine campagne, le crottin des bêtes de somme est fort loin de se rencontrer partout. Il se trouve principalement sur les routes qui, encroûtées de macadam, opposent au forage des terriers un obstacle invincible. Les feuilles mortes, à demi pourries, cela s'amoncelle au contraire partout, en quantités inépuisables. De plus, elles abondent en terrain meuble, d'excavation aisée. Si elles sont trop sèches, rien n'empêche de les descendre à telle profondeur où la fraîcheur du sol leur donnera la souplesse requise. On n'est pas Géotrupe, troueur de terre, pour rien. Un silo descendant à un empan de plus que ne le font les terriers habituels serait excellente officine de macération.

Puisque les larves de Géotrupe prospèrent avec une colonne de feuilles pourries, comme en témoignent mes expérimentations, il semble donc que le préparateur de saucisses en bouse aurait grand avantage à modifier légèrement son métier, à remplacer la matière stercorale par du feuillage fermenté. La race s'en trouverait mieux, deviendrait plus nombreuse, parce que les vivres abonderaient en des points de parfaite sécurité.

Si le Géotrupe n'en fait rien, s'il n'a même jamais essayé de le faire en dehors de mes éducations artificielles, c'est que le régime alimentaire n'est pas simplement déterminé par les appétits des consommateurs. Des lois économiques réglementent le manger, et chaque espèce a son lot, afin que rien ne reste sans emploi dans le trésor de la matière organisable.

Donnons-en quelques exemples. Le Sphinx Atropos (*Acherontia Atropos*, Lin.), le curieux papillon qui porte sur le dos un vague dessin de tête de mort, a pour lot de sa chenille le feuillage de la Pomme de terre. C'est

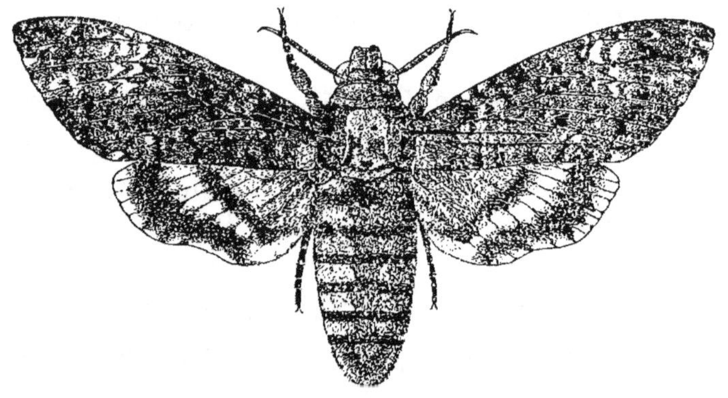

Sphinx Atropos, réduit du quart.

un étranger, venu apparemment de l'Amérique avec sa plante nourricière. J'ai essayé d'élever sa chenille avec diverses plantes appartenant, comme la Pomme de terre, à la famille des Solanées. La Jusquiame, la Stramoine, le Tabac ont été obstinément refusés, malgré la fringale témoignée lorsque était servie la normale pâture.

Les violents alcaloïdes dont ces végétaux sont saturés expliqueraient peut-être ce refus. Ne sortons pas alors du vrai genre *Solanum;* aux toxiques trop accentués substituons la solanine, de moindre violence. Sont refusés les feuillages de la Tomate (*Solanum lycopersicum*), de l'Aubergine (*Solanum melongena*), de la Morelle à fruits noirs (*Solanum nigrum*), de la Morelle à fruits safranés (*Solanum villosum*). Sont acceptées, au contraire, avec le même appétit que la Pomme de terre, la Morelle laciniée (*Solanum laciniatum*), originaire de la Nouvelle-Zélande, et la triviale Douce-Amère de nos pays (*Solanum dulcamara*).

Ces résultats contradictoires me laissent perplexe. Puisqu'il faut à la chenille de l'Atropos nourriture épicée de solanine, pourquoi, dans le même genre *Solanum*, certaines espèces sont-elles gloutonnement broutées et les autres refusées ? Serait-ce pour cause d'un dosage

Chenille du Sphinx Atropos,
réduite du tiers.

inégal de solanine, ici plus faible et là plus abondant? Serait-ce pour d'autres motifs? Je m'y perds.

La superbe chenille du Sphinx des Euphorbes, la Belle, comme la nomme Réaumur, est étrangère à ces inexplicables préférences. Toute espèce lui est bonne, pleurant, de ses blessures, le suc des Tithymales, le laitage blanc à saveur de feu. Dans mon voisinage, on la trouve fréquente sur la grande Euphorbe du pays, l'*Euphorbia characias;* mais elle se complaît pareillement sur les espèces de moindre taille, par exemple sur l'*Euphorbia serrata* et sur l'*Euphorbia Gerardiana.*

Sous mes cloches d'éducation, elle prospère avec la première Euphorbe venue. En dehors de ces mets caustiques, dont nulle autre qu'elle ne voudrait, tout le reste lui est odieux. De l'insipide Laitue de nos jardins, de la Menthe poivrée, des crucifères riches d'essence sulfurée, de la Renoncule caustique et autres végétaux plus ou moins pimentés, elle se détourne. dédaigneuse. Elle veut exclusivement l'Euphorbe, dont le laitage corroderait tout autre gosier que le sien. Pour se repaître délicieusement de pareilles âcretés, il faut être prédisposé, la chose est évidente.

Les consommateurs adonnés aux fortes épices ne sont pas d'ailleurs rares. Le ver, par exemple, du *Brachycerus algirus* est passionné de l'*aioli* comme le paysan provençal; il fait ses graisses dans un bulbille de l'ail, sans autre nourriture.

Il y a mieux. Il m'est arrivé de trouver les larves de je ne sais quel insecte dans la noix vomique, le terrible poison dont s'assaisonnent les saucisses municipales destinées à la destruction des chiens errants et des loups. Ces consommateurs de strychnine ne s'étaient certes pas habitués par degrés à ce mets redoutable; ils périraient dès la première bouchée s'ils n'avaient à leur service un estomac fait exprès.

Ce goût exclusif pour tel ou tel autre végétal, tantôt bénin et tantôt vénéneux, a de nombreuses exceptions.

Il y a des insectes végétariens omnivores. Le calamiteux Criquet voyageur broute toute verdure ; nos vulgaires acridiens dépointent tout brin de gazon indistinctement. Captif dans une cage pour la joie des enfants, le Grillon champêtre fait régal d'une feuille de laitue ou d'endive, mets nouveaux qui lui font oublier les coriaces gramens de ses pelouses.

En avril, sur les vertes berges des chemins, se rencontre par escouades une disgracieuse créature obèse, d'un noir bronzé, qui, tracassée, fait la tortue, se contracte en globule. Elle chemine lourdement sur six débiles pattes, tandis que le bout de l'intestin, devenu pied supplémentaire, fait office de levier et pousse en avant. C'est la larve d'une grosse Chrysomèle noire (*Timarcha tenebricosa*, Fab.), trivial insecte qui, pour sa défense, dégorge un crachat orangé.

J'ai pris plaisir, ce dernier printemps, à suivre au pâturage un troupeau de ces larves. La plante préférée était une rubiacée, le *Galium verum*, à l'état de jeunes pousses. Chemin faisant étaient broutées non moins bien des plantes diverses : des chicorées surtout, *Pterotheca nemausensis*, *Chondrilla juncea*, *Podospermum laciniatum*; des légumineuses, *Medicago falcata*, *Trifolium repens*. Les âcres condiments ne rebutaient point le troupeau. Une Euphorbe de Gérard est rencontrée traînant à terre son inflorescence. Quelques larves s'y arrêtent et en broutent les tendres sommités, avec le même appétit que le trèfle. En somme, la larve cul-dejatte et pansue varie beaucoup son ordinaire.

Les exemples de semblables omnivores en matières

herbacées surabondent ; il est inutile de s'y arrêter davantage. Passons aux exploiteurs de matières ligneuses. La larve de l'*Ergates faber* vit exclusivement dans les souches pourries du pin ; la hideuse chenille du papillon mal à propos dénommé Cossus exploite les vieux saules, en compagnie de l'Ægosome. Ce sont des spécialistes.

Le petit Capricorne, *Cerambyx cerdo*, confie ses vers à l'Aubépine, au Prunellier, à l'Abricotier, au Laurier-Cerise, tous arbres et arbustes de la famille des Rosacées.

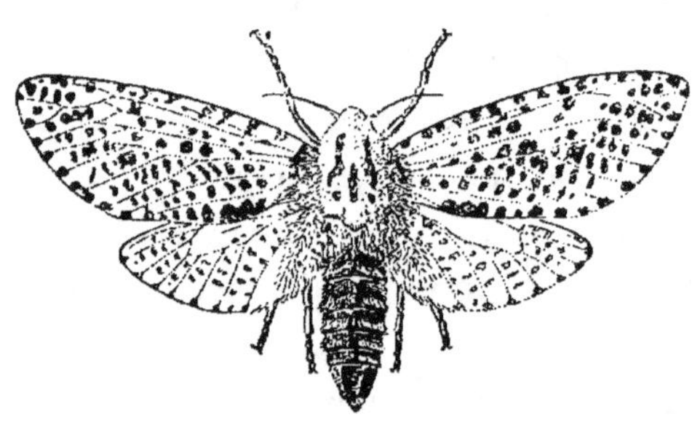

Zeuzère.

Il varie un peu son domaine, tout en restant fidèle à la végétation ligneuse caractérisée par un vague relent d'acide prussique.

La Zeuzère, l'élégante et grosse phalène blanche à taches bleues, généralise davantage. Elle est le fléau de la plupart des arbres et arbustes de mon enclos. Je trouve sa chenille dans le lilas surtout, puis dans l'orme, le platane, le cognassier, la boule-de-neige, le poirier, le marronnier. Elle s'y creuse, montant toujours, des galeries rectilignes qui, d'une tige de la grosseur d'un fort col de bouteille, font un fragile étui bientôt cassé par les assauts de la bise.

Revenons aux spécialistes. La Saperde Carcharias exploite le peuplier noir et n'accepte autre chose, pas même le peuplier blanc ; la Saperde ponctuée a pour

domaine l'orme ; la Saperde scalaire est fidèle au cerisier
mort. Le grand Capricorne loge ses vers dans le chêne,
tantôt le rouvre et tantôt l'yeuse. Ce dernier, d'éducation
facile avec des quartiers de poire comme nourriture et
des rondins de bois pour l'établissement de la famille,
s'est prêté à une expérience de quelque intérêt.

Je cueille les œufs que l'oviducte pointu et tâtonnant
de la pondeuse a insinués dans les anfractuosités de
l'écorce. Ma récolte me permet des essais variés. Dès
l'éclosion, les nouveau-nés accepteront-ils le premier bois
venu ? Tel est le problème.

Je fais choix de tronçons fraîchement coupés et mesurant un diamètre de deux à trois travers de doigt. Il y a
là le Chêne vert, l'Orme, le Tilleul, le Robinier, le Cerisier, le Saule, le Sureau, le Lilas, le Figuier, le Laurier,
le Pin. Pour éviter des chutes qui troubleraient les vermisseaux naissants s'il leur fallait errer en recherche du
point à forer, j'imite de mon mieux les conditions
naturelles. La pondeuse Capricorne loge ses œufs,
un par un, de-çà, de-là, dans les fissures de l'écorce ;
elle les y fixe au moyen d'un léger vernis. Semblable
encollage ne m'est pas permis ; mon enduit compromet-
trait peut-être la vitalité du germe ; mais je peux recourir
à l'appui stable d'une ride. De la pointe du canif je
pratique cette ride, c'est-à-dire une menue fossette
où l'œuf plonge à demi. Cette précaution me réussit
à souhait.

En peu de jours, les œufs éclosent sans chute, chacun
à l'endroit déterminé par la pointe de mon canif. J'assiste,
émerveillé, aux premiers frétillements de croupe, aux

premiers coups de rabot de la débile bestiole qui, traînant encore à l'arrière la blanche coque de son œuf, attaque cette ingrate matière, l'écorce et le bois. Du jour au lendemain, chaque vermisseau disparaît sous le couvert d'une fine vermoulure, résultat du travail accompli. La taupinée est très petite encore, en rapport avec la faiblesse de l'excavateur. Laissons faire. Pendant une paire de semaines, nous la verrons grossir jusqu'à représenter à peu près le volume d'une prise de tabac. Puis tout s'arrête. La vermoulure n'augmente plus, sauf sur le chêne.

Cette activité du début, la même partout, à travers des milieux si différents d'arome et de saveur, donnerait à penser d'abord que le jeune Cérambyx est doué d'un estomac de haute complaisance et peut s'alimenter du Figuier pleurant âpre laitage, du Laurier aromatisé d'essence, du Pin imprégné de résine, aussi bien que du Chêne assaisonné de tanin. La réflexion nous détourne de cette erreur. Maintenant l'animalcule ne mange pas; il travaille à se faire un gîte profond où il puisse consommer tranquille.

Examinée à la loupe, la vermoulure l'affirme : cette poussière n'a pas suivi le canal digestif; elle n'a pris aucune part à l'alimentation. C'est une farine d'émiettement sous le tranchoir des mandibules, et rien autre.

L'appétit venu et la profondeur requise atteinte, le vermisseau se met enfin à manger. S'il trouve sous la dent le mets traditionnel, l'aubier du chêne, à saveur astringente, il se gorge et digère; s'il ne trouve rien de pareil, il s'abstient. Tel est à coup sûr le motif qui fait croître le tas de vermoulure sur le tronçon de chêne et le laisse indéfiniment stationnaire sur les autres.

Au fond de leurs petites galeries, que font les vermisseaux soumis à un jeûne rigoureux faute de vivres à leur convenance? En mars, six mois après l'éclosion, je m'en suis informé. J'ai fendu les rondins. Les petits vers s'y trouvent, non accrus, mais toujours guillerets, dodelinant si je les tracasse. Cette persistance de la vie en des chétifs sans nourriture est faite pour surprendre. Elle remet en mémoire les vers de l'Attelabe qui, éprouvés par la sécheresse estivale dans leurs tonnelets faits d'un lambeau de feuilles de chêne, cessent de manger et somnolent, voisins de la mort, des quatre et des cinq mois, jusqu'à ce que les pluies d'automne aient ramolli leur provende.

Si je faisais pleuvoir moi-même, chose en mon pouvoir dans la mesure des nécessités d'un ver, si j'assouplissais les rigides tonnelets et les rendais comestibles par une courte immersion dans l'eau, les reclus reprenaient vie, s'alimentaient et continuaient, sans autre encombre, leur évolution de larves. De même, après six mois de jeûne au sein de tronçons ligneux inacceptables, les vers du Capricorne auraient repris vigueur et activité si je les avais déménagés et mis en présence d'un rondin de chêne tout frais. Je ne l'ai pas fait, tant le succès me paraissait certain.

J'avais en vue d'autres projets. Je tenais à savoir combien de temps se prolongerait la halte de la vie. Un an après l'éclosion, je visite de nouveau mes pièces. Cette fois, j'ai dépassé la mesure. Toutes les larves sont mortes, réduites à un granule brun ; seules celles du chêne sont vivantes et déjà grandelettes. L'expérience est concluante : le grand Capricorne a pour domaine le Chêne ; tout autre arbre est fatal à son ver.

Résumons ces détails, qu'il serait aisé d'augmenter indéfiniment. Parmi les insectes végétariens, il y en a d'omnivores ; entendons par là qu'ils sont aptes à s'alimenter de plantes très variées, mais non de toutes indifféremment, cela va de soi. Ces consommateurs de victuailles non définies sont les moins nombreux. Les autres se spécialisent, qui plus et qui moins. A tel convive du grand banquet des bêtes convient une famille végétale, un groupe, un genre assaisonné de certains alcaloïdes ; à tel autre il faut une plante déterminée, tantôt fade et tantôt de haute saveur ; un troisième exige une semence hors de laquelle plus rien n'a de valeur ; les suivants réclament qui sa capsule, son bourgeon, sa fleur, qui son écorce, sa racine, son rameau. Ainsi de tous, tant qu'ils sont. Chacun a ses goûts exclusifs, étroitement limités, au point de refuser le proche équivalent de la chose acceptée.

Crainte de nous égarer dans l'inextricable cohue du banquet entomologique, considérons à part nos deux Capricornes, le *Cerambyx heros* et le *Cerambyx cerdo*. Rien de plus ressemblant que les deux longuement encornés ; le petit est l'exacte effigie du grand. Considérons aussi les trois Saperdes mentionnées plus haut. Elles ont même configuration, ainsi que les pièces sorties de moules semblables, à tel point qu'on les confondrait si des différences de taille et surtout de coloration n'affirmaient des espèces distinctes..

La théorie nous dit : nos deux Capricornes et leurs congénères dérivent d'un tronc commun, ramifié en divers sens par le travail des siècles. De même nos trois Saperdes et les autres sont des variations d'un type primitif. Les ancêtres des Capricornes, des Saperdes et des Longicornes en général descendent à leur tour d'un lointain précurseur, qui lui-même descendait de, etc., etc. Encore un plongeon dans les ténèbres du passé, et nous touchons aux origines de la série zoologique. Qui débute? Le Protozoon. Avec quoi? Avec une goutte glaireuse. Toute la suite des vivants provient, de proche en proche, de ce premier grumeau coagulé.

En imagination, c'est superbe. Mais les faits observables, seuls dignes d'être admis dans les sévères archives de la science, les faits corroborés par l'expérimentation ne vont pas aussi vite que le Protozoon. Ils nous disent : le manger étant le facteur primordial de la vie, les aptitudes stomacales devraient se transmettre par héritage atavique encore mieux que la longueur des antennes, la coloration des élytres et autres détails d'ordre très secondaire. Pour amener l'état de choses actuel, si varié de régime, les précurseurs se sont nourris d'un peu de tout. Ils devraient avoir légué à leur descendance l'alimentation omnivore, cause éminente de prospérité.

La communauté d'origine forcément entraînerait la communauté du manger. Au lieu de cela, que voyons-nous? Chaque espèce a ses goûts étroitement limités, sans rapport avec les goûts des espèces voisines. Avec une parenté par filiation, il est absolument impossible de comprendre pourquoi, de nos deux Capricornes, l'un a pour lot le Chêne, et l'autre l'Aubépine, le Laurier-Cerise; pourquoi de nos trois Saperdes, la première exige le Peuplier noir, la seconde l'Orme, la troisième le Cerisier mort. Cette indépendance des estomacs affirme hautement l'indépendance des origines. Ainsi dit le simple bon sens, non toujours bien accueilli des théories aventureuses.

XII

LES NAINS

Un proverbe provençal dit :

Eh! oui : chaque pot trouve son couvercle; chaque
particulier, sa particulière. Bossus, borgnes, bancals,
difformes de corps, avariés de morale, tous ont, pour
certains yeux, des attraits qui les font accepter.

Non moins que l'homme et le toupin, l'insecte, lui
aussi, trouve toujours son complément, dût-il associer
l'incorrect et le correct. Le Minotaure Typhée m'en
fournit un superbe exemple. Le hasard des fouilles me
vaut un étrange couple, en affaires de ménage au fond
d'un terrier. De la femelle, rien à dire : c'est une belle
matrone. Mais le mâle, quel mesquin, quel avorton! Son
trident a la corne médiane réduite à un simple granule
pointu; les latérales arrivent tout juste en face des
yeux tandis qu'elles atteignent l'extrémité de la tête dans

les sujets normaux. Je mesure le gringalet. Il a douze millimètres de longueur au lieu de dix-huit, dimension ordinaire. D'après ces nombres, le nain n'a guère que le quart du volume réglementaire.

Dans le troisième chapitre du présent volume, mention a été faite d'un magnifique mâle Minotaure obstinément refusé de la compagne que mes expérimentations lui avaient donnée. Le beau cornu ne quittait pas le terrier ; l'autre, malgré mes fréquentes interventions pour rétablir la concorde dans le ménage, abandonnait chaque soir le domicile et cherchait à s'établir ailleurs. Il me fallut lui donner un autre collaborateur ; celui que je lui avais imposé ne lui convenait pas. Si le bien doué de taille et de trident est parfois refusé, comment l'avorton d'aujourd'hui a-t-il séduit la puissante ? Ces associations entre dissemblables s'expliquent, sans doute, chez les Bousiers comme chez nous : l'amour est aveugle.

Le couple disparate aurait-il fait souche ? La famille aurait-elle, pour une partie, hérité de la taille avantageuse de la mère, et pour l'autre de la taille réduite du père ? N'ayant pas en ce moment un appareil convenable, c'est-à-dire une haute colonne de terre entre quatre planches, j'ai logé mes bêtes dans la plus profonde éprouvette de ma vaisselle entomologique, avec sable frais et vivres disponibles.

Les choses se sont passées d'abord d'après les règles, la mère fouissant, le père déblayant. Quelques crottins ont été emmagasinés ; puis, arrivé au fond de l'éprouvette, le couple s'est laissé périr de nostalgie. La couche sablonneuse n'était pas assez profonde. Avant d'empiler sur un œuf la saucisse alimentaire, il fallait au ménage un puits d'un mètre au moins de profondeur, et il ne disposait, pour le creuser, que d'une paire d'empans.

Cet insuccès ne met pas fin au questionnaire. D'où provenait ce pygmée? Résultait-il d'une prédisposition spéciale, transmise par hérédité? Descendait-il d'un autre nain, précédé lui-même de semblable avorton? Était-ce simplement chez lui un accident dont la filiation ne tient compte? Une réduction individuelle non transmissible de père en fils? J'incline pour l'accident. Mais lequel? Je n'en vois qu'un propre à diminuer la taille sans compromettre l'effigie. C'est le manque de vivres en quantité suffisante.

On se dit : l'animal prend forme ainsi que dans un moule virtuel, à capacité extensible suivant la quantité de fonte que le creuset y verse. Si ce moule ne reçoit en substance que le strict nécessaire, le résultat est un nain. Au-dessous de ce minimum, c'est la mort par famine; au-dessus, avec des doses croissantes, mais bientôt limitées, c'est la vie prospère, c'est la taille normale ou légèrement accrue. Le plus et le moins en fait d'alimentation décident du volume.

Si la logique n'est pas un vain leurre, il est alors loisible d'obtenir des nains à volonté. Il suffira de diminuer les vivres jusqu'aux limites compatibles avec le maintien de la vie. D'autre part, l'espoir est nul de faire des géants en forçant la ration, car un moment arrive où l'estomac refuse tout surcroît de nourriture. Les besoins sont comparables à une série d'échelons dont il est impossible de dépasser le plus élevé, tandis qu'il est praticable de stationner plus haut ou plus bas sur les inférieurs.

La ration réglementaire est tout d'abord à connaître. La plupart des insectes n'en ont pas. La larve se développe au sein de vivres indéfinis; elle mange à sa guise, tant qu'elle veut, sans autre frein que son appétit. D'autres, les mieux doués sous le rapport des qualités maternelles, le Bousier et l'Hyménoptère, préparent, pour chaque œuf, des conserves dosées, ni trop abondantes ni trop mesquines. Le Mellifère amasse en des récipients d'argile, de pisé, de résine, de cotonnade, de feuillage, la quantité de miel juste nécessaire au bien-être d'une larve; et comme les sexes futurs lui sont connus, il en met un peu plus au service des vers qui deviendront des femelles, légèrement supérieures de taille; un peu moins au service des vers qui deviendront des mâles, de moindre dimension. Pareillement les Hyménoptères prédateurs dosent le gibier d'après le sexe des nourrissons.

Il y a bien longtemps déjà, je me suis évertué à bouleverser les sages prévisions de la mère, à puiser chez le ver riche pour augmenter l'avoir du ver pauvre. J'obtenais ainsi de légères modifications de taille où ne pouvaient s'employer les termes de géant et de nain; encore moins je n'arrivais à changer le sexe, dont la détermination n'a rien qui dépende de la quantité de nourriture. Aujourd'hui, l'Hyménoptère, qu'il soit mellifère ou prédateur, ne convient pas à mes projets. Son ver est de constitution trop délicate. Il me faut des estomacs robustes, capables de résister à de rudes épreuves. Je les trouverai chez les Bousiers, notamment chez le Scarabée sacré, qui, par sa prestance, rendra facile l'appréciation du changement survenu au volume.

Le grand rouleur de pilules dose exactement le manger de ses larves : à chaque ver son pain, pétri en forme de poire. Tous ces pains ne sont pas de rigoureuse parité; il y en a de plus gros, il y en a de plus petits, mais la différence est minime. Peut-être ces légères inégalités ont-elles pour motif le sexe du nourrisson, comme cela se passe chez les Hyménoptères; aux femelles reviendraient les fortes rations, et aux mâles les faibles. Je n'ai rien entrepris de nature à vérifier ce soupçon. N'importe : toujours est-il que la poire du Scarabée est la ration individuelle opportune, telle qu'en a jugé la mère. Il m'est facultatif, quant à moi, de retoucher le gâteau, de le diminuer ou de l'augmenter à mon gré. Occupons-nous d'abord de la diminution.

En mai, je me procure quatre poires récentes, contenant l'œuf dans la chambre du mamelon terminal. Par une section suivant l'équateur, je retranche la moitié d'arrière, sous forme de large calotte sphérique; je garde la moitié d'avant, surmontée de son col, et je loge les quatre tronçons ovigères dans autant de petits bocaux où ne soient à craindre ni la dessiccation, ni l'excès d'humidité.

Avec ces vivres diminués de moitié, l'évolution s'accomplit comme d'ordinaire; puis deux vers périssent, victimes apparemment d'une hygiène défectueuse; mes récipients ne valent pas les terriers à douce moiteur. Les deux autres se maintiennent en bon état, toujours prêts à boucher d'un tampon de fiente la lucarne que je pratique à travers la paroi de la cellule lorsque le désir me vient de les visiter. Sur la fin de la période active, je les trouve remarquablement petits en comparaison de leurs confrères à qui serait laissée la poire entière. L'effet des vivres insuffisants est déjà manifeste. Que sera-ce avec l'insecte parfait?

En septembre, il sort des coques des adultes comme jamais, à la campagne, mes chasses ne m'en ont valu de pareils, des nains guère plus grands que l'ongle du pouce et conformés d'ailleurs en tout de façon très correcte.

Citons des nombres afin de préciser. Du bord du chaperon à l'extrémité du ventre, ils mesurent l'un et l'autre dix-neuf millimètres. Le moindre dans mes boîtes, tel que l'a fait la liberté des champs, en mesure vingt-six. Les produits de mes artifices, les sujets à demi-ration sont donc, en volume, la moitié du Scarabée normal choisi parmi les plus petits. C'est aussi approximativement le rapport des vivres complets et des vivres réduits. Le moule extensible de l'organisme a répété la proportion de la substance disponible.

Mes malices viennent de créer des nains; le traitement par la famine m'a valu des avortons. Je n'en suis pas fier outre mesure, tout en étant satisfait d'avoir appris par l'expérience que le nanisme, du moins chez les insectes, n'est pas une affaire de prédisposition et d'hérédité, mais un simple accident déterminé par une alimentation incomplète.

Qu'était-il donc arrivé au petit Minotaure qui m'a suggéré ces recherches d'affameur? A coup sûr, un déficit dans les vivres. Quoique experte dans l'art du dosage, la mère n'avait pu parachever la saucisse au-dessus de l'œuf, les matériaux peut-être lui manquaient, de fâcheux événements avaient arrêté le travail ; et, maigrement nourri, le ver, assez robuste pour résister à une diète non trop rigoureuse, n'avait pas acquis de quoi munir l'adulte de la somme de substance nécessaire à la taille normale. Tout le secret du mignon Minotaure apparemment est là. C'était un fils de la misère.

Si la privation réduit la taille, ce n'est pas à dire que l'abondance illimitée puisse l'augmenter de façon bien notable. En vain je fournis aux vers du Scarabée sacré un supplément de vivres qui double et triple la ration servie par la mère, mes pensionnaires n'acquièrent pas un accroissement digne d'être mentionné. Tels ils sortent des poires maternelles, tels ils sortent des gros pâtés que ma spatule leur a pétris. Et cela doit être : l'appétit a ses limites qui, une fois atteintes, laissent le consommateur indifférent aux somptuosités de table. Faire des géants à la faveur d'une surabondance de victuailles n'est pas dans nos moyens. Quand il s'est gavé au degré requis, le ver cesse de manger.

Le Scarabée sacré a néanmoins des géants. J'en possède qui, venus d'Ajaccio et de l'Algérie, mesurent trente-quatre millimètres de longueur. En rapprochant ce nombre des précédents, on voit que, le volume des nains obtenus par le jeûne étant représenté par un, celui du Scarabée de la campagne sérignanaise est formulé par deux, et celui des Scarabées de la Corse et de l'Afrique par cinq.

Pour donner ces derniers, ces géants, il faut, la chose est évidente, alimentation plus copieuse. D'où vient ce surcroît d'appétit? Nous aiguisons le nôtre avec des épices. L'insecte pourrait bien avoir les siennes, par exemple, en ce qui concerne le Scarabée sacré, le poivre du voisinage de la mer, la moutarde d'un soleil généreux. Telles sont, me semble-t-il, les raisons qui exaltent les dimensions du Scarabée africain et modèrent celles de son confrère sérignanais. N'ayant pas à ma disposition ces deux apéritifs, la mer et le soleil, je renonce à faire des géants par un excès de vivres.

Essayons maintenant les larves qui, n'étant pas rationnées par la mère, disposent d'une abondance illimitée. De ce nombre sont les larves de la Cétoine floricole (*Cetonia floricola*, Herbst.), hôtes des amas de feuilles en décomposition. De celles-là certainement je n'obtiendrai jamais des géantes par l'artifice d'une copieuse nourriture. En un recoin de mon jardin, elles grouillent dans un entassement de feuilles pourries où elles trouvent à

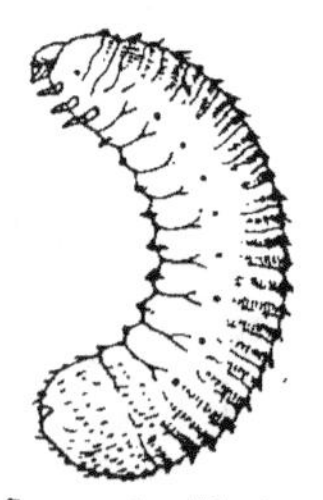

Larve de Cétoine.

satiété et sans recherches de quoi satisfaire leur gloutonnerie; et cependant je ne vois jamais d'adulte avec des dimensions tant soit peu exagérées. Pour lui faire dépasser la taille habituelle, sont nécessaires probablement, comme au sujet du Scarabée, des conditions climatériques meilleures, conditions que j'ignore et que je serais d'ailleurs dans l'impuissance de réaliser. Un seul essai m'est permis, celui de la famine.

Au commencement d'avril, je fais trois lots de larves de Cétoine floricole, choisies parmi les mieux développées et de la sorte aptes à se transformer dans le courant de l'été. A cette époque d'avril commence la grande fringale qui double le volume du ver et amasse les économies nécessaires à l'élaboration de l'adulte. Les trois lots sont établis dans de grandes boîtes en fer-blanc, bien closes, où ne soit pas à craindre trop rapide dessiccation.

Le premier lot se compose de douze larves, avec provende abondante, renouvelée à mesure que besoin en est. Dans le tas de terreau, leur lieu de délices, mes claustrées ne seraient pas mieux.

A côté de ce paradis des ventres, une seconde boîte, famélique enfer, reçoit douze larves privées absolument de toute nourriture. Elle est meublée, comme les autres du reste, d'une litière de crottins où les affamées pourront déambuler ou s'enfouir à leur guise.

Enfin, le troisième lot, d'une douzaine pareillement, reçoit, de loin en loin, une maigre pincée de feuilles pourries, de quoi amuser un moment les mandibules, tout au plus.

Trois à quatre mois se passent, et quand viennent les torridités de juillet, la première boîte me donne l'insecte parfait. Très correctement l'évolution s'est accomplie : aux douze vers ont succédé douze magnifiques Cétoines, pareilles de tout point à celles qui, le printemps venu, sirotent et sommeillent sur les roses. Ce résultat m'affirme que les défectuosités d'une éducation en récipients sont hors de cause dans ce qui me reste à dire.

La seconde boîte, à rigoureuse abstinence, me fournit deux coques, dont les dimensions amoindries indiquent des nains. J'attends le milieu de septembre pour ouvrir ces coffrets, restés clos alors que, depuis une paire de mois, ceux de la première boîte sont rompus. Leur persistante indéhiscence s'explique : ils ne contiennent l'un et l'autre qu'une larve morte. La disette absolue a dépassé l'endurance des vers. De douze qu'ils étaient sans nourriture, dix se sont ratatinés et finalement ont péri ; deux seulement sont parvenus à s'envelopper d'une coque, en agglutinant, suivant l'usage, les crottins d'alentour. Cet effort a été le dernier. Les deux vers ont succombé à leur tour, incapables du profond travail de la nymphose.

Enfin, dans la troisième boîte, à vivres très parcimonieusement servis, onze larves sur douze sont mortes, exténuées de maigreur. Une seule s'est enclose dans une coque, correcte de structure, mais bien amoindrie. S'il y a là dedans insecte en vie, ce ne peut être qu'un nain. Vers le milieu de septembre, j'ouvre moi-même la cabine, car rien encore, à cette époque tardive, n'annonce une effraction naturelle.

Le contenu me comble de joie. C'est une Cétoine bel et bien en vie, toute ruisselante d'éclat métallique et rayée de quelques traits blancs, à l'image de celles de son espèce développées en liberté dans le grand amas de terreau. La configuration et le costume ne sont en rien modifiés. Quant à la taille, c'est une autre affaire. J'ai sous les yeux un pygmée, un mignon bijou comme jamais collectionneur n'en a trouvé sur les aubépines fleuries. Du bord du chaperon à l'extrémité des élytres, la créature de mes artifices mesure treize millimètres, pas davantage. L'insecte en mesurerait vingt si le ver s'était nourri à sa convenance, hors de mes faméliques boîtes. De ces nombres, on déduit que le nain est, en volume, à peu près le quart de ce qu'il serait normalement devenu sans mon intervention.

De vingt-quatre larves soumises, pendant trois à quatre mois, les unes au jeûne absolu, les autres au régime de maigres bouchées servies de loin en loin, une seule est parvenue à la forme adulte. Le trouble de l'abstinence est profond, le pygmée s'en ressent encore. Bien que l'époque de la rupture des coffrets soit passée depuis longtemps, il n'avait rien entrepris pour se libérer. Peut-être n'en avait-il pas la force. J'ai dû moi-même effractionner la cellule.

Maintenant qu'il est libre, aux félicités de la lumière, il gesticule, il chemine pour peu que je le tracasse; mais il préfère se reposer. On le dirait accablé d'une insurmontable lassitude. Je sais avec quelle gloutonnerie, en cette saison chaude, les Cétoines attaquent les fruits et se gorgent de pulpe sucrée. Je donne à mon nain un morceau de figue fondante. Il n'y touche pas, préférant somnoler. L'heure du manger ne serait-elle pas venue, à la suite d'une libération forcée? Le reclus était-il destiné à passer l'hiver dans sa coque avant de venir aux joies, mais aussi aux périls du dehors? Peut-être bien.

Dans tous les cas, ma curieuse bestiole, la petite Cétoine réduite au quart de la grosseur réglementaire, répète ce que le Scarabée sacré nous apprenait tantôt d'une façon moins probante : chez les insectes, et très probablement ailleurs, le nanisme est la conséquence d'une nutrition incomplète, et nullement l'effet d'une prédisposition.

Supposons l'impossible, ou, du moins, le très difficultueux; admettons qu'ayant obtenu par la méthode famélique quelques couples de Cétoines, nous puissions les élever dans de bonnes conditions. Feront-ils souche et que sera la progéniture? La réponse que l'insecte ne donnerait probablement pas, même sollicité par une longue persévérance, la plante aisément nous la donne.

Sur les sentiers de mon arpent de cailloux, en des points où persiste un peu de fraîcheur, croît en avril une plante triviale, la Drave printanière (*Draba verna*, Lin.). En ce sol ingrat, piétiné, durci de graviers, la nourriture manque, et la Drave y devient l'équivalent de mes Cétoines affamées. D'une rosette de feuilles souffreteuses monte une tige unique, mince comme un cheveu, haute à peine d'un pouce, peu ou point ramifiée, qui mûrit tout de même ses silicules, réduites souvent à une seule. J'ai là, en somme, un jardinet de plantes naines, filles de la misère. Mes expériences d'affameur étaient fort loin d'obtenir aussi bien avec le Scarabée et la Cétoine.

Je récolte les semences des pieds les plus malingres et je fais un semis en terre excellente. Du coup, le printemps d'après, le nanisme a disparu; la descendance directe des avortons reprend les amples rosettes, les tiges multiples hautes d'un décimètre et davantage, les ramifications nombreuses, riches de silicules. L'état normal est revenu.

S'ils avaient assez de vigueur pour procréer, ainsi feraient les insectes nains, venus de mes artifices ou d'un concours fortuit de circonstances débilitantes. Ils nous répéteraient ce que nous affirme la Drave : le nanisme est un accident que la filiation ne transmet pas, de même qu'elle ne transmet la gibbe du bossu, les jambes tortes du cagneux, le moignon du manchot.

XIII

LES ANOMALIES

Est anomal ce qui fait exception à la règle, formulée d'après l'ensemble des faits concordants. L'insecte a six pattes, chacune terminée par un doigt. Voilà la règle. Pourquoi six pattes et non un autre nombre; pourquoi un seul doigt et non plusieurs? De pareilles questions ne nous viennent même pas à l'esprit, tant leur inanité nous paraît évidente. La règle est parce qu'elle est; on la constate, et voilà tout. Sa raison d'être nous laisse dans une tranquille ignorance.

L'anomalie, au contraire, nous inquiète, nous tourne-boule la pensée. Pourquoi des exceptions, des irrégula-rités, des démentis au texte de la loi? La griffe du désordre laisserait-elle, par-ci, par-là, son empreinte? De folles discordances hurleraient-elles dans le concert général? Grave question qu'il est bon de sonder un peu sans grand espoir de la résoudre.

Citons d'abord quelques-uns de ces accrocs à la règle. Parmi les plus étranges que la chance des trouvailles a soumis à mon examen, prend rang celui de la larve du Géotrupe. Lorsque, pour la première fois, j'en fis la connaissance, le ver estropié avait acquis à peu près toute sa grosseur. On pouvait se demander si certaines misères subies dans le cours de la vie n'avaient pas graduellement amené la débilité et l'anomale direction des pattes postérieures; si des entraves quelconques à l'exercice régulier dans un étroit couloir au sein des vivres n'expliquaient pas vaille que vaille la singulière déformation.

Aujourd'hui je suis pleinement renseigné. La larve du Géotrupe ne devient pas petit à petit boiteuse par entorse; elle est bel et bien estropiée de naissance. J'assiste à son éclosion. Ma loupe surveille le nouveau-né sortant de l'œuf. Les pattes postérieures, dont l'adulte fera de robustes pressoirs pour fouler sa récolte et la comprimer en saucissons, pour le moment se réduisent à de mesquins appendices, contrefaits, d'usage nul. Elles se recroquevillent et s'appliquent sur l'échine. Courbée en croc de romaine, leur délicate extrémité fuit le sol, se tourne vers le dos, sans fournir le moindre appui pour la station. Ce ne sont pas des pattes, mais des projets hésitants, des essais maladroits.

Les antérieures, bien conformées d'ailleurs, sont de faible dimension. La bestiole les tient retirées sous l'avant du corps, où elles travaillent à maintenir en place le morceau grignoté. Celles de la paire moyenne, longues et puissantes, sont, au contraire, bien en évidence. Dressées en manière de fortes béquilles, elles stabilisent la panse, qui, replète et courbe, chavire fréquemment. Vu de dos, le ver éveille l'idée d'une créature hétéroclite, comme il n'y en a pas au monde. C'est une bedaine montée sur deux échasses.

Dans quel but cette organisation étrange? On comprend la bosse caricaturale du ver de l'Onthophage, la besace en pain de sucre, dont le poids fait à tout instant chavirer la bestiole qui essaye de se déplacer : c'est l'entrepôt à ciment pour la construction de la cabine où se fera la nymphose. On cesse de comprendre les deux pattes atrophiées et contrefaites du ver du Géotrupe, qui, devenus bons grappins, seraient, semble-t-il, fort utiles. Le ver chemine; il monte et descend à l'intérieur de sa longue colonne de vivres; il va et vient, en quête des morceaux à sa convenance. Les deux appuis négligés, s'ils étaient en bon état, faciliteraient l'escalade.

De son côté, le ver du Scarabée sacré, enclos dans une étroite niche, n'a guère besoin de loco-

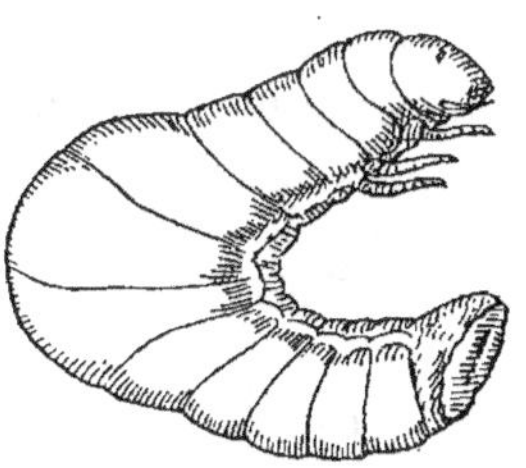

Larve de Scarabée sacré.

motion. Un simple mouvement de croupe lui met sous les mandibules une nouvelle couche de victuailles à consommer. L'estropié se déplace, le valide ne bouge; le boiteux excursionne, l'ingambe ne se meut. Nulle raison acceptable n'expliquerait ce paradoxe.

Sous la forme adulte, le Scarabée sacré et ses congénères, le Scarabée semi-ponctué, le Scarabée à large cou, le Scarabée varioleux, les seuls que je connaisse, sont pareillement des atrophiés : il leur manque à tous les tarses des pattes antérieures. Ces quatre témoins nous affirment que la singulière mutilation est commune au groupe entier.

Les manies d'une nomenclature insensée à force d'être myope ont trouvé bon de remplacer l'antique et vénérable terme de Scarabée par celui d'*Ateuchus*, signifiant sans armes. L'inventeur de la dénomination n'a pas été des mieux inspirés : d'autres Bousiers ne manquent pas qui sont dépourvus d'armure corniculaire, par exemple les Gymnopleures, si voisins des Scarabées. Puisqu'il se proposait de désigner le genre en rappelant une particularité caractéristique, il devait forger un mot signifiant : privé de tarses aux pattes antérieures. Seuls, dans toute la série entomologique, le Scarabée sacré et ses congénères auraient droit à semblable appellation. On n'y a pas songé ; apparemment ce grave détail était inconnu. On voyait le grain de sable, on ne distinguait pas la montagne, travers fréquent chez les faiseurs de vocables.

Pour quelles raisons les Scarabées sont-ils privés aux pattes antérieures de ce doigt unique, le tarse à cinq articles, qui à lui seul représente la main de l'insecte ? Pourquoi un moignon, un membre tronqué, au lieu d'une extrémité digitée, comme il est de règle partout ailleurs ? Une réponse vient, assez plausible d'abord. Ces fervents rouleurs de pilules poussent le faix à reculons, la tête en bas, l'arrière en haut ; ils prennent appui sur la terminaison des pattes d'avant. Tout l'effort du charroi porte sur le bout de ces deux leviers en continuel contact avec la rudesse du sol.

Un doigt délicat, exposé aux entorses dans de pareilles

conditions, serait un embarras; aussi le pilulaire s'est avisé de le supprimer. Quand et comment s'est faite la mutilation? Est-ce de nos jours, par accident d'atelier, au cours même du travail? Non, car on ne voit jamais de Scarabée muni des tarses antérieurs, si novice qu'il soit en son métier; non, car la nymphe, en parfait repos dans sa coque, a des brassards sans doigt, comme l'adulte.

La mutilation remonte plus haut. Admettons que, dans le recul des âges, à la suite d'un accident quelconque, un Scarabée ait perdu les deux doigts incommodes, presque inutiles. Se trouvant bien de la suppression, il a transmis à sa race, par héritage atavique, l'heureuse troncature. Depuis, les Scarabées font exception à la règle des pattes antérieures digitées comme les autres.

L'explication serait séduisante, si de graves difficultés ne survenaient. On se demande par quel singulier caprice l'organisation aurait jadis façonné des pièces destinées plus tard à disparaître comme trop incommodes. Le devis de la charpente animale serait-il sans logique, sans prévoyance? Disposerait-il la structure aveuglément, au hasard du conflit des choses?

Chassons cette sotte idée. Non, le Scarabée n'avait pas autrefois les tarses qui lui manquent aujourd'hui; non, il ne les a pas perdus par suite de son attelage dans une position renversée lorsqu'il roule sa pilule. Il est maintenant ce qu'il était au début. Qui dit cela? Des témoins irrécusables, le Gymnopleure et le Sisyphe, eux aussi passionnés de pilules roulantes. Comme le Scarabée, ils les poussent'à reculons, la tête en bas; comme le Scarabée, ils prennent appui, en leur rude labeur, sur l'extrémité des pattes antérieures; et ces pattes, malgré l'âpre frottement contre le sol, sont digitées non moins bien que les autres; elles possèdent le tarse délicat que se refuse le Scarabée. Pour quels motifs alors à ce dernier l'exception et aux autres la règle? Comme j'accueillerais volontiers la parole du clairvoyant capable de donner réponse à mon humble question!

Ma satisfaction ne serait pas moindre de connaître la cause qui met un seul ongle au bout du tarse du Charançon de l'Iris des marais, lorsque les autres insectes en ont deux, rangés côte à côte et courbés en crocs de romaine. Quels motifs ont supprimé l'une des deux griffettes? Ne lui serait-elle pas utile? Il semble bien que si. Le petit mutilé est grimpeur; il escalade les rameaux lisses de l'Iris; il en explore les fleurs, aussi bien à la face inférieure des pétales qu'à la face supérieure; il chemine dans une position renversée sur les capsules glissantes. Un harpon de plus lui serait avantageux pour la stabilité, et l'étourdi s'en prive, lorsque le règlement lui donne droit au double croc, d'usage invariable partout ailleurs, même dans sa tribu au long bec. Où donc est le secret de ton ongle manquant, petit mutilé de l'Iris?

Une griffette supprimée, grave affaire quant au principe, est après tout détail de médiocre valeur matériellement; il faut la loupe pour s'apercevoir de l'incorrection. Mais voici qui s'impose au regard sans le secours d'un verre grossissant. Un Criquet des pelouses alpines, le

Pezotettix pedestris, hôte des croupes les plus élevées du Ventoux, renonce à l'appareil alaire; il devient adulte tout en conservant la configuration de larve. L'approche des noces l'embellit un peu, lui met du rouge corail aux grosses cuisses, et de l'azur aux tibias, mais là s'arrête le progrès. L'insecte est mûr pour la pariade et pour la

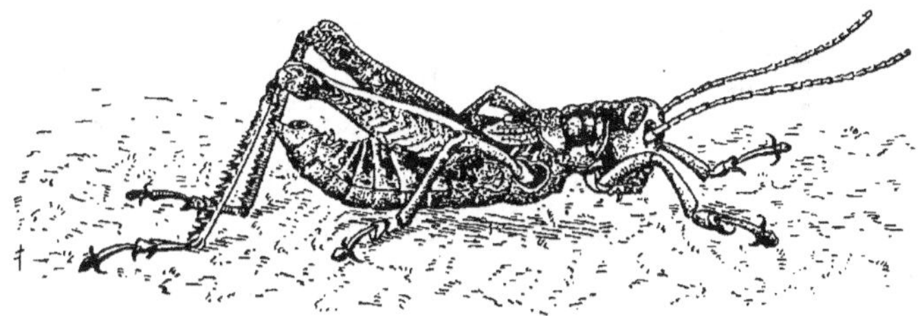

Pezotettix pedestris mâle, grossi deux fois.

ponte sans avoir acquis l'essor que possèdent, outre le bond, les autres Acridiens.

Au milieu des sauteurs, tous munis d'ailes et d'élytres, il reste gauche piéton, comme le dit son prénom latin *pedestris*. L'impotent a néanmoins sur les épaules de maigres étuis où sont inclus, non aptes à se développer, les organes du vol. Par quel singulier caprice de l'évolution le joli Criquet à jambes azurées est-il privé des ailes et des élytres dont il a le germe en de mesquins paquets? L'essor lui est promis, et il ne l'obtient pas. Sans motifs appréciables, la machine animale arrête ses rouages.

Plus étrange encore est le cas des Psychés, dont les femelles, impuissantes à devenir les papillons promis par les débuts, restent chenilles ou, pour mieux dire, se changent en sacoches bourrées de germes. Les ailes à riches écailles, suprême attribut du lépidoptère, leur sont refusées. Seuls les mâles parachèvent la forme annoncée; ils deviennent des élégants empanachés, vêtus de velours noir et propres à l'essor. Pourquoi l'un des sexes, le plus important, reste-t-il misérable andouillette, tandis que l'autre est glorifié par la métamorphose?

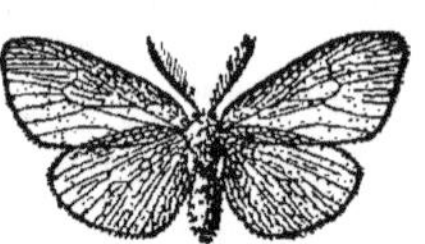

Psyche graminella, mâle.

Que dirons-nous maintenant de celui-ci, le *Necydalis major*, hôte du saule et du peuplier en son état larvaire? C'est un long cornu, d'assez belle taille comparable à celle du *Cerambyx cerdo*, le petit Capricorne de l'aubépine. Quand on est coléoptère, et il l'est bel et bien, on se donne des élytres qui, faisant étui, emboîtent le corps, protègent la délicatesse des ailes et la vulnérable mollesse du ventre. Le Necydalis se rit de la règle. Il se met aux épaules, comme élytres, deux brèves pièces, qui lui font une mesquine jaquette. On dirait vraiment que l'étoffe a manqué pour allonger le veston et lui faire des basques capables de couvrir ce qui devrait être couvert.

Au delà s'étendent, sans protection, de vastes ailes atteignant le bout du ventre. Au premier examen, on se figurerait avoir sous les yeux une sorte de grosse Guêpe extravagante. A quoi bon, chez un réel coléoptère, cette lésinerie élytrale? La matière manquerait-elle? Était-il trop coûteux de prolonger l'étui défensif commencé aux épaules? On est tout surpris de pareille avarice.

Que dirons-nous aussi de cet autre coléoptère, le

Myodites sub-dipterus? Son ver s'établit, je ne sais comment, dans les cellules de l'Halicte zèbre et se repaît de la nymphe propriétaire du logis. L'adulte fréquente en été les capitules épineux du Panicaut. A première vue, on le prendrait pour un Diptère, pour une Mouche, à cause de ses deux grandes ailes non couvertes d'élytres. Examiné de près, il porte aux épaules deux petites écailles, restes des étuis supprimés. Encore un qui n'a pas su ou plutôt n'a pu parachever les pièces dont il porte les vestiges dérisoires.

Un groupe entier, et des plus nombreux parmi les coléoptères, celui des Staphylins, se tronque les élytres au tiers, au quart des normales dimensions. Par un excès d'économie, l'insecte à long ventre frétillant se fait disgracieux, étriqué.

Ainsi longtemps se poursuivrait l'énumération des estropiés, des incorrects, des exceptionnels; les pourquoi se succéderaient, et la réponse ne viendrait pas. L'animal est peu communicatif; la plante, adroitement sollicitée, se prête mieux à l'interrogation. Consultons-la sur le problème des anomalies, peut-être nous renseignera-t-elle.

Le Rosier nous propose cette énigme : nous sommes cinq frères, deux barbus, deux sans barbe et le cinquième à demi barbu.

Cela se dit même en vers latins :

> Quinque sumus fratres : unus barbatus et alter,
> Imberbesque duo ; sum semi-berbis ego.

Que sont les cinq frères? Rien autre que les cinq lobes du calice de la Rose, les cinq sépales. Examinons-les un par un. Nous en trouverons deux munis, sur l'un et l'autre bord, de prolongements foliacés ou barbules, qui parfois reprennent la forme originelle et s'étalent en folioles pareilles à celles des véritables feuilles. La botanique nous apprend, en effet, qu'un sépale est une feuille modifiée. Voilà les deux frères barbus.

Nous en verrons deux autres dépourvus totalement d'appendices sur les deux côtés à la fois. Ce sont les deux frères sans barbe. Enfin le dernier nous montrera l'un des côtés dénudé et l'autre porteur de barbules. Il représente le frère à demi barbu.

Ce ne sont pas là des accidents fortuits, variables d'une fleur à l'autre ; toutes les Roses présentent le même dispositif, toutes ont leurs sépales répartis en trois catégories de barbiches. C'est une règle fixe, conséquence d'une loi qui régit l'architecture florale, de même que l'art d'un Vitruve régit nos édifices. Cette loi, d'élégante simplicité, la botanique la formule ainsi : dans l'ordre quinaire, le plus important du monde végétal, la fleur échelonne les cinq pièces d'un verticille sur une spirale serrée, presque l'équivalent d'une circonférence ; et cet arrangement se fait de telle façon que deux tours de spire reçoivent la série des cinq pièces.

Cela dit, il est aisé de construire, en ce qui concerne le calice, le devis de la Rose. Divisons une circonférence en cinq parties égales. Au premier point de division plaçons un sépale. Où mettrons-nous le deuxième ? Ce ne peut être au second point de division, car alors l'ensemble des cinq pièces occuperait la circonférence entière en un seul tour au lieu de l'occuper en deux. Nous le placerons au troisième point, et nous continuerons de la sorte en franchissant chaque fois une division. Cette marche est la seule qui revienne au point de départ après deux tours de spire.

Accordons maintenant aux sépales une base assez large pour donner une enceinte bien close. Nous verrons que les pièces des divisions 1 et 4 sont en plein hors de l'enroulement; que les pièces des divisions 2 et 4 engagent leurs deux bords sous les sépales voisins; et qu'enfin la pièce de la division 5 a l'un des bords couvert et l'autre découvert. D'autre part, il est visible que, gênés dans leur expansion par l'obstacle de ce qui leur est superposé, les bords engagés sous les autres ne peuvent émettre leurs délicats appendices. De là résultent aux points 1 et 3 les deux sépales barbus; aux points 2 et 4, les deux sépales sans barbe; au point 5, le sépale demi-barbu.

Ainsi s'explique l'énigme de la Rose. La disparité des cinq pièces calicinales, en apparence structure irrationnelle, capricieuse anomalie, est en réalité le corollaire d'une loi mathématique, l'affirmation d'une immanente algèbre. Le désordre parle de l'ordre, l'irrégularité témoigne de la règle.

Continuons notre excursion dans le domaine de la plante. L'ordre quinaire attribue à la fleur cinq pétales disposés en un verticille de parfaite correction. Or, bien des corolles s'écartent du normal assemblage. Telles sont les corolles labiées et les corolles personnées. Dans les premières, cinq lobes composent le limbe épanoui à l'extrémité d'une partie tubuleuse et indiquent les cinq pétales réglementaires. Ils se groupent en deux lèvres largement bâillantes, l'une en haut, l'autre en bas. La lèvre supérieure comprend deux lobes, l'inférieure en comprend trois.

Comme la précédente, la corolle personnée se divise en deux lèvres, la supérieure à deux lobes, l'inférieure à trois; seulement cette dernière se renfle en une voûte qui forme l'entrée de la fleur. La pression des doigts sur les côtés fait bâiller les deux lèvres, qui se referment dès que la pression cesse. De là une certaine ressemblance avec le mufle, la gueule d'un animal, ressemblance qui a fait donner à la plante où cette forme est le mieux accentuée le nom de Muflier ou Gueule-de-Loup. On a voulu voir encore quelque analogie d'aspect entre les grosses lèvres du Muflier et les traits exagérés du masque dont les acteurs se couvraient la tête sur les théâtres antiques pour représenter le personnage dont ils remplissaient le rôle. C'est de là que provient l'expression de corolle personnée.

L'anomalie de la corolle à deux lèvres entraîne des modifications dans les étamines qui doivent s'accommoder aux exigences de l'enceinte, en ce point plus rétrécie, en cet autre plus spacieuse. Des cinq étamines, une est supprimée, en laissant bien des fois un vestige de sa base, comme certificat de la disparue. Les quatre autres se groupent en deux couples de longueur inégale, avec tendance à la suppression du couple moindre.

La Sauge accomplit cette suppression. Elle n'a que deux étamines, celles du couple le plus long. En outre, à chacun des filets staminaux elle ne conserve que la moitié d'une anthère. D'après la règle de l'immense majorité, une anthère comprend deux loges, adossées l'une à l'autre et séparées par une mince cloison, dite connectif. La Sauge exagère ce connectif, elle en fait un fléau de balance disposé transversalement sur le filet. Au bout de l'un des bras de ce fléau, elle met la moitié d'une anthère, c'est-à-dire un sachet pollinique ; à l'autre bout, elle ne met rien. Sauf le strict nécessaire, tout le verticille staminal est sacrifié aux élégantes étrangetés de la corolle.

Or pourquoi dans les Labiées, les Personnées et autres familles végétales, ces anomalies qui bouleversent à fond la structure réglementaire de la fleur ? Permettons-nous, à ce sujet, une comparaison architecturale. Les premiers qui osèrent équilibrer sur le vide de lourdes pierres de taille et méritèrent le glorieux titre de pontifes ou faiseurs de ponts, prirent pour norme de leurs assemblages l'arc de cercle, la demi-circonférence, enfin le plein cintre, qui appuie sur les reins de voussoirs uniformes la poussée de la charge. C'est robuste, majestueux, mais aussi monotone et dépourvu de sveltesse.

Vint après l'ogive, qui oppose l'un à l'autre deux arcs de centres différents. Avec la nouvelle norme sont possibles les hautes envolées, les sveltes nervures, les superbes couronnements. Le varié, inépuisable en gracieuses combinaisons, remplace le monotone.

Eh bien, la corolle régulière est le plein cintre de la fleur. Campanulée, rotacée, urcéolée, étoilée ou d'autre configuration, elle est toujours l'assemblage de pièces semblables autour d'une circonférence. La corolle irrégulière est l'ogive, à merveilleuses audaces; elle donne à la poésie de la fleur le beau désordre de toute réelle poésie. Le masque à grosses lèvres du Muflier, la gorge bâillante de la Sauge valent bien la rosette de l'Aubépine et du Prunellier. Ce sont autant de notes chromatiques ajoutées à la gamme, autant de variations gracieuses sur un superbe thème, autant de dissonances qui mettent en relief la valeur des accords. La symphonie florale est meilleure, entrecoupée de solos exceptionnels.

Par des raisons du même ordre, le Criquet pédestre, sautillant parmi les saxifrages des hautes croupes, explique sa privation de l'essor; le Staphylin, sa jaquette; le Necydalis, son court veston; le Myodite, son aspect de diptère. Chacun, à sa manière, fait diversion à la monotonie du thème général; chacun apporte une note spéciale au concert de l'ensemble. On voit moins bien pourquoi le Scarabée renonce aux tarses antérieurs, pourquoi le Charançon de l'Iris des marais ne met à ses doigts qu'une griffette, pourquoi le ver du Géotrupe naît estropié. Quels sont les motifs de ces minuscules aberrations? Avant de répondre, prenons encore une fois conseil de la plante.

On cultive dans les serres l'Alstrœmère pélégrine ou Lis des Incas, originaire du Pérou. La curieuse plante nous soumet énigmatique question. Au premier coup d'œil, ses feuilles, configurées à peu près comme celles du Saule, ne présentent rien qui mérite examen attentif; mais regardons-les de près. Le pétiole, aplati en ruban de quelque longueur, est fortement tordu sur lui-même, et cette torsion se répète sur toutes les feuilles tant qu'il y en a. D'une extrémité à l'autre de la plante, c'est un torticolis très nettement accentué.

Délicatement, du bout des doits, rétablissons l'ordre des choses; étalons à plat le ruban pétiolaire tordu. Une surprise nous attend. La feuille détordue, remise dans la position normale, se trouve renversée; elle présente en haut ce qui devrait être en bas, c'est-à-dire la face pâle, riche de stomates et fortement nervée; elle présente en bas ce qui devrait être en haut c'est-à-dire la face verte et lisse, ainsi qu'il est de règle chez toutes les autres plantes.

En somme, le Lis des Incas, rétabli de force dans la disposition correcte par l'effacement de ses torsions, a le feuillage placé à l'envers. Ce qui est fait pour l'ombre se tourne vers la lumière, ce qui est fait pour la lumière se tourne vers l'ombre. En cette disposition à rebours, les fonctions des feuilles sont impossibles; aussi la plante, pour corriger ce vice d'agencement, tord le col à tout le feuillage au moyen de la déformation spiralée des pétioles.

Les rayons solaires provoquent ce retournement. Si nos artifices interviennent, ils peuvent défaire ce qu'ils ont fait d'abord. A l'aide d'un léger tuteur et de quelques ligatures, je courbe une pousse du Lis et la maintiens la tête en bas. Par l'effet de l'insolation, les pétioles en peu de jours se détordent, redeviennent des rubans plans, ce qui amène du côté de la lumière la face lisse et verte, et du côté de l'ombre la face pâle et nervée. Les torticolis ont disparu, l'orientation normale est reprise, mais la plante est renversée.

Avec le Lis des Incas implantant à l'envers ses feuilles sur la tige, sommes-nous en présence d'une bévue que la plante, aidée par le soleil, corrige de son mieux en se bistournant les pétioles? Y a-t-il des étourderies organiques, des erreurs, coups de griffe du désordre? N'est-ce pas plutôt notre ignorance des effets et des causes qui juge mal ce qui réellement est bien? Si nous savions mieux, que de notes malsonnantes deviendraient harmonie! Le plus sage est alors le doute.

De tous nos signes graphiques, le mieux conforme à ce qu'il signifie est le point d'interrogation. En bas, un atome rond. C'est la boule du monde. Au-dessus se dresse, énorme et roulé en crosse, le *lituus* antique, le bâton augural questionnant l'inconnu. Je verrais volontiers dans ce signe l'emblème de la science, en perpétuel colloque avec le comment et le pourquoi des choses.

Or, si haut qu'il se dresse pour mieux voir, ce bâton interrogateur est au centre d'un étroit horizon ténébreux, que les sondages de l'avenir remplaceront par d'autres plus reculés et non moins obscurs. Au delà de tous ces horizons, péniblement déchirés un à un par le progrès du savoir, au delà de toutes ces obscurités, qu'y a-t-il? La pleine clarté sans doute, le pourquoi du pourquoi, la raison des raisons, enfin le grand x de l'équation du monde. Ainsi nous l'affirme notre instinct questionneur, jamais satisfait, jamais lassé; et l'instinct, infaillible dans le domaine de la bête, ne peut l'être moins dans le domaine de l'esprit.

Du mieux qu'il est en mon pouvoir, je viens de rechercher le motif essentiel des anomalies de l'insecte. La réponse est loin d'être toujours venue, entraînant ferme conviction. Aussi, pour terminer ce chapitre où tant d'aperçus restent doute, je plante ici, bien en évidence au milieu de la page, le *lituus* de l'augure, le point d'interrogation.

XIV

LE CARABE DORÉ. — L'ALIMENTATION

En écrivant les premières lignes de ce chapitre, je songe aux abattoirs de Chicago, les horribles usines à viande où se dépècent dans l'année un million quatre-vingt mille bœufs, un million sept cent cinquante mille porcs, qui, entrés vivants dans la machine, sortent de l'autre bout changés en boîtes de conserves, saindoux, saucisses, jambons roulés; j'y songe parce que le Carabe va nous montrer, en tuerie, semblable célérité.

Carabe doré.

Dans une ample volière vitrée, j'ai vingt-cinq Carabes dorés (*Carabus auratus*, Lin.). Maintenant ils sont immobiles, tapis sous une planchette que je leur ai donnée pour abri. Le ventre au frais dans le sable, le dos au chaud contre la planchette que visite le soleil, ils somnolent et digèrent. La bonne fortune me vaut, à l'improviste, une procession de la chenille du pin qui, descendue de son arbre, cherche un lieu favorable à l'ensevelissement, prélude du cocon souterrain. Voilà un excellent troupeau pour l'abattoir des Carabes.

Je le cueille et le mets dans la volière. Bientôt la procession se reforme; les chenilles, au nombre de cent cinquante environ, cheminent en série onduleuse. Elles passent à proximité de la planchette, à la queue-leu-leu comme les porcs de Chicago. C'est le bon moment. Je lâche alors mes fauves, c'est-à-dire que j'enlève leur abri.

Les dormeurs aussitôt s'éveillent, sentant la riche proie qui défile à côté. Un accourt; trois, quatre autres suivent, mettent l'assemblée en émoi; les enterrés émergent; toute la bande d'égorgeurs se rue sur le troupeau passant. C'est alors spectacle inoubliable. Coups de mandibules de-ci, de-là, en avant, en arrière, au milieu de la procession, sur le dos, sur le ventre, au hasard. Les peaux hirsutes se déchirent, le contenu s'épanche en coulée d'entrailles verdies par la nourriture, les aiguilles de pin; les chenilles se convulsent, luttent de la croupe brusquement ouverte et refermée, se cramponnent des pattes, crachent et mordillent. Les indemnes désespérément piochent pour se réfugier sous terre. Pas une n'y parvient. A peine sont-elles descendues à mi-corps que le Carabe accourt, les extirpe, leur crève le ventre.

Si la tuerie ne s'accomplissait dans un monde muet, nous aurions ici l'épouvantable vacarme de l'égorgement de Chicago. Il faut l'oreille de l'imagination pour entendre les lamentations hurlantes des étripées. Cette oreille, je l'ai, et le remords me gagne d'avoir provoqué telles misères.

Or, de partout, dans le tas des mortes et des mourantes, chacun tiraille, chacun déchire, emporte un morceau qu'il va déglutir à l'écart, loin des envieux. Après cette bouchée, une autre est taillée à la hâte sur la pièce, et puis d'autres encore, tant qu'il reste des éventrées. En quelques minutes, la procession est réduite en charcuterie de loques pantelantes.

Les chenilles étaient cent cinquante; les tueurs sont vingt-cinq. Cela fait six victimes par Carabe. Si l'insecte n'avait qu'à tuer indéfiniment, comme les ouvriers des usines à viande, et si l'équipe était de cent éventreurs, nombre bien modeste par rapport à celui des manipulateurs de jambons roulés, le total des victimes, dans une journée de dix heures, serait de trente-six mille. Jamais atelier de Chicago n'a obtenu pareil rendement.

La célérité de la mise à mort est plus frappante encore si l'on considère les difficultés de l'attaque. Le Carabe n'a pas la roue tournante qui saisit le porc par une patte, le soulève et le présente au couteau de l'égorgeur; il n'a pas le plancher mobile qui met le front du bœuf sous le maillet de l'assommeur; il doit courir sus à la bête, la maîtriser, se garer de ses harpons et de ses crocs. De plus, à mesure qu'il étripe, il consomme sur place. Que serait le massacre si l'insecte n'avait qu'à tuer!

Que nous apprennent les abattoirs de Chicago et les ripailles du Carabe? Voici. L'homme de haute moralité est, pour le moment, exception assez rare. Sous l'épi-

derme du civilisé, presque toujours se trouve l'ancêtre, le
sauvage contemporain de l'Ours des cavernes. La véritable humanité n'est pas encore; elle se fait petit à petit,
travaillée par le ferment des siècles et les leçons de la
conscience; elle progresse vers le mieux avec une désespérante lenteur.

De nos jours presque, a finalement disparu l'esclavage,
base de l'antique société; on s'est aperçu que l'homme,
fût-il de couleur noire, est réellement un homme et mérite
comme tel des égards

Qu'était la femme jadis? Ce qu'elle est encore en
Orient : une gentille bête sans âme. Les docteurs ont
longtemps discuté là-dessus. Le grand évêque du dix-
septième siècle, Bossuet lui-même, considérait la femme
comme le diminutif de l'homme. C'était prouvé par l'origine d'Ève, l'os surnuméraire, la treizième côte qu'Adam
avait au début. On a reconnu enfin que la femme possède
une âme pareille à la nôtre, supérieure même en tendresse
et en dévouement. On lui a permis de s'instruire, ce
qu'elle fait avec un zèle au moins égal à celui de son
concurrent. Mais le Code, caverne d'où ne sont point
encore délogées bien des sauvageries, continue à la
regarder comme une incapable, une mineure. Le Code, à
son tour, finira par céder à la poussée du vrai.

L'abolition de l'esclavage, l'instruction de la femme,
voilà deux pas énormes dans la voie du progrès moral.
Nos arrière-neveux iront plus loin. Ils verront d'une
claire vision, capable de surmonter tout obstacle, que
la guerre est le plus absurde de nos travers; que les
conquérants, entrepreneurs de batailles et détrousseurs de

nations, sont d'exécrables fléaux; que des poignées de mains échangées sont préférables aux coups de fusil; que le peuple le plus heureux n'est pas celui qui possède le plus de canons, mais celui qui travaille en paix et largement produit; que les douceurs de l'existence ne réclament pas précisément des frontières, au delà desquelles vous attendent les vexations du douanier, fouilleur de poches et saccageur de bagages.

Ils verront cela, nos arrière-neveux, et bien d'autres merveilles, aujourd'hui rêveries insensées. Jusqu'où montera cette ascension vers le bleu de l'idéal? Pas bien haut, c'est à craindre. Nous sommes affligés d'une tare indélébile, d'une sorte de péché originel, si l'on peut appeler péché un état de choses où notre vouloir n'intervient pas. Nous sommes ainsi bâtis et nous n'y pouvons rien. C'est la tare du ventre, inépuisable source de bestialités.

L'intestin gouverne le monde. Du fond de nos plus graves affaires se dresse, impérieuse, une question d'écuelle et de pâtée. Tant qu'il y aura des estomacs pour digérer, — et ce n'est pas près de finir, — il faudra de quoi les remplir, et le puissant vivra des misères du faible. La vie est un gouffre que la mort seule peut combler. De là des tueries sans fin, où se repaissent l'homme, le Carabe et les autres; de là ces perpétuels massacres qui font de la terre un abattoir auprès duquel ceux de Chicago comptent à peine.

Mais les convives sont légion de légions, et les victuailles n'abondent pas dans la même mesure. Le dépourvu jalouse le possesseur, l'affamé montre les crocs au repu. Suit la bataille qui décidera de la possession. Alors l'homme lève des armées qui défendront ses récoltes, ses caves, ses greniers ; c'est la guerre. En verra-t-on la fin ? Hélas ! sept fois hélas ! tant qu'il y aura des loups au monde, il faudra des molosses pour défendre la bergerie.

Entraînés par le courant des idées, que nous sommes loin des Carabes ! Revenons-y vite. Pour quel motif ai-je provoqué le massacre des processionnaires qui, tranquillement, allaient s'enterrer lorsque je les ai mises en présence des éventreurs ? Était-ce dans le but de me donner le spectacle d'une tuerie effrénée ? Certes non ; j'ai toujours compati aux souffrances de la bête, et la vie du moindre est digne de respect. Pour me détourner de cette pitié, il fallait les exigences de la recherche scientifique, exigences parfois cruelles.

J'avais en vue les mœurs du Carabe doré, petit garde champêtre des jardins et pour ce motif appelé vulgairement la *Jardinière*. Ce beau titre d'auxiliaire, à quel point est-il mérité ? Que chasse le Carabe ? De quelle vermine expurge-t-il nos plates-bandes ? Les débuts avec la processionnaire des pins promettent beaucoup. Continuons dans cette voie.

A diverses reprises, en fin avril, l'enclos me vaut des processions, tantôt plus, tantôt moins nombreuses. Je les récolte et les mets dans la volière vitrée. Aussitôt le banquet servi, la ripaille commence. Les chenilles sont éventrées, chacune par un seul consommateur ou par plusieurs à la fois. En moins d'un quart d'heure, l'extermination est complète. Il ne reste du troupeau que des tronçons informes, emportés de-çà, de-là, pour être con-

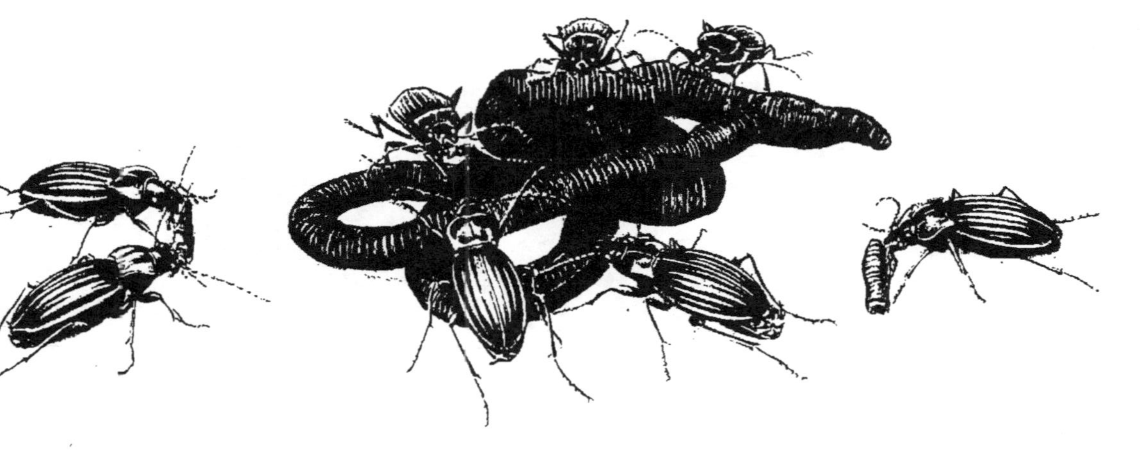

Carabes dorés faisant ripaille d'un ver de terre.

sommés sous l'abri de la planchette. Son butin aux dents, le bien nanti décampe, désireux de festoyer tranquille. Des collègues le rencontrent qui, affriandés par le morceau pendillant aux crocs du fuyard, se font audacieux ravisseurs. Ils sont deux, ils sont trois cherchant à détrousser le légitime propriétaire. Chacun happe la pièce, tiraille, ingurgite sans grave contestation. Il n'y a pas de bataille à vrai dire, pas de horions échangés à la façon des dogues se disputant un os. Tout se borne à des tentatives de rapt. Si le propriétaire tient bon, pacifiquement on consomme avec lui, mandibules contre mandibules, jusqu'à ce que, la pièce se déchirant, chacun se retire avec son lopin.

Assaisonnée de cet urticaire qui, dans mes recherches de jadis, me corrodait si violemment la peau, la processionnaire des pins doit être un mets bien pimenté. Mes Carabes en font régal. Autant de processions je leur fournis, autant ils en consomment. Le mets est très apprécié. Cependant, au sein des bourses de soie du Bombyx, nul, que je sache, n'a rencontré le Carabe doré et sa larve. Je n'ai pas le moindre espoir de les y trouver moi-même un jour. Ces bourses ne sont peuplées qu'en hiver, alors que le Carabe, indifférent au manger et pris de torpeur, est cantonné sous terre. Mais en avril, lorsque les chenilles processionnent, en quête d'un bon emplacement pour s'ensevelir et se transformer, s'il a la chance de les rencontrer, le Carabe doit largement profiter de l'aubaine.

La pilosité de ce gibier ne le rebute point; néanmoins la plus velue de nos chenilles, la Hérissonne, avec sa crinière ondoyante, mi-partie noire et rousse, semble en imposer au glouton. Des jours entiers, dans la volière, elle erre en société des éventreurs. Les Carabes paraissent l'ignorer. De temps à autre quelqu'un d'entre eux s'arrête, vire autour de la bête poilue, l'examine, puis essaye de fouiller dans la farouche toison. Aussitôt rebuté par l'épaisse et longue palissade poilue, il se retire sans

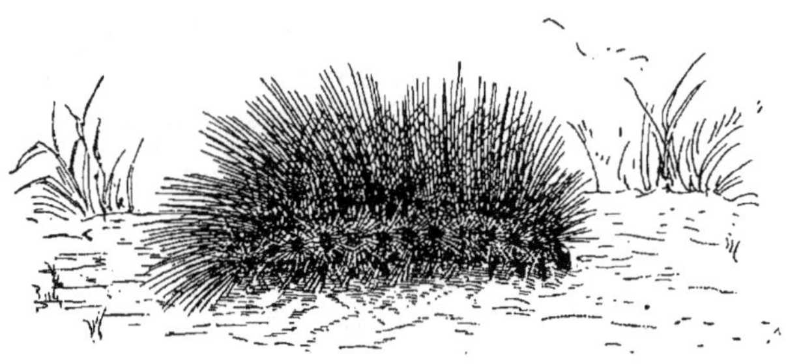

La Hérissonne.

mordre au vif. Fière et indemne, la chenille passe outre, ondulant de l'échine.

Cela ne peut durer. En un moment de fringale, enhardi d'ailleurs par la collaboration de collègues, le poltron se décide à sérieuse attaque. Ils sont quatre, très affairés autour de la Hérissonne, qui, harcelée d'avant et d'arrière, finit par succomber. Elle est étripée et gloutonnement grugée comme le serait une chenille sans défense.

Suivant les chances de mes trouvailles, je mets à la disposition de ma ménagerie des chenilles variées, nues ou velues. Toutes sont acceptées avec ferveur extrême, à la seule condition d'une taille moyenne, en rapport avec celle de l'égorgeur. Trop petites, elles sont dédaignées, le morceau ne donnerait pas bouchée suffisante. Trop grosses, elles dépassent les moyens d'action du Carabe.

Celles du Sphinx des Euphorbes et du Grand Paon, par
exemple, conviendraient au Carabe; mais à la première
morsure l'assaillie, d'une contorsion de sa puissante
croupe, projette à distance l'assaillant. Après quelques
assauts, tous suivis d'une culbute à distance, l'insecte
renonce à l'attaque, par impuissance et à regret. La proie
est trop vigoureuse. J'ai gardé des quinze jours les deux
fortes chenilles en présence de mes fauves; rien de bien
fâcheux ne leur est survenu. Les brusqueries d'une croupe
soudainement détendue imposaient respect aux féroces
mandibules.

Premier bon point au Carabe doré, exterminateur de
toute chenille non trop puissante. Un défaut dépare ce
mérite. L'insecte n'est pas grimpeur; il chasse à terre, et
non dans les hauteurs du feuillage. Je ne l'ai jamais vu
explorant la ramée du moindre arbuste. Dans ma volière,
il n'accorde aucune attention à la proie la plus alléchante
fixée sur une touffe de thym, à un pan d'élévation. C'est
grand dommage. Si l'insecte connaissait l'escalade, l'excursion au-dessus du sol, avec quelle rapidité une équipe de
trois ou quatre expurgerait le chou de sa vermine, la
chenille de la Piéride! Toujours par quelque endroit le
meilleur est vicieux.

Autre bon point au sujet des limaces. Le Carabe se
repaît de toutes, même de la plus grosse, la Limace grise,
tiquetée de taches brunes. Attaquée par trois ou quatre
équarrisseurs, la corpulente bête est rapidement mise à
mal. On lui travaille de préférence la partie dorsale que
protège une coquille interne, sorte de dalle de nacre qui
fait toiture sur la région du cœur et du poumon. Là,

mieux qu'ailleurs, abondent les atomes pierreux dont se construit la coquille, et ce condiment minéral paraît agréer au Carabe. De même, dans l'Escargot, le morceau préféré est le manteau, tigré de ponctuations calcaires. De capture facile et de saveur appréciée, la Limace, rampant de nuit vers les tendres salades, doit être, pour le Carabe, une provende de fréquente consommation. Avec la chenille, elle est apparemment son habituelle victuaille.

Il faut y ajouter le ver de terre, le Lombric, rencontré hors de son terrier en temps pluvieux. Les plus gros n'en imposent pas à l'agresseur. Je sers un Lombric de deux pans de longueur et de la grosseur du petit doigt. Aussitôt aperçu, l'énorme annélide est assailli : six Carabes accourent à la fois. Pour toute défense, le patient se contorsionne, avance et recule, se tord, se roule sur lui-même. Le monstrueux boa entraîne avec lui, tantôt dessus, tantôt dessous, les acharnés dépeceurs, qui ne lâchent prise et travaillent tour à tour en position normale ou bien le ventre en l'air. Le continuel roulis de la pièce, l'enfouissement dans le sable, la réapparition à découvert ne parviennent pas à les décourager. C'est un acharnement comme il serait difficile d'en voir de pareils.

Aux points mordus une première fois, ils continuent de mordre ; ils tiennent bon et laissent faire le désespéré, si bien que la peau, cuir tenace, cède finalement. Le contenu s'épanche en une bouillie sanguinolente où plongent les têtes des goulus. D'autres accourent prendre part à la curée, et bientôt le puissant annélide est une ruine odieuse au regard. Je mets fin à l'orgie, crainte que les goinfres, appesantis de nourriture, se refusent longtemps aux

Carabes dorés faisant ripaille de chenilles du pin.

épreuves que je médite. Leur frénésie de ripaille dit assez qu'ils achèveraient l'énorme andouillette si je n'intervenais.

En dédommagement, je leur jette un Lombric médiocre. Entaillé en divers points et tiraillé, le ver se partage en segments que chacun emporte à mesure et va consommer à l'écart. Tant que la pièce n'est pas fractionnée, les attablés déglutissent très pacifiques entre eux, souvent front contre front et les mandibules engagées dans la même blessure ; mais du moment qu'ils se sentent pourvus d'un lopin à leur convenance, ils se hâtent de déguerpir avec leur butin, loin des jalouses convoitises. Le bloc est à tous, sans rixes ni contestations ; mais la parcelle extraite est propriété individuelle qu'il faut prestement soustraire aux entreprises des pillards.

Varions les vivres autant que me le permettent mes ressources. Des Cétoines (*Cetonia floricola*) restent une paire de semaines en compagnie des Carabes. Nul ne les moleste ; à peine un coup d'œil donné en passant. Est-ce indifférence pour pareil gibier ? Est-ce difficulté d'attaque ? Nous allons voir. J'enlève les élytres et les ailes. La nouvelle des estropiées est bientôt répandue. Les Carabes accourent et ardemment leur travaillent le ventre. En une brève séance, les Cétoines sont vidées à fond. Le mets est donc trouvé excellent, et c'est la cuirasse des élytres, étroitement assemblées, qui d'abord tenait en respect les carnassiers.

Même résultat avec la grosse Chrysomèle noire (*Timarcha tenebricosa*). Intact, l'insecte est dédaigné du Carabe, qui fréquemment le rencontre dans la volière et passe outre sans essayer d'ouvrir l'hermétique boîte à vivres. Mais si j'enlève les élytres, il est très bien grugé, malgré ses crachats d'un jaune orangé. De son côté, avec sa peau fine et nue, la larve obèse de la même Chrysomèle est régal pour le Carabe. Sa couleur presque métallique, d'un noir bronzé, ne fait hésiter le vénateur. Aussitôt aperçu, le friand morceau est happé, éventré, consommé. La pilule de bronze est une pièce de choix ; autant je peux en servir, autant sont dévorées.

Sous le toit de leurs élytres, de robuste assemblage, la Cétoine et la Chrysomèle noire sont hors des atteintes du Carabe, inhabile à faire bâiller la cuirasse pour atteindre les mollesses du ventre. Si, au contraire, la fermeture de la boîte est moins précise, le carnassier sait fort bien soulever les étuis défensifs de sa proie et parvenir à ses fins. Après quelques tentatives, il soulève en arrière les élytres du Hanneton, du Cerambyx cerdo et de bien d'autres ; il ouvre son huître, écarte les écailles et met à sec les juteuses friandises du ventre. Tout coléoptère est accepté s'il y a possibilité d'en forcer la boîte.

Servi un Grand Paon, éclos la veille. Le Carabe ne va pas fougueux à la somptueuse pièce. Il se méfie, parfois s'approche, essayant de mordre sur le ventre. Mais au premier contact des mandibules, le patient s'agite, fouette le sol de ses larges ailes, et d'un brusque battement projette l'agresseur à distance. L'attaque est impossible avec pareil gibier, à trépidations continuelles, accompagnées de vigoureux soubresauts. Je tronque les ailes du gros papillon. Les assaillants sont bientôt là. Ils sont sept qui tiraillent, mordent la panse du manchot. La bourre vole en flocons, la peau cède, et les sept bêtes, acharnées à la curée, plongent dans les entrailles. C'est une bande de loups dévorant un cheval. En une brève séance, le Grand Paon est vidé.

Tant qu'il est intact, l'Escargot (*Helix aspersa*) ne convient guère au Carabe. J'en dépose deux au milieu de mes bêtes, qu'une paire de jours de jeûne doit avoir rendues plus entreprenantes. Les mollusques sont retirés dans leurs coquilles, et celles-ci, enchâssées dans le sable de la volière, ont l'orifice en haut. Les Carabes y viennent, s'y arrêtent un instant, tantôt l'un, tantôt l'autre ; ils dégustent la bave et, rebutés, à l'instant s'en vont sans insister davantage. Légèrement mordillé, l'Escargot écume en chassant le peu d'air contenu dans sa poche pulmonaire. Cette mousse glaireuse est sa défense. Le passant qui en cueille une modique gorgée aussitôt se retire, non désireux de fouiller davantage.

Le couvert spumeux est d'une haute efficacité. Je laisse tout le jour les deux Escargots en présence des affamés. Rien de fâcheux ne leur arrive. Le lendemain, je les retrouve frais et dispos comme la veille. Pour éviter cette mousse odieuse au Carabe, je dénude les deux mollusques sur une étendue de l'ampleur de l'ongle, j'enlève un fragment de la coquille dans la région de la poche pulmonaire. Maintenant l'attaque est prompte et persistante.

Cinq, six Carabes à la fois s'attablent autour de la brèche qui met à nu des chairs non baveuses. S'il y avait place pour un plus grand nombre, les convives augmenteraient, car il arrive des empressés qui cherchent à se glisser parmi les occupants. Au-dessus de la brèche se forme de la sorte une grappe grouillante où les plus rapprochés fouillent, extirpent, tandis que les autres regardent faire ou dérobent un morceau aux lippes du voisin. Dans une après-midi, l'Escargot est vidé presque jusqu'au fond de sa spire.

Le lendemain, en pleine frénésie du carnage, j'enlève la proie et la remplace par un Escargot intact, enchâssé dans le sable, l'ouverture en haut. Excité par l'ablution de quelques gouttes d'eau, l'animal sort de son test, s'épanouit en col de cygne, exhibe longuement ses tubes oculaires, qui semblent regarder sans émotion la terrible sarabande des carnassiers. L'imminence de l'éventration ne l'empêche pas d'étaler en plein ses tendres chairs, proie facile sur laquelle, semble-t-il, les gloutons, privés de leur charcuterie, vont se jeter pour continuer leur ripaille interrompue. Qu'est ceci cependant?

Nul des Carabes n'accorde attention à la magnifique pièce, qui doucement ondule, sortie de son fort en majeure partie. Si, plus entreprenant que les autres, l'un des affamés s'avise de porter la dent sur le mollusque, celui-ci se contracte, rentre chez lui et se met à écumer. Cela suffit pour rebuter l'assaillant. Toute une après-midi et toute la nuit, le patient reste ainsi en présence des vingt-cinq éventreurs, et rien de grave ne lui advient.

Répétée à diverses reprises, pareille expérience nous affirme que le Carabe n'attaque pas l'Escargot intact, même lorsque ce dernier, après une ondée, exhibe de la coquille tout son avant et rampe sur les herbages mouillés. Il lui faut des estropiés, des impotents à test cassé ; il lui faut une brèche qui permette de mordre en un point non apte à mousser. En de telles conditions, la *Jardinière* est de médiocre valeur pour refréner les méfaits de l'Escargot. Compromis par accident, plus ou moins écrasé, le ravageur de l'hortotaille à bref délai périrait sans l'intervention du Carabe.

De loin en loin, pour varier le régime, je sers à mes sujets un morceau de viande de boucherie. Les Carabes volontiers y viennent, assidûment y stationnent, taillant par miettes et consommant. Ce mets, peu connu de leur race si ce n'est peut-être à l'état de Taupe éventrée par la bêche du paysan, leur agrée aussi bien que la chenille. Toute chair leur est bonne, hors celle du poisson. Un jour, le menu consiste en une sardine. Les goinfres accourent, prélèvent sur la pièce quelques bouchées, puis n'y touchent plus, se retirent. C'est trop nouveau pour eux.

N'oublions pas de dire que la volière est munie d'un abreuvoir, c'est-à-dire d'un godet plein d'eau. Fréquemment les Carabes viennent y boire après le repas. Altérés par une nourriture échauffante, et d'ailleurs englués de viscosité après le dépècement d'un escargot, ils s'y rafraîchissent, s'y détergent les babines, s'y lavent les tarses que chaussent des bottines gluantes, appesanties de sable. Après cette ablution, ils gagnent leur abri sous la planchette et tranquillement y font longue sieste.

XV

LE CARABE DORÉ — MŒURS NUPTIALES

C'est reconnu : ardent exterminateur de chenilles et de
limaces, le Carabe doré mérite par excellence son titre de
Jardinière; il est le vigilant garde champêtre de l'hortotaille et des plates-bandes fleuries. Si mes recherches
n'ajoutent rien sous ce rapport à sa vieille réputation,
elles vont du moins, en ce qui suit, nous montrer l'insecte
sous un aspect non encore soupçonné. Le féroce mangeur, l'ogre de toute proie n'excédant par ses forces, est
mangé à son tour. Et par qui? Par lui-même et bien
d'autres.

Mentionnons d'abord deux de ses ennemis, le Renard
et le Crapaud, qui, en temps de pénurie, ne dédaignent
pas, faute de mieux, les maigres et caustiques bouchées.
Dans l'histoire des Trox, exploiteurs d'ignobles résidus,
j'ai dit comment les déjections du Renard, aisément reconnaissables à la bourre de Lapin qui les compose en majeure
partie, sont parfois plaquées d'élytres de Carabe; l'ordure
se pare de lames d'or. Voilà le certificat du menu. C'est

peu nourrissant, de médiocre abondance et d'âcre saveur, mais enfin avec quelques Carabes se trompe un peu la faim.

Au sujet du Crapaud, j'ai pareil témoignage. En été, dans les allées de l'enclos, je fais rencontre, de temps à autre, de curieux objets dont l'origine m'a laissé au début fort indécis. Ce sont des saucissettes noires, de l'ampleur du petit doigt et très friables après dessiccation au soleil. On y reconnaît un aggloméré de têtes de Fourmis. Rien autre de plus, si ce n'est des débris de fines pattes. Que peut bien être ce singulier produit, cet amalgame granuleux dont les éléments sont des têtes entassées par centaines et centaines?

L'idée vient d'une pelote dégorgée par la Chouette après triage stomacal de la partie nutritive. La réflexion écarte cette idée : un rapace nocturne, bien que friand d'insectes, ne se nourrit pas d'un gibier si petit. Il faut un consommateur riche de temps et de patience pour engluer du bout de langue et cueillir un par un ce minime fretin. Ce consommateur, quel est-il? Serait-ce le Crapaud? Je n'en vois pas d'autre dans l'enclos à qui puisse se rapporter un salmis de fourmis. L'expérience va nous donner le mot de l'énigme.

J'ai dans le jardin une vieille connaissance et je sais sa demeure. Aux heures des rondes vespérales, bien des fois nous nous rencontrons. Il me regarde de ses yeux dorés, et gravement passe outre pour vaquer à ses affaires. C'est un Crapaud de taille à remplir une soucoupe, un vétéran respecté de la maisonnée. Nous l'appelons le Philosophe. Je m'adresse à lui pour élucider la question des agglomérés en têtes de Fourmis.

Je l'incarcère, sans nourriture, dans une volière, et j'attends que le contenu de sa panse replète soit travaillé par la digestion. Les choses ne traînent pas trop en longueur. Au bout de quelques jours, le prisonnier me gratifie d'une ordure noire, moulée en cylindre, exactement pareille à celles que j'observe dans les allées de l'enclos. C'est, comme les autres, un amalgame de têtes de Fourmis. Je remets le Philosophe en liberté. Grâce à lui est résolu le problème qui tant m'intriguait ; je sais, de façon certaine, que le Crapaud fait abondante consommation de Fourmis, menue victuaille il est vrai, mais de cueillette facile et de richesse inépuisable.

Ce n'est pas d'ailleurs préférence de sa part ; des bouchées plus volumineuses lui agréent mieux s'il en trouve à sa disposition. Il se sustente principalement de Fourmis parce qu'elles abondent dans l'enclos, tandis que les autres insectes courant à terre y sont rares en comparaison. Si parfois trouvaille est faite plus somptueuse, c'est pour le goulu régal des mieux appréciés.

Comme témoignage de ces festins hors ligne, je citerai certaines déjections rencontrées dans l'enclos et composées presque en entier d'élytres de Carabes. Le reste du produit, la pâte reliant les écailles dorées, consistait en têtes de Fourmis, marque authentique du consommateur. Ainsi le Crapaud, lorsque l'occasion se présente, se repaît de Carabes. Lui, notre auxiliaire horticole, nous prive d'un autre auxiliaire non moins précieux. L'utile, dans notre intérêt, est détruit par l'utile : petite leçon bonne à modérer notre naïve croyance que tout est fait en vue de notre service.

Il y a pire. Le Carabe doré, l'agent de police qui, dans nos jardins, veille sur les méfaits de la chenille et de la limace, a le travers de s'exterminer entre pareils. Un jour, à l'ombre des platanes devant ma porte, j'en vois passer un, très affairé. Le pèlerin est le bienvenu; il augmentera d'une unité la population de la volière. En le prenant, je m'aperçois qu'il a l'extrémité des élytres légèrement endommagée. Est-ce le résultat d'une lutte entre rivaux? Rien ne me renseigne à cet égard. L'essentiel est que l'insecte ne soit pas compromis par une grave lésion. Inspecté, reconnu sans blessure et bon pour le service, il est introduit dans la loge vitrée, en compagnie des vingt-cinq occupants.

Le lendemain, je m'informe du nouveau pensionnaire. Il est mort. Pendant la nuit, les camarades l'ont attaqué, lui ont curé le ventre, insuffisamment défendu par les élytres ébréchées. L'opération s'est faite de façon très propre, sans aucun démembrement. Pattes, tête, corselet, tout est correctement en place; seul le ventre bâille d'une ample ouverture par où s'est faite l'extirpation du contenu. On a sous les yeux une sorte de conque d'or, formée des deux élytres jointes. Le test d'une huître vidé de son mollusque n'est pas plus net.

Ce résultat m'étonne, car je veille attentivement à ce que la volière ne soit jamais dépourvue de vivres. L'Escargot, le Hanneton, la Mante religieuse, le Lombric, la Chenille et autres mets favoris alternent dans le réfectoire en quantité plus que suffisante. En dévorant un confrère dont l'armure endommagée se prêtait à facile attaque, mes Carabes n'ont donc pas l'excuse de la famine.

Chez eux, l'usage serait-il d'achever les blessés et de curer le ventre au prochain avarié? La pitié est inconnue chez les insectes. Devant un estropié qui désespérément se démène, nul de la même race ne s'arrête, nul n'essaye de lui venir en aide. Entre carnassiers, les affaires peuvent même tourner davantage au tragique. Parfois à l'invalide accourent des passants. Est-ce pour le soulager? Nullement, mais bien pour déguster l'éclopé et, s'ils le trouvent bon, pour le guérir radicalement de ses infirmités en le dévorant.

Il est alors possible que le Carabe à élytres ébréchées ait tenté les camarades par son croupion en partie dénudé. Ils ont vu dans l'impotent confrère une proie qu'il était permis de disséquer. Mais s'il n'y a pas d'avarie préalable, se respectent-ils entre eux? Toutes les apparences certifient d'abord des relations très pacifiques. Pendant le repas, jamais de bataille entre convives; rien autre que des rapts de bouche à bouche. Pendant les longues siestes sous l'abri de la planchette, jamais de rixe non plus. A demi plongés dans la terre fraîche, mes vingt-cinq sujets paisiblement digèrent et somnolent, non loin l'un de l'autre, chacun dans sa fossette. Si j'enlève l'abri, ils s'éveillent, décampent, courent de-ci, de-là, à tout instant se rencontrent sans se molester.

La paix était donc profonde et paraissait devoir durer indéfiniment lorsque, aux premières chaleurs de juin, mon inspection constate un Carabe mort. Non démembré et réduit fort proprement à l'état de coquille d'or, il répète ce que nous montrait tantôt l'impotent dévoré, il nous rappelle l'écaille d'une huître grugée. J'examine la relique. Sauf l'énorme brèche du ventre, tout est en ordre. L'insecte était donc en bon état lorsque les autres l'ont vidé.

A quelques jours de là, encore un Carabe occis et traité comme les précédents, sans désordre dans les pièces de l'armure. Mettons le mort sur le ventre, il semble intact; mettons-le sur le dos, il est creux et n'a plus rien de charnu dans sa carapace. Un peu plus tard, autre relique vide, puis une autre, une autre encore, tant et tant que la ménagerie rapidement diminue. Si cette frénésie de massacre continue, je n'aurai bientôt plus rien dans les volières.

Mes Carabes, usés par l'âge, périraient-ils de mort naturelle, et les survivants feraient-ils curée des cadavres; ou bien est-ce aux dépens de sujets bel et bien en vie que se fait la dépopulation? Tirer l'affaire au clair n'est pas commode, car c'est de nuit surtout que s'opèrent les éventrements. Avec de la vigilance, je parviens néanmoins par deux fois à surprendre l'autopsie en plein jour.

Vers le milieu de juin, sous mes yeux, une femelle travaille un mâle, reconnaissable à sa taille un peu moindre. L'opération débute. En soulevant le bout des élytres, l'assaillante a saisi sa victime par l'extrémité du ventre, à la face dorsale. Ardemment elle tiraille, elle mâchonne. Le happé, dans sa pleine vigueur, ne se défend pas, ne se retourne pas. Il tire de son mieux en sens inverse pour se dégager des terribles crocs; il avance, il recule, suivant qu'il entraîne ou qu'il est entraîné, et là se borne toute sa résistance. La lutte dure un quart d'heure. Des passants surviennent qui s'arrêtent

Le Carabe doré. - Mœurs nuptiales.

et semblent se dire : « A bientôt mon tour. » Enfin, redoublant d'efforts, le mâle se délivre et s'enfuit. Il est à croire que, s'il n'était parvenu à se dégager, il aurait eu le ventre vidé par la féroce commère.

Quelques jours plus tard, j'assiste à semblable scène, mais cette fois avec dénouement complet. C'est encore une femelle qui mordille un mâle à l'arrière. Sans autre protestation que de vains efforts pour se libérer, le mordu laisse faire. La peau cède enfin, la plaie s'agrandit, les viscères sont extirpés et déglutis par la matrone, qui, la tête plongée dans le ventre du compagnon, vide la carapace. Des tremblements de pattes annoncent la fin du misérable. La charcutière ne s'en émeut; elle continue de fouiller aussi loin que le permettent les défilés de la poitrine. Rien ne reste du défunt que les élytres assemblées en nacelle et l'avant du corps non désarticulé. La relique tarie est abandonnée sur place.

Ainsi doivent avoir péri les Carabes, toujours des mâles, dont je trouve les restes de temps à autre dans la volière; ainsi doivent périr encore les survivants. Du milieu de juin au 1ᵉʳ août, la population, de vingt-cinq sujets au début, se réduit à cinq femelles. Tous les mâles, au nombre de vingt, ont disparu, éventrés et vidés à fond. Et par qui? Apparemment par les femelles.

C'est d'abord attesté par les deux assauts dont la chance m'a rendu témoin; à deux reprises, dans la pleine clarté du jour, j'ai vu la femelle se repaître du mâle après lui avoir ouvert le ventre sous les élytres, ou du moins essayé de le faire. Quant au reste du massacre, si l'observation directe me fait défaut, j'ai un témoignage de haute valeur. On vient de le voir : le saisi ne riposte pas, ne se défend pas; il s'efforce uniquement de fuir en tirant de son mieux.

Si c'était là simple bataille, rixe ordinaire comme peuvent en amener les rivalités de la vie, l'assailli se retournerait évidemment, puisqu'il est dans la possibilité de le faire; en une prise de corps, il répondrait à l'agression, il rendrait morsure pour morsure. Sa vigueur lui permet une lutte qui pourrait tourner à son avantage, et le sot se laisse impunément mâchonner le croupion. Il semble qu'une répugnance invincible l'empêche de se rebiffer et de manger un peu celle qui le mange.

Cette tolérance remet en mémoire le Scorpion languedocien, qui, les noces terminées, se laisse dévorer par sa compagne sans faire usage de son arme, le dard venimeux capable de mettre à mal la commère; elle nous rappelle l'amoureux de la Mante religieuse, qui, parfois réduit à un tronçon et continuant malgré tout son œuvre inachevée, est grignoté à petites bouchées, sans révolte aucune de sa part. Ce sont là des rites nuptiaux contre lesquels le mâle n'a pas à protester.

Les mâles de ma ménagerie carabique, éventrés du premier au dernier, nous parlent de mœurs pareilles. Ils sont les victimes de leurs compagnes, maintenant assouvies de pariades. Pendant quatre mois, d'avril en août, des couples journellement se formaient, tantôt simples essais, tantôt et plus souvent efficaces jonctions. Pour ces tempéraments de feu, ce n'est jamais fini.

Le Carabe est expéditif en affaires amoureuses. Au milieu de la foule, sans agaceries préalables, un passant se jette sur une passante, la première venue. L'enlacée relève un peu la tête en signe d'acquiescement, tandis que le cavalier lui flagelle la nuque du bout des antennes. La jonction terminée, et c'est bientôt fait, brusquement on se sépare, on prend réfection à l'Escargot servi, et des deux parts on convole en d'autres noces, puis en d'autres encore, tant qu'il y a des mâles disponibles. Après la ripaille, l'amour brutal; après l'amour, la ripaille; en cela, pour le Carabe, se résume la vie.

Le gynécée de ma ménagerie n'était pas en rapport avec le nombre des prétendants, cinq femelles pour vingt mâles. N'importe : nulle rivalité avec échange de horions; très pacifiquement on use, on abuse des passantes. Avec cette tolérance, un jour plus tôt, un jour plus tard, à multiples reprises et suivant les chances des rencontres, chacun trouve à satisfaire ses ardeurs.

J'aurais préféré une assemblée mieux proportionnée. Le hasard, et non le choix, m'avait valu celle dont je disposais. Au début du printemps j'avais récolté tout ce que je rencontrais en fait de Carabes sous les pierres du voisinage, sans distinction de sexes, assez difficiles à reconnaître d'après les seuls caractères extérieurs. Plus tard, l'éducation en volière m'apprit qu'un léger excès de taille était le signe distinctif des femelles. Ma ménagerie, si disparate sous le rapport numérique des sexes, était donc résultat fortuit. Il est à croire que dans les conditions naturelles ne se retrouve plus cette profusion de mâles.

D'autre part, en liberté, sous l'abri de la même pierre, ne se voient jamais des groupes aussi nombreux. Le

Carabe vit à peu près solitaire; il est rare d'en trouver deux ou trois réunis au même gîte. L'assemblée de ma volière est donc exceptionnelle, sans amener cependant de tumulte. Dans la loge vitrée, il y a largement place pour les excursions à distance et pour tous les ébats habituels. Qui veut s'isoler s'isole, qui veut de la compagnie en a bientôt trouvé.

La captivité d'ailleurs ne paraît guère les importuner : cela se voit à leurs fréquentes ripailles, à leurs pariades journellement répétées. Libres dans la campagne, ils ne seraient pas mieux dispos; peut-être même le seraient-ils moins, les vivres n'y abondant pas comme dans la volière. Sous le rapport du bien-être, les prisonniers sont donc dans un état normal, favorable au maintien des mœurs habituelles.

Seulement, la rencontre entre pareils est ici de plus grande fréquence que dans les champs. De là, sans doute, une meilleure occasion pour les femelles de persécuter les mâles dont elles ne veulent plus, de les happer par le croupion et de leur vider le ventre. Cette chasse aux anciens amoureux, le voisinage trop direct l'aggrave, mais sans l'innover assurément; de tels usages ne s'improvisent pas.

Les pariades finies, une femelle rencontrant un mâle dans la campagne doit alors le traiter en gibier et le gruger pour clore les rites matrimoniaux. La chance des pierres retournées ne m'a jamais valu ce spectacle; n'importe : ce que m'a montré la volière suffit à ma conviction. Quel monde que celui des Carabes, où la matrone mange son coadjuteur lorsque la fertilité des ovaires n'a plus besoin de lui! En quelle pauvre estime les lois génésiques tiennent-elles les mâles, pour les faire charcuter de la sorte!

Ces accès de cannibalisme succédant aux amours sont-ils bien répandus? Pour le moment, j'en connais trois exemples des mieux caractérisés : ceux de la Mante religieuse, du Scorpion languedocien et du Carabe doré. Avec moins de brutalité, car le dévoré est alors un défunt, et non un vivant, l'horreur de l'amoureux devenu proie se retrouve dans la tribu des Locustiens. La femelle du Dectique à front blanc grignote volontiers un cuissot de mâle trépassé. La Sauterelle verte se comporte de même.

Il y a là, jusqu'à un certain point, l'excuse du régime : Dectiques et Sauterelles sont avant tout carnivores. Rencontrant un mort de leur espèce, les matrones le consomment plus ou moins, serait-il leur amant de la veille. Gibier pour gibier, autant vaut celui-là.

Mais que dirons-nous des végétariens? Aux

Ephippigère légèrement réduite.

approches de la ponte, l'Ephippigère porte la dent sur son compagnon encore plein de vie, lui troue la panse et le mange autant que le permet son appétit. La débonnaire Grillonne s'aigrit brusquement le caractère; elle bat celui qui naguère lui donnait des sérénades si passionnées; elle lui déchire les ailes, lui casse le violon, et va même jusqu'à prélever quelques bouchées sur l'instrumentiste. Il est alors probable que cette mortelle aversion de la femelle pour le mâle après la pariade est de quelque fréquence, surtout chez les insectes carnassiers. Pour quels motifs ces atroces mœurs? Si les circonstances me servent, je ne manquerai pas de m'en informer.

De toute la population de la volière, cinq femelles me restent au commencement d'août. Depuis la consommation des mâles, la conduite des recluses a bien changé. Le manger leur est indifférent. Elles n'accourent plus à l'Escargot, que je leur sers à demi dénudé de sa coquille; elles dédaignent la Mante pansue et la chenille, leurs délices naguère; elles sommeillent sous l'abri de la planchette et rarement se montrent. Serait-ce le préparatif de la ponte? Journellement je m'en informe, très désireux de voir les débuts des petites larves, débuts rustiques, privés de tout soin, comme le fait prévoir le manque d'industrie de la mère.

Mon attente est vaine; de ponte, il n'y en a pas. Cependant arrivent les fraîcheurs d'octobre. Quatre femelles périssent, de mort naturelle cette fois. La survivante n'y accorde attention. Elle leur refuse la sépulture dans son estomac, sépulture réservée jadis aux mâles, autopsiés vivants. Elle se tient blottie dans la terre aussi profondément que le permet le maigre sol de la volière. Quand vient novembre et que le Ventoux se blanchit des premières neiges, elle s'engourdit au fond de sa cachette. Laissons-la désormais tranquille. Elle passera l'hiver, tout semble le promettre, et c'est le printemps prochain qu'elle donnera sa ponte.

XVI

LA MOUCHE BLEUE DE LA VIANDE
LA PONTE

Pour expurger la terre des souillures de la mort et
faire rentrer dans les trésors de la vie la matière animale
défunte, il y a des légions d'entrepreneurs charcutiers,
parmi lesquels sont, dans nos régions, la Mouche bleue
de la viande (*Calliphora vomitoria*, Lin.) et la Mouche
grise (*Sarcophaga carnaria*, Lin.). Chacun connaît la
première. C'est la grosse mouche d'un bleu sombre qui,
son coup fait dans le garde-manger mal surveillé, stationne sur nos vitres et gravement y bourdonne, dési-
reuse de s'en aller au soleil mûrir une autre émission
de germes. Comment dépose-t-elle ses œufs, origine
de l'asticot odieux exploiteur de nos vivres, venus de la
chasse ou de la boucherie? Quelles sont ses ruses,
et comment pouvons-nous y parer? C'est ce que je me
propose d'examiner.

La Mouche bleue fréquente nos demeures l'automne
et une partie de l'hiver, jusqu'à ce que les froids devien-

ncnt rigoureux; mais son apparition dans les champs remonte bien plus haut. Dès les premières belles journées de février, on la voit se réchauffer, toute frileuse, contre les murs ensoleillés. En avril, je l'observe, assez nombreuse, sur les fleurs de Laurier-Tin. Apparemment

Mouche bleue de la viande
grossie 2 fois.

c'est là que se fait la pariade, tout en sirotant les exsudations sucrées des petites fleurs blanches. Toute la belle saison se passe au dehors, en courtes volées d'une buvette à l'autre. Quand viennent l'automne et son gibier, elle pénètre chez nous et ne nous quitte qu'aux fortes gelées.

Voilà bien ce qu'il faut à mes habitudes casanières, et surtout à mes jambes fléchissant sous le poids des années. Je n'ai pas à courir après mes sujets d'étude; ils viennent me trouver. J'ai d'ailleurs des aides vigilants. La maisonnée est avertie de mes projets. Chacun m'apporte, dans un petit cornet de papier, la turbulente visiteuse, capturée à l'instant contre les vitres.

Ainsi se peuple ma volière, consistant en une grande cloche en toile métallique, qui repose dans une terrine pleine de sable. Un godet contenant du miel est le réfectoire de l'établissement. Là viennent se sustenter les captives aux heures de loisir. Pour occuper leurs soins maternels, je fais emploi d'oisillons, Pinsons, Linottes, Moineaux, que me vaut, dans l'enclos, le fusil de mon fils.

Je viens de servir une Linotte tuée l'avant-veille. Alors est introduite sous la cloche une Mouche bleue, une seule, pour éviter la confusion. Son ventre replet annonce une prochaine ponte. En effet, une heure après, les émotions de l'internement apaisées, la captive est en travail de gésine. D'un pas âpre et saccadé, elle explore le petit gibier, va de la tête à la queue, revient de la queue à la tête, plusieurs fois recommence, enfin se fixe au voisinage d'un œil, tout fané, retiré dans son orbite.

L'oviducte se coude à angle droit et plonge dans la commissure du bec, tout à la base. Alors, près d'une demi-heure, c'est l'émission des œufs. Immobile, impassible tant elle est absorbée dans ses graves affaires, la pondeuse se laisse observer au foyer de ma loupe. Un mouvement de ma part l'effaroucherait; ma tranquille présence ne lui donne inquiétude. Je ne suis rien pour elle.

L'émission n'est pas continue jusqu'à épuisement des ovaires; elle est intermittente et se fait par paquets. A diverses reprises, la Mouche quitte le bec de l'oiseau et vient se reposer sur le treillis, en se brossant l'une contre l'autre les pattes postérieures. Avant de s'en servir de nouveau, elle nettoie surtout, elle lisse, elle polit son outil, la sonde conductrice des germes. Puis, se sentant les flancs encore riches, elle revient au même point de la commissure du bec. La ponte reprend, pour cesser tout à l'heure et de nouveau recommencer. Une paire d'heures se passent en ces alternances de station au voisinage de l'œil et de repos sur le treillis.

Enfin c'est fini. La Mouche ne revient plus sur l'oiseau,

preuve de l'épuisement des ovaires. Le lendemain elle est morte. Les œufs sont plaqués en couche continue, à l'entrée du gosier, à la base de la langue, sur le voile du palais. Leur nombre paraît considérable; toute la paroi gutturale en est blanchie. J'engage un petit pilier de bois entre les deux mandibules pour les maintenir ouvertes et me permettre de voir ce qui se passera.

J'apprends ainsi que l'éclosion se fait en une paire de jours. Aussitôt née, la jeune vermine, amas grouillant, abandonne les lieux et disparaît dans la profondeur du gosier. S'informer davantage du travail est pour le moment inutile. Nous l'apprendrons plus tard en des conditions d'examen plus aisé.

Le bec de l'oiseau envahi était clos au début, autant que le comporte le rapprochement non forcé des mandibules. A la base restait une étroite rainure, suffisante au plus au passage d'un crin. C'est par là que c'est effectuée la ponte. Étirant son oviducte en tube de lorgnette, la pondeuse a insinué dans le détroit la pointe de son outil, pointe légèrement durcie d'une armure de corne. La finesse de la sonde est en rapport avec la finesse de l'entrée. Mais si le bec était rigoureusement clos, en quel point se ferait le dépôt des œufs?

Avec un fil noué, je maintiens les deux mandibules strictement rapprochées, et je mets une seconde Mouche bleue en présence de la Linotte déjà peuplée par la voie du bec. Cette fois la ponte se fait sur un œil, entre la paupière et le globe oculaire. A l'éclosion, encore une paire de jours après, les vermisseaux pénètrent dans les profondeurs charnues de l'orbite. Les yeux et le bec, voilà donc les deux principales voies d'accès dans le gibier à plumes.

Il y en a d'autres. Ce sont les blessures. Je coiffe une Linotte d'un capuchon de papier qui empêchera l'invasion par le bec et les yeux. Je la sers, sous la cloche, à une troisième pondeuse. Un plomb a atteint l'oiseau à la poitrine; mais la plaie n'est pas saignante, aucune souillure n'indique au dehors le point meurtri. J'ai du reste soin de remettre en ordre le plumage, de le lisser avec un pinceau, de sorte que la pièce, très correcte d'aspect, a toutes les apparences de se trouver intacte.

La mouche est bientôt là. Elle inspecte attentivement l'oiseau d'un bout à l'autre; de ses tarses antérieurs elle tapote la poitrine et le ventre. C'est une sorte d'auscultation par le toucher. A la manière dont réagit le plumage, l'insecte reconnaît ce qu'il y a dessous. Si l'odorat vient en aide, ce ne peut être que dans une faible mesure, car le gibier n'a pas encore l'odeur du faisandé. Rapidement la blessure est trouvée. Aucune goutte de sang ne l'accompagne, fermée qu'elle est par un tampon de duvet que le plomb a refoulé. Sans la mettre à découvert en écartant le plumage, la mouche s'y installe. Là, immobile et le ventre disparu sous les plumes, d'une paire d'heures elle ne bouge. Mes assiduités de curieux ne la détournent en rien de ses affaires.

Quand elle a fini, je la remplace. Rien ni sur l'épiderme ni dans l'embouchure de la plaie. Je dois retirer le tampon de duvet et fouiller à quelque profondeur pour mettre à nu la ponte. Allongeant son tube extensible, l'oviducte a donc pénétré avant, au delà du bou-

chon de plumes refoulé par le projectile. Les œufs sont
en un seul paquet; leur nombre est de trois cents environ.

Si le bec et les yeux sont rendus inaccessibles, si de
plus la pièce est sans blessures, la ponte se fait aussi,
mais cette fois hésitante et parcimonieuse. Je plume
complètement l'oiseau pour mieux me rendre compte
des faits; en outre, je le coiffe d'un capuchon de papier
qui défendra les habituels accès. Longtemps, à pas
saccadés, la pondeuse en tout sens explore le morceau;
de préférence elle stationne sur la tête, qu'elle ausculte
en la tapotant des tarses antérieurs. Elle sait qu'il y a là
les pertuis nécessaires à ses desseins; elle sait non moins
bien la débilité de ses vermisseaux, incapables de trouer
et de franchir l'étrange obstacle qui l'arrête elle-même
et empêche le jeu de l'oviducte. La cagoule de papier
lui inspire profonde méfiance. Malgré l'appât tentateur
de la tête voilée, aucun œuf n'est déposé sur l'enveloppe, si mince soit-elle.

Lasse de vaines tentatives pour contourner cet obstacle,
la mouche se décide enfin pour d'autres points, mais
non sur la poitrine, le ventre, le dos, où l'épiderme
est trop coriace, paraît-il, et la lumière trop importune.
Il lui faut des cachettes ténébreuses, des recoins où la
peau soit de grande finesse. Les endroits adoptés sont le
creux de l'aisselle et la base de la cuisse en contact avec
le ventre. De part et d'autre, des œufs sont déposés,
mais peu nombreux et démontrant que l'aine et l'aisselle
ne sont adoptées qu'avec répugnance et faute d'un meilleur emplacement.

Avec un oiseau non plumé et toujours encapuchonné,

la même expérience ne m'a pas réussi; le plumage
empêche la mouche de se glisser en ces lieux profonds.
Disons enfin que sur un oiseau écorché, ou tout simplement sur un morceau de viande de boucherie, la ponte
se fait en un point quelconque, pourvu qu'il soit obscur.
Les plus ténébreux sont les préférés.

De ces divers faits il résulte que, pour le dépôt de ses
œufs, la Mouche bleue recherche tantôt les plaies où
les chairs sont à nu, tantôt les muqueuses buccales ou
oculaires, non protégées par un épiderme de quelque
résistance. Il lui faut aussi l'obscurité. Nous verrons
plus loin les motifs de sa prédilection.

La parfaite efficacité du capuchon de papier, empêchant l'invasion des vers par les voies des orbites et du
bec, m'engage à tenter semblable méthode sur l'oiseau
en entier. Il s'agit d'envelopper la pièce d'une sorte d'épiderme artificiel qui dissuade la pondeuse de son entreprise comme le fait l'épiderme naturel. Des Linottes,
les unes atteintes de blessures profondes, les autres
presque intactes, sont introduites isolément dans des
sachets de papier pareils à ceux que le jardinier fleuriste,
en vue de conserver ses graines, obtient sans encollage
au moyen de quelques plis. Le papier est très ordinaire
et de médiocre consistance. Des fragments d'un vulgaire
journal suffisent.

Ces fourreaux à cadavres sont abandonnés à l'air
libre, sur la table de mon cabinet, où les visitent, suivant
l'heure du jour, l'ombre opaque et le vif soleil. Attirées
par les émanations de mes charcuteries, les Mouches
bleues fréquentent mon laboratoire, dont les fenêtres

restent toujours ouvertes. Journellement j'en vois qui se posent sur les sachets et, très affairées, les explorent, renseignées par l'odeur de faisandé. A leurs incessantes allées et venues se reconnaît ardente convoitise, et cependant nulle d'elles ne se décide à pondre sur les sacoches. Elles n'essayent pas même d'insinuer l'oviducte dans les rainures des plis. La saison favorable se passe, et rien n'est déposé sur les sachets tentateurs. Toutes les mères s'abstiennent, jugeant infranchissable pour la vermine le mince obstacle du papier.

Cette circonspection du diptère n'a rien qui me surprenne : la maternité a partout des éclaircies de grande lucidité. Ce qui m'étonne, c'est le résultat que voici. Les sachets à linottes passent l'année entière à découvert sur la table; ils y passent une seconde année, une troisième. De temps à autre j'en visite le contenu. Les oisillons sont intacts, très corrects du plumage, inodores, arides et légers ainsi que des momies. Ils ne se sont pas décomposés, ils se sont momifiés.

Je m'attendais à les voir tomber en pourriture, à diffluer en sanie comme nous le montrent les cadavres laissés à l'air libre. Au contraire; sans autre altération, les pièces se sont desséchées et durcies. Que leur a-t-il manqué pour se résoudre en putrilage? Tout simplement l'intervention du diptère. L'asticot est donc la cause primordiale de la dissolution cadavérique, il est par excellence le chimiste putréfacteur.

Une conséquence d'intérêt non négligeable est à tirer de mes bourriches en papier. Dans nos marchés, ceux du Midi surtout, le gibier est appendu sans protection aux crocs de l'étalage. Alouettes assemblées par douzaines avec un fil passé dans les narines, Grives et Tourdes, Pluviers et Vanneaux, Sarcelles, Perdreaux et Bécasses, enfin toutes ces gloires de la broche que nous amène la migration d'automne restent des jours et des semaines exposées aux injures du diptère. L'acheteur se laisse tenter par d'irréprochables apparences; il fait emplette, et, de retour chez lui, au moment des apprêts culinaires, il s'aperçoit que l'asticot travaille la pièce dont il se promettait délicieux rôti. Horreur! Il faut jeter l'odieux foyer de vermine.

La Mouche bleue est ici la coupable; chacun le sait, et personne ne songe à sérieusement s'en affranchir, ni le marchand au détail, ni l'expéditeur en gros, ni le chasseur. Que faudrait-il pour empêcher l'invasion des vers? Presque rien : glisser chaque pièce dans un fourreau de papier. Si cette précaution est prise au début, avant l'arrivée du diptère, tout gibier est inattaquable et peut indéfiniment attendre le degré de maturité exigé des gourmets.

Bourrés d'olives et de baies de myrte, les Merles de la Corse sont un manger exquis. Il nous en arrive parfois à Orange, stratifiés dans des corbeilles où l'air aisément circule et contenus chacun dans un sachet de papier. Ils sont dans un état de parfaite conservation, conforme aux scrupuleuses exigences de la cuisine. Je félicite l'expéditeur anonyme à qui l'idée lumineuse est venue d'habiller de papier ses merles. Son exemple aura-t-il des imitateurs? J'en doute.

Un grave reproche peut s'adresser à ce moyen de

préservation. Dans son suaire de papier, l'objet est invisible; il ne fait pas montre alléchante; il n'avertit pas le passant de sa nature et de ses qualités. Une ressource reste, qui laisserait la pièce à découvert, c'est de coiffer tout simplement l'oiseau d'un bonnet de papier. La tête étant la partie la plus menacée, à cause des muqueuses de la gorge et des yeux, il suffirait en général de la protéger pour arrêter le diptère et couper court à ses entreprises.

Continuons d'interroger la Mouche bleue en variant nos moyens d'information. Une boîte en fer blanc, d'un décimètre de hauteur environ, contient un morceau de viande de boucherie. Le couvercle obliquement disposé laisse en un point de son pourtour une étroite fissure où pourrait au plus s'engager une fine aiguille. Lorsque l'appât commence à répandre un fumet de faisandé, les pondeuses arrivent, isolées ou plusieurs à la fois. Elles sont attirées par l'odeur qui, propagée à travers une subtile fente, affecte à peine mon odorat.

Quelque temps elles explorent le récipient métallique, cherchent une voie d'entrée. Ne trouvant rien qui leur permette d'atteindre le morceau convoité, elles se décident à pondre sur le fer-blanc, tout à côté de la fissure. Parfois, lorsque l'étroitesse du passage le permet, elles insinuent l'oviducte dans la boîte et pondent à l'intérieur, sur les lèvres même de la fente. Au dedans aussi bien qu'au dehors, les œufs sont plaqués en couche assez régulière d'arrangement et très nette de blancheur. C'est là que je puise comme à la pelle, c'est-à-dire avec une petite spatule de papier. Sans trace aucune des souillures inévitables si la récolte se faisait sur des viandes gâtées, j'obtiens ainsi, pour mes recherches, des germes en tel nombre que je veux.

Nous venons de voir la Mouche bleue refuser de pondre sur le sachet de papier, malgré les effluves cadavériques de la linotte incluse; maintenant, sans hésitation, elle dépose ses œufs sur une lame métallique. La nature du support serait-elle pour quelque chose en l'affaire? Je remplace le couvercle en fer-blanc de la boîte par un rideau de papier tendu et collé sur l'orifice. De la pointe du canif, j'ouvre à travers ce nouvel opercule une étroite fissure linéaire. Cela suffit : la pondeuse accepte le papier.

Ce qui la décide, ce n'est donc pas simplement l'odeur, bien appréciable même à travers le papier non fendu, c'est avant tout la fissure qui rendra possible l'entrée de la vermine, éclose au dehors, à proximité de l'étroit passage. La mère des asticots a sa logique, ses judicieuses prévisions. Elle sait d'avance la débilité de ses vermisseaux, incapables de s'ouvrir une voie à travers un obstacle de quelque résistance; aussi malgré la tentation de l'odeur, se garde-t-elle de pondre tant qu'elle n'a pas reconnu une entrée où puissent d'eux-mêmes s'insinuer les nouveau-nés.

Je tenais à savoir si la coloration, l'éclat, le degré de dureté et autres qualités de l'obstacle auraient une influence sur les décisions de la mère obligée de pondre dans des conditions exceptionnelles. Dans ce but, j'ai fait emploi de petits bocaux, amorcés chacun d'un morceau de viande de boucherie. L'opercule consistait soit en papier de coloration diverse, soit en toile cirée, soit en ces feuilles d'étain qui, parées des rutilances de l'or et du cuivre, servent au liquoriste pour coiffer les bouteilles.

Sur aucun de ces couvercles les pondeuses n'ont stationné, désireuses d'y plaquer leurs œufs; mais du moment que le canif les avait éventrés d'une légère fente, tous, qui plus tôt, qui plus tard, sont visités et reçoivent le blanc semis au voisinage de l'ouverture. L'aspect de l'obstacle n'est donc ici pour rien; l'obscur et le brillant, le mat et le coloré sont détails d'importance nulle; l'essentiel est un passage qui permette aux vermisseaux d'entrer.

Éclos au dehors, à distance de la pièce convoitée, les nouveau-nés savent très bien trouver leur réfectoire. A mesure qu'ils se libèrent de l'œuf, sans hésitation aucune, tant leur flair est précis, ils se glissent sous le rebord du couvercle incomplètement joint, ou bien dans le défilé que le canif a ménagé. Les voici rentrés dans leur terre promise, leur infect paradis.

Impatients d'arriver, se laissent-il tomber du haut de la muraille? Nullement. D'une douce reptation ils s'acheminent sur la paroi du bocal; ils font béquille et grapin de leur avant pointu, toujours en quête d'information. Ils atteignent le morceau, aussitôt s'y installent.

Continuons notre enquête en changeant les dispositifs. Une large éprouvette, mesurant au delà d'un empan de hauteur, est amorcée, tout au fond, d'un morceau de viande de boucherie. Elle est fermée d'une toile métallique dont les mailles, de deux millimètres environ de

côté, ne peuvent donner passage au diptère. La Mouche
bleue vient à mon appareil. L'odorat est son guide, bien
mieux que la vue. Elle accourt à l'éprouvette voilée
d'un étui opaque avec la même ferveur qu'à l'éprouvette
laissée nue. L'invisible l'attire autant que le visible.

Elle stationne sur le treillis de l'embouchure, attentivement l'inspecte ; mais, soit que les circonstances ne
m'aient pas bien servi, soit que le roseau de fils métalliques inspire méfiance, je ne l'ai jamais vue y plaquer
ses œufs d'une façon évidente. Son témoignage me
restant douteux, j'ai recours à la Mouche grise (*Sarcophaga carnaria*).

Celle-ci, peu méticuleuse en ses préparatifs, confiante
d'ailleurs dans la robusticité de ses vers, qui naissent
tout formés et déjà vigoureux, me montre aisément ce
que je désire voir. Elle explore le treillis, choisit une
maille, où elle introduit le bout du ventre, et coup sur
coup, non troublée par ma présence, elle émet un certain
nombre de vermisseaux, une dizaine, plus ou moins. Il
est vrai que ses visites se multiplieront, augmentant la
famille dans une proportion qui m'est inconnue.

Les nouveau-nés adhèrent un moment à la toile métallique par suite d'une légère viscosité ; ils grouillent, se
démènent, se dégagent et se précipitent dans le gouffre.
La chute est d'un empan et davantage. Cela fait, la
mère décampe, certaine que ses fils se tireront d'affaire
tout seuls. S'ils tombent sur la viande, c'est parfait ; s'ils
tombent ailleurs, ils sauront en rampant atteindre le
morceau.

Cette confiance dans l'inconnu du précipice, avec le

seul renseignement de l'odeur, mérite plus ample examen.
De quelle hauteur la Mouche grise osera-t-elle laisser
choir ses fils? Je surmonte l'éprouvette d'un tube du
calibre d'un col de bouteille. L'embouchure est fermée
soit avec une toile métallique, soit avec un opercule de
papier que le canif a fendu d'une étroite fissure. En totalité l'appareil mesure soixante-cinq centimètres d'élévation. N'importe : la chute est sans gravité pour la souple
échine des jeunes vers, et l'éprouvette se peuple en
quelques jours de larves où il est facile de reconnaître
la famille de la Mouche grise, d'après le diadème frangé
qui, à l'arrière de l'asticot, s'ouvre et se referme ainsi
que les pétales d'une fleurette. Je n'ai pas vu la mère
opérant, je n'étais pas là au moment requis ; mais aucun
doute n'est possible sur sa venue et sur le grand plongeon
de la famille ; le contenu de l'éprouvette m'en fournit
l'authentique certificat.

J'admire la culbute, et, pour en obtenir de mieux
probantes, je remplace le tube par un second, de façon
que l'appareil a maintenant douze décimètres d'élévation.
La colonne est dressée en un certain point fréquenté du
diptère, dans un éclairage discret. Son embouchure,
garnie d'une toile métallique, arrive au niveau de divers
autres appareils, éprouvettes et bocaux, déjà peuplés ou
attendant leur population de vermine. Lorsque l'emplacement est bien connu des mouches, je laisse la colonne
seule, crainte de détourner les visiteuses par des exploitations plus faciles.

De temps à autre la bleue et la grise se posent sur le
treillis, s'informent un moment, puis décampent. Toute la

bonne saison, trois mois durant, l'appareil reste en place sans résultat aucun : de vers il n'y en a jamais. Pour quel motif? L'infection de la viande ne se propagerait-elle pas, venue de cette profondeur? Mais si, elle se propage; mon odorat émoussé le constate; celui de mes enfants, appelés en témoignage, le constate encore mieux.

Alors pourquoi la Mouche grise, qui tantôt laissait choir ses vers d'une belle hauteur, se refuse-t-elle à les précipiter du haut d'une colonne d'élévation double? Craindrait-elle pour ses vers les meurtrissures d'une chute exagérée? Rien ne dénote chez elle des inquiétudes éveillées par la longueur du canal. Je ne la vois jamais explorer le tube, en arpenter la dimension. Elle stationne sur l'orifice treillissé, et tout se borne là. Serait-elle avertie de la profondeur du gouffre par l'affaiblissement des puanteurs qui en remontent? L'odorat mesurerait-il la distance, acceptable ou non? Peut-être bien.

Toujours est-il que, malgré l'appât de l'odeur, la Mouche grise n'expose pas ses vers à des plongeons exagérés. Saurait-elle davantage que, lors de la rupture des pupes, sa famille ailée, heurtant d'un essor brusque les parois d'une longue cheminée, ne parviendrait pas à sortir? Pareille prévision est conforme aux règles qui disposent les instincts maternels d'après les exigences de l'avenir.

Mais si la chute n'excède pas certaine mesure, les vers naissants de la Mouche grise sont bel et bien précipités; ainsi l'affirment toutes nos expériences. Cette donnée nous conduit à une application de quelque valeur en économie domestique. Il est bon que les merveilles de l'entomologie nous amènent parfois aux trivialités de l'utile.

L'habituel garde-manger est une sorte de grande cage dont les quatre faces latérales sont en toile métallique et les deux autres en menuiserie. Des crocs fixés à la paroi d'en haut servent à suspendre les pièces qu'il faut garantir des mouches. Pour occuper du mieux l'espace disponible, souvent ces pièces sont simplement déposées sur le plancher de la cage. Avec ces dispositifs est-on bien assuré d'éviter le diptère et sa vermine? Nullement.

On se garantira peut-être de la Mouche bleue, médiocrement sujette à pondre sur un treillis à distance des viandes; mais il restera la Mouche grise, qui, plus entreprenante et plus prompte en affaires, introduira ses vers par le pertuis d'une maille et les laissera choir à l'intérieur du garde-manger. Agiles et bien doués en moyens de reptation, les précipités gagneront aisément ce qui repose sur le plancher; seules seront hors de leurs atteintes les pièces suspendues. Il n'entre pas dans les mœurs des vers de la viande d'explorer les hauteurs, surtout par la voie d'un cordon.

On fait usage aussi de cloches en toile métallique. Encore moins bien que le garde-manger le dôme en treillis protège ce qu'il recouvre. La Mouche grise n'en tient compte. A travers les mailles, elle peut laisser tomber ses vers sur le morceau convoité.

Que faire alors? Rien de plus simple. Il suffit d'enclore, une par une, dans des enveloppes de papier, les pièces à préserver, Grives, Tourdes, Perdrix, Bécasses et autres.

Mêmes soins à l'égard des viandes de boucherie. Avec cette seule armure défensive, qui laisse à l'air circulation suffisante, toute invasion des vers est impossible, même sans cloche et sans garde-manger : non que le papier ait des vertus préservatrices spéciales, mais uniquement parce qu'il forme barrière impénétrable. La Mouche bleue se garde bien d'y pondre et la Mouche grise d'y enfanter, sachant l'une et l'autre leurs vermisseaux naissants incapables de traverser cet obstacle.

Même succès du papier dans la lutte contre les Teignes, fléau des lainages et des pelleteries. Pour éloigner ces tondeuses de draps, ces épileuses de fourrures, on fait généralement usage de camphre, de naphtaline, de tabac, de bouquets de lavande et autres aromates d'odeur forte. Sans vouloir médire de ces préservatifs, il faut reconnaître que le moyen employé est de très médiocre efficacité. Les émanations odorantes n'arrêtent guère les ravages des Teignes.

Je conseillerai donc aux ménagères de remplacer toute cette droguerie par des journaux de format convenable. La pièce à protéger, fourrure, flanelle, vêtement de drap, etc., est soigneusement pliée dans un journal dont on assemble les bords par un pli double, bien épinglé. Si l'assemblage est rigoureux, jamais les teignes ne pénétreront sous l'enveloppe. Depuis que, sur mes conseils, il est fait emploi de cette méthode dans mon ménage, les dégâts d'autrefois ne se renouvellent plus.

Revenons au diptère. Au fond d'un bocal, un morceau de viande est dissimulé sous une couche de sable fin et sec d'un travers de doigt d'épaisseur. L'appareil, librement ouvert, est à large goulot. Attiré par l'odeur, viendra qui voudra sans entrave.

Les mouches bleues ne tardent pas à visiter ma préparation ; elles pénètrent dans le bocal, sortent et rentrent, s'informent de la chose invisible décelée par son fumet. Une surveillance assidue me les montre affairées, explorant la nappe sablonneuse, la piétinant à petits coups de tarses, l'interrogeant de la trompe. Deux ou trois semaines, je laisse faire les visiteuses. Aucune ne dépose des œufs.

C'est la répétition de ce que m'a montré le sachet de papier contenant un oiseau mort. Les mouches se refusent à pondre sur le sable, apparemment pour les mêmes motifs. Le papier était jugé obstacle que ne pourrait franchir la débile vermine. Avec le sable c'est pire. Ses rudesses blesseraient les tendres nouveau-nés, son aridité tarirait la moiteur indispensable à leurs mouvements. Plus tard, au moment des préparatifs de la métamorphose, les forces étant venues, les vers piocheront très bien la terre et sauront y descendre ; mais au début, ce serait pour eux grave péril. Au courant de ces difficultés, les mères, si tentées qu'elles soient par l'odeur, s'abstiennent de produire. Et en effet, après une longue attente, crainte que des paquets d'œufs n'aient échappé à mon attention, je visite de fond en comble le contenu du bocal. Viande et sable ne contiennent ni larves ni pupes ; tout est absolument désert.

La couche de sable étant d'un travers de doigt d'épaisseur, cette expérience demande certaines précautions. Il peut se faire que, se gonflant un peu, la viande gâtée

émerge en quelques points. Si petits que soient les îlots
charnus visibles, les mouches y viennent et peuplent.
Parfois encore les exsudations du morceau corrompu
imbibent une petite étendue de la nappe sablonneuse.
Cela suffit au premier établissement du ver. Ces causes
d'insuccès s'évitent avec une couche de sable d'environ
un pouce d'épaisseur. Alors Mouche bleue, Mouche grise
et autres diptères exploiteurs de cadavres sont très bien
tenus à l'écart.

En vue de nous édifier sur notre néant, les orateurs de
la chaire ont parfois abusé du ver de la tombe. N'accordons créance à leur lugubre rhétorique. La chimie de la
dissolution finale parle assez éloquemment de nos misères
sans qu'il soit nécessaire d'y adjoindre d'imaginaires
horreurs. Le ver du sépulcre est invention d'esprits
moroses, incapables de voir les choses telles qu'elles sont.
Sous quelques pouces de terre seulement, les trépassés
peuvent dormir leur tranquille sommeil; jamais le diptère
n'y viendra les exploiter.

A la surface du sol, en plein air, oui, l'affreuse invasion
est possible; elle est même la règle absolue. Dans la
remise en fusion de la matière pour d'autres ouvrages,
cadavre pour cadavre l'homme ne vaut pas mieux que la
dernière des brutes. Alors le diptère use de ses droits; il
nous traite comme il le fait à l'égard d'une vulgaire loque
animale. Dans ses ateliers de rénovation, la Nature est
pour nous d'une superbe indifférence; au fond de ses
creusets, bêtes et gens, gueux et monarques sont absolument même chose. Voilà vraiment l'égalité, la seule de
ce monde, l'égalité devant l'asticot.

X.18

XVII

LA MOUCHE BLEUE DE LA VIANDE
LE VER

Écloses dans l'intervalle de deux jours en saison
chaude, soit à l'intérieur de mes appareils et directement
sur le morceau de viande, soit à l'extérieur au bord d'une
fissure qui permet l'entrée, les larves de la Mouche bleue
se mettent aussitôt à l'ouvrage. Elles ne mangent pas, au
sens rigoureux du mot, c'est-à-dire qu'elles ne divisent pas
leur nourriture, ne la triturent pas au moyen d'outils mas-
ticatoires. Leurs pièces buccales ne se prêtent à ce genre
de travail. Ce sont deux bâtonnets cornés, glissant l'un
contre l'autre et non opposables par leur extrémité crochue,
disposition qui exclut tout office apte à saisir et broyer.

Les deux grapins gutturaux servent à la marche bien
mieux qu'à la nutrition. Le ver les implante tour à tour
sur la voie parcourue, et d'une contraction de croupe
progresse d'autant. Il a dans son gosier tubulaire l'équivalent de nos bâtons ferrés, qui fournissent l'appui et
permettent l'élan.

A la faveur de cette mécanique buccale, l'asticot non seulement chemine à la surface, mais encore il pénètre aisément dans la viande; je l'y vois disparaître comme s'il plongeait dans du beurre. Il y fait sa trouée, mais sans prélever sur son passage autre chose que des gorgées fluides. La moindre parcelle solide n'est détachée et déglutie. Ce n'est pas là son régime. Il lui faut un brouet, un consommé, une sorte d'extrait Liebig coulant qu'il prépare lui-même. Puisque digérer n'est en somme que liquéfier, on peut dire, sans paradoxe, que le ver de la Mouche bleue digère sa nourriture avant de l'avaler.

En vue de soulager nos défaillances stomacales, les préparateurs de produits pharmaceutiques râclent l'estomac du porc et celui du mouton; ils obtiennent ainsi la *pepsine*, agent digestif qui a la propriété de liquéfier les matières albuminoïdes, la chair musculaire en particulier. Que ne peuvent-ils gratter l'estomac de l'asticot! Ils obtiendraient un produit de qualité supérieure, car le ver carnivore possède, lui aussi, sa pepsine, de singulière activité. Les expériences suivantes l'établissent.

Du blanc d'œuf cuit à l'eau bouillante est divisé en cubes menus que j'introduis dans une petite éprouvette. A la surface du contenu je sème les œufs de la Mouche bleue, œufs sans la moindre souillure, tels que me les fournissent les pontes faites à l'extérieur de boîtes en fer-blanc amorcées de viande et non parfaitement closes. Une éprouvette pareille reçoit le blanc d'œuf cuit, mais non peuplé de germes. Fermées d'un tampon de coton, les deux préparations sont abandonnées dans un recoin obscur.

En quelques jours, le tube où grouille la vermine, nouvellement née, contient un liquide fluide et transparent comme de l'eau. Il n'y resterait rien si je le renversais. Tout le blanc d'œuf a disparu, liquéfié. Quant aux vers, déjà grandelets, ils paraissent fort mal à leur aise. Sans appui pour atteindre l'air respirable, la plupart plongent dans le bouillon, leur ouvrage; ils y périssent noyés. D'autres, plus vigoureux, rampent sur le verre jusqu'au tampon d'ouate, qu'ils parviennent à traverser. Leur avant pointu, armé de grapins, est le clou qui s'enfonce dans la masse filandreuse.

Dans la seconde éprouvette, qui, disposée à côté de l'autre, a subi les mêmes influences atmosphériques, rien de saillant n'est survenu. Le blanc d'œuf cuit a conservé sa blancheur mate et sa fermeté. Tel je l'avais mis, tel je le retrouve. Tout au plus s'y constatent des traces de moisissure. La conséquence de cet essai primordial est de pleine évidence : l'intervention du ver de la Mouche bleue convertit en liquide l'albumine cuite.

On titre la valeur de la pepsine pharmaceutique d'après la quantité de blanc d'œuf cuit qu'un gramme de cet agent peut liquéfier. Le mélange doit être exposé dans une étuve à la température de soixante degrés, et en outre fréquemment agité. Ma préparation, où éclosent les œufs de la Mouche bleue, n'est ni secouée ni soumise à la chaleur d'une étuve; tout s'y passe en repos et dans les conditions thermométriques de l'air ambiant; néanmoins, en peu de jours, l'albumine cuite travaillée par la vermine devient coulante comme de l'eau.

Le réactif cause de cette liquéfaction échappe à mon

examen. Les vers doivent le dégorger par doses infinitésimales, tandis que leurs bâtonnets gutturaux, en mouvement continuel, émergent un peu de la bouche, rentrent, reparaissent. Ces coups de piston, ces sortes de baisers s'accompagnent de l'émission du dissolvant; du moins je me le figure ainsi. L'asticot crache sur sa nourriture, il y dépose de quoi la convertir en bouillon. Évaluer en quantité cette expectoration n'est pas dans mes moyens; je constate le résultat, je n'aperçois pas l'agent provocateur.

Or, ce résultat est en vérité stupéfiant si l'on considère l'exiguïté des moyens. Nulle pepsine, venue du porc et du mouton, ne peut rivaliser avec celle du ver. Je possède un flacon de pepsine venu de l'École de pharmacie de Montpellier. Avec la savante drogue, je poudre copieusement des morceaux de blanc d'œuf cuit, comme je le fais avec la ponte de la Mouche bleue. Nulle intervention de l'étuve, nulle addition d'eau distillée ni d'acide chlorhydrique, adjuvants recommandés. L'expérience est conduite exactement de la même façon que celle des tubes à vermine.

Le résultat n'est pas du tout ce que j'attendais. Le blanc d'œuf ne se liquéfie pas. Il s'humecte simplement à la surface, et encore cette humidité peut-elle provenir de la pepsine, qui est très hygrométrique. Oui, j'avais raison de le dire : si la chose était praticable, il serait avantageux pour la pharmaceutique de cueillir sa drogue digestive dans l'estomac de l'asticot. Le ver l'emporte ici sur le porc et le mouton.

En ce qui me reste à dire, la même méthode est suivie. Sur le morceau expérimenté, je mets éclore la ponte de la

Mouche bleue, et je laisse les vers travailler à leur guise. La chair musculaire, venue du mouton, du bœuf, du porc indifféremment, ne se convertit pas en liquide; elle devient une purée coulante d'un brun vineux. Le foie, le poumon, la rate, sont mieux attaqués, sans toutefois dépasser l'état de marmelade demi-fluide, qui se délaye très bien dans l'eau et paraît même s'y dissoudre. La matière cérébrale ne se liquéfie pas non plus, elle se résout simplement en fine purée.

D'autre part, les matières grasses, suif de bœuf, lard frais, beurre, n'éprouvent pas d'altération appréciable. De plus, les vers rapidement dépérissent, incapables de grossir un peu. De pareils aliments ne leur conviennent pas. Pour quels motifs? Apparemment parce qu'ils ne sont pas liquéfiables au moyen du réactif dégorgé par les vers. De même la pepsine ordinaire n'attaque pas les matières grasses; il faut la pancréatine pour les émulsionner. Ce curieux rapprochement de propriétés, positives avec les matières albuminoïdes, négatives avec les matières grasses, affirme l'analogie et peut-être l'identité du dissolvant expectoré par les vers et de la pepsine des animaux supérieurs.

Une autre preuve est celle-ci. La pepsine classique ne dissout pas l'épiderme, matière de nature cornée. Celle des vers du diptère ne le dissout pas non plus. Il m'est aisé d'élever des larves de la Mouche bleue avec des Grillons morts dont j'ai ouvert le ventre. Je n'y parviens pas si la pièce est intacte; les asticots ne savent pas lui trouer la succulente panse; il sont arrêtés par l'épiderme, contre lequel leur réactif est sans action. Ou bien encore je sers des cuissots de Grenouille dépouillés de leur peau. La chair du batracien devient bouillon et disparaît jusqu'à l'os. Si je ne les dénude pas, ils restent intacts au milieu de la vermine. Leur fine peau suffit à les protéger.

Cette inaction sur l'épiderme nous explique pourquoi la Mouche bleue se refuse à pondre sur un point quelconque de la bête exploitée. Il lui faut les délicates muqueuses des narines, des yeux, du gosier, ou bien des plaies où la chair est à nu. Nul autre emplacement ne lui convient, serait-il excellent sous le rapport du fumet et de l'ombre. Tout au plus, ne trouvant pas mieux lorsque mes artifices s'en mêlent, se décide-t-elle à plaquer quelques œufs sous l'aisselle d'un oisillon plumé, ou bien à l'aine, points où l'épiderme est de finesse exceptionnelle.

En sa prescience maternelle, la Mouche bleue connaît à merveille les surfaces d'élection, les seules aptes à se ramollir, à diffluer par l'attaque du réactif que baveront les nouveau-nés. La chimie de l'avenir lui est familière, quoique sans usage pour sa propre réfection; la maternité, haute inspiratrice des instincts, lui en donne leçon.

Si scrupuleuse qu'elle soit dans le choix des points où doivent se déposer les œufs, la Mouche bleue ne se préoccupe pas de la qualité des vivres destinés à sa famille. Tout cadavre lui est bon. Redi, le savant italien qui, le premier, ruina l'antique et sotte idée des vers fils de la pourriture, alimentait la vermine de ses appareils avec de la chair d'origine très variée. Afin de rendre ses preuves plus concluantes, il exagérait les

Vers de la Mouche bleue.

données du réfectoire. Chair de tigre et de lion, d'ours et de léopard, de renard et de loup, de mouton et de bœuf, de cheval et d'âne, et bien d'autres, fournies par la riche ménagerie de Florence, variaient le régime imposé. Cette prodigalité n'était pas nécessaire; loup et mouton sont au fond même chose pour un estomac sans préjugés.

Lointain disciple de l'historien des asticots, je reprends le problème sous un aspect non soupçonné de Redi. Toute chair provenant d'un animal d'ordre supérieur convient à la famille du diptère; en sera-t-il de même si la pièce est d'organisation moins élevée, et consiste en charcuterie de poisson, par exemple, de batracien, de mollusque, d'insecte, de myriapode? Les vers accepteront-ils ces victuailles, et surtout parviendront-ils à les liquéfier, condition primordiale?

Je sers un morceau de Merlan cru. La chair est blanche, fine, à demi translucide, de digestion aisée pour notre estomac, et non moins bien pour le dissolvant du ver. Elle se résout en un fluide opalin, coulant comme de l'eau. A peu près ainsi se liquéfie le blanc d'œuf cuit, En pareil milieu conservant encore des îlots solides, les vers grossissent d'abord; puis, manquant d'appuis et menacés de noyade dans un bouillon trop fluide, ils rampent sur la paroi de verre, inquiets et désireux de s'en aller. Ils montent jusqu'au tampon d'ouate fermant l'éprouvette et s'efforcent de déguerpir à travers le coton. Doués d'une tenace persévérance, presque tous décampent malgré l'obstacle. L'éprouvette à blanc d'œuf m'avait montré pareil exode. Bien que le mets leur convienne, comme en témoigne leur croissance, les vers cessent de s'alimenter et s'échappent lorsque la noyade est imminente.

Avec d'autres poissons, Raie et Sardine, avec les muscles de la Rainette et de la Grenouille, les chairs se résolvent simplement en purée. Des hachis de Limace, de Scolopendre, de Mante religieuse, fournissent les mêmes résultats.

Dans toutes ces préparations, l'action dissolvante des vers s'affirme non moins bien que lorsqu'il est fait usage de viande de boucherie. De plus, les vers semblent satisfaits de l'étrange régime que ma curiosité leur impose; ils prospèrent au sein des victuailles; ils s'y transforment en pupes.

La conclusion est donc beaucoup plus générale que ne se figurait Redi. Toute chair, d'ordre supérieur ou d'ordre inférieur n'importe, convient à la Mouche bleue pour l'établissement de sa famille. Les cadavres de la bête à poils et de la bête à plumes sont les vivres préférés, probablement à cause de leur richesse, permettant de copieuses pontes; mais à l'occasion les autres sont acceptés aussi, sans inconvénient. Toute loque ayant vécu de la vie animale rentre dans le domaine de ces défricheurs de la mort.

Quel est leur nombre pour une seule mère? J'ai déjà parlé d'une ponte de trois cents, relevée œuf par œuf. Une circonstance bien fortuite me permet d'aller plus loin. Dans la première semaine de janvier 1905, il était survenu, brusque et de peu de durée, un froid bien exceptionnel pour ma région. Le thermomètre descendait à douze degrés au-dessous de zéro. Au plus fort de la sauvage bise qui déjà mettait du roux sur le feuillage des oliviers, me fut apportée une Effraie ou Chouette des clochers, trouvée morte gisant à terre, en plein air, non loin de ma demeure. Mon renom d'amateur de bêtes me valait ce présent, qu'on croyait m'être agréable.

Il le fut, en effet, mais pour des motifs auxquels n'avait certes pas songé l'inventeur de la pièce. L'oiseau était intact, bien correct de plumage, sans la moindre blessure apparente. Peut-être était-il mort de froid. Ce qui me le fit accepter avec reconnaissance l'aurait fait précisément refuser de tout autre. Ses grands yeux, fanés par la mort, disparaissaient sous un épais amas d'œufs, où je reconnus la ponte de la Mouche bleue. D'autres amas pareils occupaient le voisinage des narines. Si je veux un semis d'asticots, en voilà certes un comme je n'en ai pas vu d'aussi riche.

Je dépose le cadavre sur le sable d'une terrine, je le couvre d'une cloche en toile métallique et je laisse les événements suivre leur cours. Le laboratoire où j'installe ma bête n'est autre que mon cabinet de travail. Il y fait, de peu s'en faut, aussi froid qu'au dehors, à tel point que l'eau de l'aquarium où j'élevais autrefois des larves de Phrygane s'est prise toute en un bloc de glace. En semblable condition de température, les yeux de la Chouette gardent, invariable, leur blanc voile de germes. Rien ne bouge, rien ne grouille. Lassé d'attendre, je n'accorde plus attention au cadavre; je laisse à l'avenir de décider si le froid n'a pas exterminé la famille du diptère.

Dans le courant de mars, les paquets d'œufs ont

disparu, j'ignore depuis combien de temps. L'oiseau d'ailleurs semble intact. A la face ventrale, tournée en l'air, le plumage garde le correct arrangement et le frais coloris. Je soulève la pièce. C'est léger, très aride, sonnant le racorni ainsi qu'une vieille savate tannée aux champs par le soleil d'été. D'odeur, point. L'aridité a maîtrisé l'infection, qui du reste n'a jamais été importune en cette glaciale période. Le dos, en contact avec le sable, est au contraire une odieuse ruine, en partie déplumée. Les pennes de la queue ont les canons à nu; quelques os se montrent dénudés de muscles et blanchis. La peau est devenue un cuir noirâtre, percé de trous ronds pareils à ceux de la membrane d'un crible. C'est affreux de hideur, mais très instructif.

Le misérable Hibou, si délabré de l'échine, nous apprend d'abord qu'une température de douze degrés au-dessous de zéro ne compromet pas les germes de la Mouche bleue. Les vers sont nés sans encombre malgré la rude bourrasque; ils ont copieusement festoyé d'extrait de viande; puis, devenus gros et gras, ils sont descendus en terre en perçant de trous ronds la peau de l'oiseau. Leurs pupes doivent maintenant se trouver dans le sable de la terrine.

Elles y sont effectivement, et si nombreuses que, pour les recueillir, je suis obligé de recourir au tamis. Jamais, me servant de pinces, je ne viendrais à bout de telle multitude par un simple triage. Le sable passe à travers les mailles du crible, les pupes restent en dessus. Les compter une à une excéderait ma patience. Je les mesure au boisseau, c'est-à-dire avec un dé à coudre dont je connais la contenance, évaluée en pupes. Le résultat de ma supputation n'est pas loin de neuf cents.

Cette famille provient-elle d'une seule mère? Volontiers je l'admettrais, tant il est peu probable que la Mouche bleue, fort rare dans nos habitations pendant les rudesses de l'hiver, soit assez fréquente au dehors pour se grouper et vaquer en commun à ses affaires tandis que sévit une glaciale bourrasque. Une attardée, jouet de la bise, une seule, doit avoir déposé sur les yeux de la Chouette le faix pressant de ses ovaires. Cette ponte de neuf centaines, ponte incomplète peut-être, témoigne du haut rôle du diptère liquidateur de cadavres.

Avant de rejeter l'Effraie exploitée par les vers, surmontons notre répugnance et donnons un coup d'œil à l'intérieur de l'oiseau. C'est une cavité anfractueuse, palissadée de ruines n'ayant plus de nom. Muscles et viscères ont disparu, convertis en purée et consommés à mesure par la population. De partout, à l'humide a succédé le sec, au boueux le solide.

En vain mes pinces fouillent coins et recoins, elles n'y rencontrent pas une seule pupe. Tous les vers ont émigré, absolument tous. Du premier au dernier, ils ont abandonné la cabine cadavérique, douce à leur délicat épiderme; ils ont quitté le velours pour les rudesses du sol. Le sec leur serait-il maintenant nécessaire? Ils l'avaient au sein de la carcasse, aride, tarie à fond. Se précautionneraient-ils contre le froid et la pluie? Nul abri ne pourrait mieux leur convenir que l'épais édredon du plumage, conservé sans dommage aucun sur le ventre, la poitrine et tous les points non en contact avec la terre. Ils ont fui, semble-t-il, le bien-être pour un séjour moins clément. L'heure de la transformation venue, tous ont quitté le Hibou, gîte excellent, tous ont plongé dans le sable.

La sortie du tabernacle mortuaire s'est faite par des trous ronds dont la peau est percée. Ces trous sont l'ouvrage des vers, là-dessus aucun doute ; cependant nous venons de voir les pondeuses refuser pour support de leurs œufs tout point où les chairs sont défendues par un épiderme de quelque résistance. Le motif en est le défaut d'action de la pepsine sur les matières épidermiques. Faute de liquéfaction en des points pareils, le brouet alimentaire y serait impossible.

D'autre part, les vermisseaux ne peuvent pas, ou tout au moins ne savent pas, à l'aide de leur double harpon guttural, piocher l'enveloppe, la déchirer et parvenir à la chair fluidifiable. A ces nouveau-nés la force manque, et surtout l'intention. Mais aux approches de la descente en terre, vigoureux et brusquement versés dans l'art requis, les vers savent très bien corroder patiemment et s'ouvrir un passage. Des crocs de leurs bâtonnets ambulatoires, ils piochent, ils grattent, ils dilacèrent. Les instincts ont des inspirations soudaines. Ce qu'elle ne savait pas faire au début, la bête le sait sans apprentissage, lorsque l'heure est venue de pratiquer telle et telle autre industrie. L'asticot mûr pour l'inhumation perfore un obstacle membraneux que le ver, occupé de son bouillon, n'aurait pas même essayé d'attaquer ni de sa pepsine ni de ses grapins.

Pour quel motif le ver abandonne-t-il la carcasse,

excellent abri? Pourquoi va-t-il se domicilier dans le sol? Premier assainisseur des choses mortes, il travaille au plus pressé, le tarissement de l'infection; mais il laisse copieux résidu, inattaquable par les réactifs de sa chimie dissolvante. Ces restes, à leur tour, doivent disparaître. Après le diptère accourent des anatomistes qui reprennent l'aride relique, grignotent peau, tendons, ligaments, et ratissent l'os jusqu'au blanc.

Le mieux expert en ce travail est le Dermeste, passionné rongeur des reliques animales. Un peu plus tôt, un peu plus tard, il arrivera sur la pièce déjà exploitée par le diptère. Or qu'adviendrait-il si les pupes se trouvaient là? C'est visible.

Dermeste
grossi 4 fois.

Amateur d'aliments coriaces, le Dermeste porterait la dent sur les barillets de corne et les mettrait à mal d'une simple morsure. S'il ne touchait pas au contenu, chose vivante qui probablement lui répugne, il dégusterait tout au moins le contenant, matière inerte. La future mouche serait perdue parce que son étui serait troué. De même, dans les magasins des filatures, un Dermeste (*Dermestes vulpinus*, Fab.) perce les cocons pour attaquer la chrysalide à téguments de corne.

L'asticot prévoit le danger et déguerpit avant que l'autre arrive. En quelle mémoire loge-t-il tant de sapience, lui l'indigent, dépourvu de tête, car il faut une certaine extension de langage pour appeler de ce nom de tête l'avant pointu de l'animal? Comment a-t-il appris que, pour sauvegarder la pupe, il convient de déserter le cadavre, et que, pour sauvegarder la mouche, il convient de ne pas s'enterrer trop profondément?

Pour émerger de dessous terre après l'éclosion de l'insecte parfait, la méthode de la Mouche bleue consiste à se disloquer la tête en deux moitiés mobiles qui, boursouflées de leur gros œil rouge, tour à tour s'éloignent et se rapprochent. Dans l'intervalle surgit et disparaît, disparaît et surgit, une volumineuse hernie hyaline. Lorsque les deux moitiés s'écartent, un œil refoulé vers la droite et l'autre vers la gauche, on dirait que l'insecte se fend la boîte cranienne pour en expulser le contenu. Alors la hernie surgit, obtuse au bout et renflée en grosse tête de clou. Puis le front se referme, la hernie rentre, ne laissant de visible qu'une sorte de vague mufle.

En somme, une poche frontale, à palpitations profondes d'instant en instant renouvelées, est l'outil de délivrance, le pilon à l'aide duquel le diptère nouvellement éclos choque le sable et le fait crouler. A mesure, les pattes refoulent en arrière les éboulis, et l'insecte progresse d'autant vers la surface.

Rude besogne que cette exhumation à coups de tête fendue et palpitante. En outre, l'exténuant effort s'impose au moment de la plus grande faiblesse, lorsque l'insecte sort de sa pupe, coffret protecteur. Il en sort pâle, sans consistance, disgracieux, à peine vêtu des ailes qui, plissées en long et raccourcies par une échancrure sinueuse, couvrent pauvrement le haut de l'échine. Hirsute de cils farouches et coloré de cendré, il a piteux aspect. La grande voilure, apte à l'essor, s'étalera plus tard. Pour le moment elle serait un embarras au milieu des obstacles à traverser. Viendra plus tard aussi le costume correct où la sévérité du noir fait ressortir le bleu chatoyant de l'indigo.

La hernie frontale qui fait crouler le sable sous le choc de ses pulsations est apte à fonctionner quelque temps après la sortie de terre. Saisissons avec des pinces l'une des pattes d'arrière de la Mouche récemment libérée. Aussitôt l'outil céphalique travaille, se gonflant, se dégonflant non moins bien que tantôt, quand il fallait pratiquer une trouée dans le sable. Entravé dans ses mouvements comme il l'était sous la terre, l'insecte lutte de son mieux contre le seul obstacle à lui connu. De sa gibbe pulsatoire, il cogne l'air de même qu'auparavant il cognait la barrière terreuse. En toute circonstance fâcheuse, son unique ressource est de se fendre la tête et d'exhiber sa hernie cranienne qui sort et rentre, rentre et sort. Près de deux heures, entrecoupées d'arrêts dus à la fatigue, la machinette palpitante fonctionne au bout de mes pinces.

Cependant la désespérée se durcit l'épiderme; elle étale sa voilure et revêt son costume de grand deuil, mélangé de noir et de bleu sombre. Alors les yeux, latéralement déjetés, se rapprochent, prennent la position normale. La fente du front se reforme; la poche libératrice rentre pour ne se montrer jamais plus. Mais avant une précaution est à prendre. Avec les tarses antérieurs, la gibbe qui va disparaître est soigneusement brossée, crainte de se loger du gravier dans le crâne lorsque les deux moitiés de la tête se rejoindront pour toujours.

L'asticot est au courant des misères qui l'attendent

lorsque, devenu mouche, il devra remonter de dessous terre ; il sait par avance combien, avec le faible instrument dont il dispose, l'ascension sera pénible, au point de devenir mortelle pour peu que le trajet s'allonge. Il pressent les dangers futurs et les conjure autant que le permet sa prudence. Doué de deux bâtons ferrés dans le gosier, il peut aisément descendre à telle profondeur qu'il voudra. La tranquillité plus grande et la température moins âpre exigeraient gîte profond autant que possible ; le plus bas sera le meilleur pour le bien-être du ver et de la pupe, à la condition que la descente soit praticable.

Elle l'est à merveille, et voici que, libre d'obéir à son inspiration, le ver s'abstient. Je l'élève dans une terrine profonde, pleine de sable fin et sec, milieu de fouille aisée. L'ensevelissement est toujours médiocre. Un travers de main environ, c'est tout ce que se permet le plongeur le plus avancé. La plupart des ensevelis restent même plus près de la surface. Là, sous une mince couche de sable, la peau du ver durcit et devient un cercueil, un coffret où se dort le sommeil de la transformation. Quelques semaines après, l'inhumé se réveille, transfiguré, mais débile, n'ayant pour se déterrer que la sacoche pulsatoire de son front ouvert.

Ce que l'asticot s'est défendu de faire, il m'est loisible de le réaliser si je tiens à savoir de quelle profondeur peut remonter le diptère. Au fond d'un large tube, fermé d'un bout, je dépose quinze pupes de la Mouche bleue obtenues en hiver. Au-dessus de ces pupes s'élève une colonne verticale de sable fin et sec, dont je fais varier la hauteur d'un appareil à l'autre. Avril venu, les éclosions commencent.

Le tube avec six centimètres de sable, la moindre des colonnes essayées, fournit le meilleur résultat. Des quinze sujets ensevelis à l'état de pupes, quatorze, devenus mouches, parviennent aisément à la surface. Un seul périt, sans même avoir tenté l'ascension. Avec douze centimètres de sable, quatre sorties. Avec vingt centimètres, deux sorties, pas davantage. En chemin, qui plus haut, qui plus bas, les autres mouches sont mortes, harassées de fatigue.

Enfin avec un dernier tube où la colonne de sable mesurait soixante centimètres, je n'ai obtenu qu'une seule mouche libérée. Pour monter de telle profondeur, la vaillante a dû rudement s'escrimer, car les quatorze restantes ne sont pas même parvenues à faire sauter le couvercle de leur coffret. Je présume que la mobilité du sable et la pression en tout sens qui en résulte, analogue à celle des liquides, n'est pas étrangère aux difficultés de l'exhumation.

Aussi deux autres tubes sont préparés, mais cette fois garnis de terreau frais qui, légèrement tassé, n'a plus la mobilité du sable et les inconvénients de la pression. Six centimètres de terreau me donnent huit sorties pour quinze pupes ensevelies; vingt centimètres ne m'en donnent qu'une.

Le succès est moindre qu'avec la colonne sablonneuse. Mon artifice a diminué la pression, mais il a du même coup augmenté l'inerte résistance. Le sable croule tout seul sous les chocs du refouloir frontal; le terreau, non mobile, exige l'ouverture d'une galerie. Sur le trajet suivi, je constate en effet une cheminée d'ascension qui persiste indéfiniment telle quelle. La mouche l'a forée avec la sacoche temporaire qui lui palpite entre les yeux.

Dans tout milieu, sable, humus, combinaison terreuse quelconque, la misère est donc grande quand il faut s'exhumer à l'état de mouche. Aussi l'asticot s'abstient-il des profondeurs qu'un surcroît de sécurité semblerait devoir lui conseiller. Le ver a sa prudence : en prévision des difficultés de l'avenir, il évite les grands plongeons favorables au bien-être du présent. Le futur fait négliger l'actuel.

XVIII

UN PARASITE DE L'ASTICOT

Les périls de l'exhumation ne sont pas les seuls; la
Mouche bleue doit en connaître d'autres. Puisque la vie
est, en somme, un atelier d'équarrissage où le dévorant
d'aujourd'hui est le dévoré de demain, l'exploiteur des
morts ne peut manquer à son tour d'être exploité. Je lui
connais un exterminateur : c'est le Saprin, pêcheur d'andouillettes au bord des mares que forment les déliquescences cadavériques. Là grouillent en commun les vers
des Lucilies, de la Mouche grise et de là Mouche bleue.
Le Saprin les tire à lui, sur le rivage, et les gruge indistinctement. Ce sont pour lui pièces de même valeur.

Pareille curée n'est observable qu'en pleine campagne,
sous les rayons d'un soleil vif. Dans nos habitations
Saprins et Lucilies jamais ne pénètrent; la Mouche grise
ne nous visite qu'avec discrétion, elle ne se sent pas chez
elle; seule accourt, empressée, la Mouche bleue, qui, de la
sorte, s'affranchit du tribut à payer au consommateur
d'andouillettes. Mais dans les champs, où volontiers elle

dépose ses œufs sur tout cadavre rencontré, elle a, tout aussi bien que les autres, sa vermine largement émondée par le Saprin glouton.

En outre, des misères plus graves déciment sa famille si, comme je n'en doute pas, est applicable à la Mouche bleue ce que m'a montré son émule, la Mouche grise. L'occasion m'a jusqu'ici manqué de constater chez la première ce que j'ai à dire de la seconde; n'importe, je n'hésite pas à répéter au sujet de l'une ce que l'observation m'a appris au sujet de l'autre, tant sont étroites les analogies larvaires entre les deux diptères.

Voici le fait. Dans l'un de mes appareils à vermine, je viens de récolter en abondance des pupes de la Mouche grise. Désireux d'en examiner l'extrémité d'arrière qui se creuse en cratère et se festonne en diadème, je défonce l'un des tonnelets; de la pointe du canif, j'en fais sauter les derniers segments. L'outre cornée ne contient pas ce que je m'attendais à trouver; elle est pleine de petites larves encaquées l'une sur l'autre avec la même économie d'espace que le sont les anchois dans les bocaux du saleur. Sauf la peau, durcie en coque brune, la matière de l'asticot a disparu, changée en une remuante population.

Il y a trente-cinq occupants. Je les remets dans leur coffret. Le reste de ma récolte, où se trouvent, à n'en pas douter, d'autres pupes peuplées de façon pareille, est rangé dans des tubes où les événements seront aisés à suivre. Il importe de savoir à quel genre de parasites se rapportent les vermisseaux inclus. Mais, sans attendre l'éclosion des adultes, il est déjà facile d'en reconnaître la nature d'après la seule manière de vivre.

Ils appartiennent à la tribu des Chalcidiens, minuscules ravageurs d'entrailles en vie. Dans le courant de ce volume, nous avons vu l'un de ces pygmées dévorer, en petite famille, la nymphe du Cione, ce curieux curculionide qui, pour se transformer, s'enclôt dans un globe de baudruche.

Dernièrement, en hiver, je retire d'une chrysalide de Grand Paon quatre cent quarante-neuf parasites du même groupe. Toute la substance du futur papillon a disparu, moins l'enveloppe chrysalidaire, intacte et formant une belle sacoche en cuir de Russie. Là sont amoncelés les vermisseaux, serrés l'un contre l'autre au point de s'agglutiner entre eux. Le pinceau les extrait par paquets et ne les isole qu'avec certaine difficulté. La capacité en est pleine dans toute son étendue; la matière du papillon disparu ne la comblerait pas mieux. Du mort s'est faite égale masse vivante, mais subdivisée. C'est aux dépens de l'insecte chrysalidé et devenu une sorte de laitage d'organisation indécise, que s'est effectué le développement de cette population. L'énorme mamelle a été tarie à fond.

Le frisson vous vient en songeant à ces chairs naissantes, grignotées miette par miette par quatre à cinq cents attablés; l'imagination recule d'horreur devant les tortures du misérable supplicié. Mais y a-t-il réellement douleur? Il est permis d'en douter. La douleur est titre de noblesse; elle s'affirme d'autant mieux que le patient est d'ordre plus élevé. Dans les rangs inférieurs de l'animalité, elle doit être bien réduite, nulle même peut-être, surtout lorsque la vie en travail d'évolution n'a pas encore acquis équilibre stable. La glaire d'un œuf est matière vivante, et sans tressaillement aucun elle endure la piqûre d'une aiguille. N'en serait-il pas de même pour la chrysalide du Grand Paon, disséquée cellule à cellule par des centaines d'infimes anatomistes? N'en serait-il pas ainsi de la pupe de la Mouche grise, de la nymphe du Cione? Ce sont là des organismes remis en fusion, revenus à l'état d'œuf pour une seconde naissance. Il y a donc lieu de croire que la ruine par émiettement leur est clémente.

Vers la fin d'août, le parasite des pupes de la Mouche grise apparaît au dehors avec la forme adulte. C'est bien un Chalcidien, comme je m'y attendais. Il sort du tonnelet par un ou deux petits trous ronds que les reclus ont percés de leur dent patiente. J'en compte une trentaine environ pour chaque pupe. La place manquerait dans l'habitacle si la population était plus nombreuse.

Élégante et svelte créature que ce myrmidon, mais combien petit! Il mesure à peine deux millimètres. Costume d'un noir bronzé, pattes pâles, abdomen cordiforme, pointu, légèrement pédiculé, sans trace aucune de sonde apte à l'inoculation des œufs. Tête transversale, plus large que longue.

Le mâle est de moitié moindre que la femelle; il est aussi moins nombreux. Peut-être la pariade est-elle ici, comme cela se voit ailleurs, affaire accessoire dont il est possible de s'abstenir en partie sans nuire à la prospérité de la race. Néanmoins, dans le tube où j'ai logé l'essaim, les rares mâles perdus dans la foule courtisent avec ardeur les passantes. Il y a beaucoup à faire au dehors tant que n'est pas finie la saison de la Mouche grise; les choses pressent, et le myrmidon se hâte au plus vite de reprendre son rôle d'exterminateur.

Comment se fait l'invasion du parasite dans les pupes de la Mouche grise? Toujours un peu d'obscur obnubile le vrai. La bonne fortune qui m'a valu les pupes ravagées ne m'a rien appris concernant les manœuvres du ravageur. Je n'ai jamais vu le Chalcidien explorer le contenu de mes appareils; mon attention n'était pas là, et rien n'est difficile à voir comme la chose non encore soupçonnée. Mais si l'observation directe fait ici défaut, la logique nous renseigne très approximativement.

Il est clair tout d'abord que l'invasion n'a pu se faire à travers la robuste cuirasse des pupes. C'est trop dur, trop inviolable par les moyens dont peut disposer le pygmée. Seule la peau fine de l'asticot se prête à l'introduction des germes. Une pondeuse survient donc qui inspecte, à la surface, la mare de sanie où grouillent les vers, choisit la pièce à sa convenance, s'y pose; puis, de l'extrémité de son ventre pointu d'où émerge momentanément une brève sonde jusque-là tenue secrète, elle opère le patient, lui troue la panse d'une subtile blessure où sont inoculés les germes. La piqûre est probablement multiple, comme semble l'exiger la trentaine de parasites établis.

En somme, la peau de l'asticot est perforée soit en un point, soit plutôt en plusieurs; et cela se passe quand le ver nage dans les déliquescences des chairs corrompues. Cela dit, une question s'impose, de grave intérêt. Pour la développer est nécessaire une digression qui semble n'avoir aucun rapport avec le sujet traité, et qui cependant s'y rattache de la façon la plus étroite. Faute de certains préliminaires, le reste serait inintelligible. Voyons ces préliminaires.

Je m'occupais alors du venin du Scorpion languedocien et de son action sur les insectes. Diriger le dard vers tel ou tel autre point de la victime, régler en outre l'émission venimeuse, serait absolument impossible et très dangereux aussi tant qu'on laisserait le Scorpion agir à sa guise. Je désirais pouvoir choisir moi-même le point à blesser ; je souhaitais, de plus, varier à mon gré la dose du venin. Comment s'y prendre ? Le Scorpion n'a pas de récipient ampullaire où s'amasse et se tienne en réserve le venin, comme en possèdent, par exemple, la Guêpe et l'Abeille. Le dernier anneau de la queue, façonné en gourde et surmonté du dard, ne contient qu'une vigoureuse masse de muscles où rampent les fins vaisseaux sécréteurs du venin.

Faute de l'ampoule vénénifique que j'aurais isolée pour y puiser après à ma convenance, je détache le dernier anneau, base de l'aiguillon. Il m'est fourni par un Scorpion mort et déjà desséché. Un verre de montre me sert de cuvette. Dans quelques gouttes d'eau, j'y délacère, j'y écrase la pièce, et je laisse macérer pendant vingt-quatre heures. Le résultat est le liquide que je me propose d'inoculer. S'il restait du venin dans la gourde caudale de ma bête, il doit s'en trouver au moins des traces dans l'infusion du verre de montre.

Mon instrument inoculateur est des plus simples. Il consiste en un petit tube de verre, finement effilé d'un bout. Par l'aspiration, je l'amorce du liquide à essayer ;

par le souffle, j'en refoule le contenu. Sa pointe, presque capillaire, me permet de graduer la dose au point que je jugerai convenable. Un millimètre cube est la charge habituelle. L'injection doit se faire en des points généralement vêtus de corne. Pour ne pas casser la pointe de mon fragile instrument, je prépare la voie au moyen d'une aiguille avec laquelle je pique la victime à l'endroit requis. Dans l'ouverture faite j'engage l'extrémité de l'injecteur amorcé, et je souffle. A l'instant c'est fait, très proprement et de façon régulière, propice aux recherches de quelque précision. Je suis enchanté de mon humble appareil.

Je ne le suis pas moins des résultats. Le Scorpion lui-même, blessant de son dard, où le venin n'est pas atténué comme celui de mon verre de montre, ne produirait pas des effets pareils à ceux de mes piqûres. C'est ici plus brutal, plus fécond en convulsions du patient. Le virus de mon artifice dépasse celui du Scorpion.

A nombreuses reprises l'épreuve se répète, toujours avec la même mixture qui, desséchée par l'évaporation spontanée, puis remise en service au moyen de quelques gouttes d'eau, de nouveau tarie et de nouveau humectée, me sert indéfiniment. Loin de s'affaiblir, la virulence gagne. De plus, les cadavres des insectes opérés s'altèrent d'une façon étrange, inconnue dans mes observations antérieures. Alors le soupçon me vient que le réel venin du Scorpion est ici hors de cause. Ce que j'obtiens avec l'article terminal de la queue, avec l'ampoule base de l'aiguillon, je dois l'obtenir avec toute autre partie de l'animal.

Un article de la queue pris dans la région antérieure,
loin de l'ampoule venimeuse, est écrasé dans quelques
gouttes d'eau. Après macération durant vingt-quatre
heures, j'obtiens un liquide dont les effets sont absolument les mêmes que les précédents, lorsque je me servais
de l'article porteur du dard.

Je recommence avec les pinces du Scorpion, pinces
dont le contenu consiste uniquement en masse musculaire. Les résultats ne changent pas. Le corps entier de
la bête, n'importe le fragment soumis à la macération,
donne donc le virus qui tant excite ma curiosité.

Toutes les parties de la Cantharide, à l'extérieur
comme à l'intérieur, sont imprégnées du principe vési-
cant; mais rien d'analogue n'est attribuable au Scorpion,
qui localise son venin dans l'ampoule caudale et s'en
trouve dépourvu partout ailleurs.
La cause des effets que j'observe
se rattache par conséquent à des
propriétés générales que je dois
retrouver dans tout insecte,
serait-il des plus inoffensifs.

Orycte nasicorne mâle,
réduit du tiers.

Je consulte à cet égard le
pacifique Rhinocéros, l'Orycte
nasicorne. Afin de préciser la nature des matériaux,
au lieu de faire usage de l'insecte pulvérisé en bloc
dans un mortier, j'emploie uniquement le tissu musculaire que j'obtiens en râclant à l'intérieur le corselet
de l'Orycte desséché. Ou bien encore, j'extrais le
contenu sec des cuisses. J'en fais autant avec les cadavres
desséchés du Hanneton des pins, du Capricorne, de la

Cétoine. Chacune de mes récoltes, additionnée d'un peu d'eau, se ramollit dans un verre de montre pendant une paire de jours et cède au liquide ce que peuvent en extraire l'écrasement et la solubilité.

Cette fois, un grand pas est fait. Toutes mes préparations sont indistinctement d'une virulence atroce. Qu'on en juge. Je choisis comme premier patient le Scarabée sacré, qui, par sa taille et sa robusticité, se prête on ne peut mieux à pareille épreuve. J'en opère une douzaine, au corselet, à la poitrine, au ventre, et de préférence à l'une des cuisses d'arrière, loin des centres nerveux si impressionnables. N'importe le point atteint par mon injecteur, l'effet produit est, de peu s'en faut, le même.

L'insecte tombe comme foudroyé. Il gît sur le dos et remue en désordre les pattes, surtout les antérieures. Si je le remets sur pieds, c'est une sorte de danse de Saint-Guy. Le Scarabée baisse la tête, fait le gros dos, se guinde sur les pattes convulsées. Il piétine sur place, avance un peu, recule d'autant, penche à droite, penche à gauche dans un fol désordre, incapable d'équilibre et de progression. Et cela se fait par brusques secousses, avec une vigueur non inférieure à celle de l'animal en parfaite santé. C'est un détraquement profond, une tourmente qui bouleverse la coordination des forces musculaires.

En mon métier d'interrogateur des bêtes et par conséquent de tortionnaire, rarement j'ai vu telles misères. Je m'en ferais un cas de conscience si je n'entrevoyais que le grain de sable remué aujourd'hui peut un jour nous venir en aide en prenant place dans l'édifice du savoir. La vie est partout la même, dans le corps du bousier comme dans celui de l'homme. L'interroger chez l'insecte, c'est l'interroger chez nous, c'est s'acheminer vers des aperçus non négligeables. Tel espoir m'absout de mes cruelles études, en apparence puériles, en réalité dignes de sérieuse considération.

De mes suppliciés, au nombre d'une douzaine, les uns rapidement succombent, les autres persistent quelques heures. Du jour au lendemain, tous sont morts. Je laisse les cadavres sur la table, à l'air libre. Au lieu de se dessécher en devenant rigides, comme le feraient les insectes asphyxiés et destinés à nos collections, mes opérés se ramollissent au contraire, deviennent flasques aux articulations, malgré l'aridité de l'air ambiant; ils se désarticulent, se disloquent en pièces mouvantes aisément séparables.

Mêmes résultats avec le Capricorne, le Hanneton des pins, le Procuste, le Carabe. Chez tous détraquement soudain, mort prompte, relâchement des articulations et pourriture à marche rapide. Sur une victime non vêtue de corne, l'altération hâtive des chairs est encore plus frappante. Une larve de Cétoine, qui résisterait, nous l'avons vu, à la piqûre du Scorpion, même répétée plusieurs fois, périt à bref délai si je lui injecte en un point quelconque une gouttelette de mon terrible liquide. De plus, elle brunit fortement et devient en une paire de jours putrilage noir.

Le Grand Paon, le gros papillon peu sensible au venin du Scorpion, ne résiste pas mieux à mon inoculation que ne le font le Scarabée sacré et les autres. J'en pique deux au ventre, un mâle et une femelle. Tout d'abord ils semblent supporter l'opération sans trouble. Ils s'agrippent au treillis de la cloche et plus ne bougent, comme impassibles. Mais bientôt le mal les travaille. Ce n'est plus ici la tumultueuse fin du Scarabée; c'est la calme invasion de la mort. Avec un mol tremblement d'ailes, doucement ils trépassent et se laissent choir du treillage. Le lendemain, les deux cadavres sont d'une remarquable flaccidité, les segments du ventre se disjoignent et bâillent au moindre tiraillement. Épilée, la peau, qui était blanche, a bruni et tourne au noir. La pourriture achève rapidement son œuvre.

L'occasion serait belle de parler ici microbes et bouillons de culture. Je n'en ferai rien. Sur les confins brumeux de l'invisible et du visible, le microscope m'inspire méfiance. Aisément il remplace l'oculaire du réel par celui de l'imaginaire; complaisamment il montre aux théories ce qu'elles désirent voir. D'ailleurs le microbe étant trouvé, s'il y a lieu, la question serait déplacée, mais non résolue. Au problème de l'écroulement de l'organisation par le fait d'une piqûre, en serait substitué un autre non moins obscur. De quel façon ledit microbe amène-t-il cet écroulement? Comment agit-il? En quoi réside sa puissance?

Quelle explication donnerai-je alors des faits que je viens d'exposer? Mais aucune, absolument aucune, parce que je n'en connais pas. Ne pouvant faire mieux, je me bornerai à une paire de comparaisons ou images, propres à reposer un peu l'esprit sur les noires vagues de l'inconnu.

Chacun de nous, en son enfance, a pris plaisir au jeu des capucins de cartes. Suivant leur longueur, des cartes, nombreuses autant que possible, sont courbées en demi-cylindre. On les dresse sur une table, l'une derrière l'autre, en série sinueuse dont les intervalles sont convenablement réglés. L'édifice plaît au regard par ses inflexions et son correct arrangement. Il y a là de l'ordre, condition de toute matière animée.

On choque tant soit peu la première carte. Elle tombe et fait choir la seconde, qui provoque de même la culbute de la troisième; ainsi de suite jusqu'à l'autre bout de la série. En un rien de temps, l'onde culbutante se propage, et le bel édifice est ruiné. A l'ordre a succédé le désordre, j'oserai presque dire la mort. Qu'a-t-il fallu pour renverser ainsi la procession de capucins? Un tout petit ébranlement initial, hors de proportion avec la masse culbutée.

Soit encore, dans un ballon de verre, une dissolution d'alun sursaturée à chaud. Pendant l'ébullition, on ferme avec un bouchon de liège, puis on laisse refroidir. Indéfiniment le contenu se conserve fluide et limpide. Comme mobilité, il y a là vague simulacre de vie. Enlevons le bouchon et introduisons une parcelle solide d'alun, si minime soit-elle. Soudain le liquide se prend en un bloc solide et dégage de la chaleur. Qu'est-il advenu? Voici. Au contact de la parcelle d'alun, centre d'attraction, la cristallisation a débuté; puis elle a gagné de proche en proche, chaque parcelle solidifiée provoquant la solidification du voisinage. La mise en branle vient d'un atome, la masse ébranlée est indéfinie. Le très petit a révolutionné l'énorme.

On ne doit voir, cela va de soi, dans le rapprochement de ces deux exemples et des effets de mes injections
qu'une façon de parler qui, n'expliquant rien, essaye de
faire entrevoir. La longue procession de capucins de
cartes est terrassée par le simple attouchement du petit
doigt sur la première pièce; la volumineuse dissolution
d'alun se solidifie brusquement, influencée par une invisible parcelle. De même mes opérés succombent, convulsionnés par une gouttelette de volume insignifiant et
d'apparence inoffensive.

Qu'y a-t-il donc dans ce terrible liquide? Il y a
d'abord de l'eau, inactive par elle-même et simple véhi-
cule de l'agent actif. S'il fallait une preuve de son inno-
cuité, la voici. Dans la cuisse de l'une quelconque des
six pattes du Scarabée, j'introduis avec mon injecteur
une gouttelette d'eau pure, gouttelette supérieure en
volume à celle des inoculations mortelles. Aussitôt libéré,
l'insecte décampe et trottine avec l'habituelle prestesse,
bien ferme sur ses pattes. Remis en présence de sa pilule
il la roule avec la même ardeur qu'avant l'épreuve. Ma
piqûre à l'eau lui est indifférente.

Qu'y a-t-il encore dans la mixture de mes verres de
montre? Il y a des détritus cadavériques, en particulier
des ruines de muscles desséchés. Ces matériaux cèdent-
ils à l'eau certains principes solubles? Sont-ils simplement
réduits en fine poussière par l'écrasement? Je ne déci-
derai pas, et peu importe au fond. Toujours est-il que la
virulence provient de là, exclusivement de là. La matière
animale qui a cessé de vivre est donc un agent de démolition dans l'organisme. La cellule morte tue la cellule

vivante; pour la statique si délicate de la vie, elle est le grain de sable qui, refusant son appui, entraîne l'écroulement de tout l'édifice.

A ce sujet, rappelons un accident redoutable connu des médecins sous le nom de piqûre anatomique. Par maladresse, un étudiant en anatomie se pique de son scalpel au cours de son travail, ou bien encore, par inadvertance, il porte sur la main une égratignure insignifiante. La blessure à laquelle on accorderait à peine attention, provenant de la pointe d'un canif, l'égratignure dont on ne tiendrait nul compte, faite par une épine de buisson ou autrement, sont alors plaies mortelles si de puissants antiseptiques n'y portent remède à bref délai. Le scalpel est souillé par son contact avec les chairs du cadavre, les mains le sont pareillement. Il n'en faut pas davantage. Le virus de la corruption est introduit, et s'il n'est secouru à temps, le piqué succombe. Le mort a tué le vif. Cela rappelle aussi les mouches dites charbonneuses, dont la lancette buccale, contaminée de sanie cadavérique, provoque de si redoutables accidents.

Mes agissements sur les insectes ne sont en somme que des piqûres anatomiques et des piqûres de mouches charbonneuses.

Outre la gangrène qui rapidement altère et brunit les chairs, j'obtiens des convulsions pareilles à celles que provoque la piqûre du Scorpion. Par ses effets convulsifs, l'humeur venimeuse que le dard instille a ressemblance étroite avec l'infusion musculaire dont je charge mon injecteur. On est en droit alors de se demander si les venins, de façon générale, ne seraient pas, eux aussi, des produits de démolition, des plâtras de l'organisme en perpétuelle rénovation, enfin des ruines qui, au lieu d'être expulsées à mesure, seraient mises en réserve pour l'attaque et pour la défense. L'animal s'armerait de ses décombres de même que parfois il se bâtit un habitacle avec les scories de l'intestin. Rien ne se perd; les détritus de la vie sont utilisés pour la défense.

Tout bien considéré, mes préparations sont des extraits de viande. En remplaçant la chair d'insecte par une autre, celle du bœuf par exemple, obtiendrai-je les mêmes résultats? La logique dit oui, et la logique a raison. Je délaye dans quelques gouttes d'eau un peu d'extrait Liebig, précieuse ressource des cuisines. J'opère avec ce liquide six Cétoines, quatre à l'état de larve, deux à l'état parfait. D'abord les opérés se meuvent comme à l'ordinaire. Le lendemain les deux Cétoines sont mortes. Les larves résistent davantage et ne périssent que le surlendemain. De part et d'autre relâchement des articulations et brunissement des chairs, signe de pourriture. Il est alors probable qu'injecté dans nos veines le même liquide serait pareillement mortel. L'excellent dans les voies digestives serait redoutable dans les voies de la circulation. Poison par ici, nourriture par là.

Extrait Liebig d'un autre genre, la purée de viande où barbote l'asticot liquéfacteur est d'une virulence égale, sinon supérieure, à celle de mes produits. Tous les opérés, Capricornes, Scarabées, Carabes, périssent convulsionnés.

Après un long détour, nous voici ramenés à notre point de départ, l'asticot de la Mouche grise. Le ver, constamment plongé dans la sanie cadavérique, serait-il, lui aussi, compromis par l'inoculation de ce qui le fait grassement vivre? Je n'oserais compter sur des épreuves que je dirigerais moi-même; mon grossier outillage et ma main hésitante me feraient craindre, sur des sujets si petits et si délicats, des blessures profondes qui, à elles seules, donneraient la mort.

Heureusement, j'ai un collaborateur d'incomparable adresse; c'est le Chalcidien parasite. Adressons-nous à lui. Pour introduire ses germes, il a troué la panse de l'asticot, même à plusieurs reprises. Les pertuis sont d'extrême finesse, mais le virus environnant est d'excessive subtilité, et de la sorte a pu, dans certains cas, pénétrer. Or, qu'est-il arrivé?

Les pupes, toutes provenant du même appareil, sont nombreuses. D'après les résultats fournis, elles se classent en trois parts non bien inégales. Les unes me donnent la Mouche grise adulte, d'autres le parasite. Le restant, près d'un tiers, ne me donne rien, ni cette année ni la suivante.

Dans les deux premiers cas, les choses se sont passées de façon normale; le ver s'est développé en mouche, ou bien le parasite a dévoré le ver.

Dans le troisième cas, un accident est survenu. J'ouvre les pupes stériles. A l'intérieur elles sont badigeonnées d'un enduit noirâtre, résidu de l'asticot mort et converti en pourriture noire. Le ver a donc subi l'inoculation du virus à travers les fines ouvertures ouvrage du Chalcidien. La peau a eu le temps de se durcir en coque; mais c'était trop tard, les chairs étant déjà infectées.

On le voit : dans son brouet de pourriture, le ver est exposé à de graves périls. Or, il faut des asticots au monde, très nombreux, très voraces, afin d'expurger au plus vite le sol des immondices de la mort. Linné nous dit : *Tres muscæ consumunt cadaver equi æque cito ac leo*, trois mouches consomment le cadavre d'un cheval aussi vite que le ferait un lion.

L'affirmation n'a rien d'exagéré. Oui, certes, ils sont expéditifs en besogne, les fils de la Mouche grise et de la Mouche bleue. Ils grouillent amoncelés, toujours cherchant, toujours humant de leur bouche pointue. Dans ces foules tumultueuses des éraflures mutuelles seraient inévitables si les vers, à l'exemple des autres carnassiers, possédaient mandibules, mâchoires, cisailles propres à découper, dilacérer, tailler, et ces éraflures, intoxiquées par la redoutable purée environnante, seraient toutes fatales.

Comment les vers sont-ils sauvegardés dans leur horrible atelier? Ils ne mangent pas, ils s'abreuvent; au moyen d'une pepsine dégorgée, ils convertissent d'abord leurs aliments en bouillon, ils pratiquent un art de consommation étrange, exceptionnel, où sont inutiles les dangereux outils de dépècement, les scalpels à piqûres anatomiques. Là se termine, pour aujourd'hui, le peu que je sais ou que je soupçonne concernant l'asticot, officier de santé au service de l'hygiène générale.

XIX

SOUVENIRS D'ENFANCE

Presque à l'égal de l'insecte, joie de l'enfant, qui se
complaît à élever Hannetons et Cétoines sur un lit d'aubépine fleurie, dans une boîte percée de trous; presque
à l'égal de l'oiseau, irrésistible tentation avec ses nids,
ses œufs, ses petits ouvrant leur bec jaune, le champignon m'a de bonne heure séduit par ses colorations si
variées. Naïf garçonnet étrennant ses premières bretelles,
et commençant à se retrouver dans le grimoire de la lec-
ture, je me revois en extase devant le premier nid trouvé
et le premier champignon cueilli. Racontons ces graves
événements. La vieillesse aime à ruminer le passé.

Temps bienheureux où la curiosité s'éveille et nous
dégage des limbes de l'inconscience, votre lointain souvenir me fait revivre mes plus belles années. Surprise
par un passant dans sa sieste au soleil, la jeune couvée
de la perdrix précipitamment se disperse. Chacun,
gracieuse boule de duvet, s'enfuit et disparaît dans
les broussailles; mais la tranquillité revenue, à la

première note d’appel, tous reviennent sous l’aile maternelle.

Ainsi reviennent, rappelés par l’évocation, mes souvenirs d’enfance, autres oisillons tant déplumés par les ronces de la vie. Divers, échappés des buissons, ont la tête endolorie, le pas chancelant; divers manquent, étouffés dans quelque recoin des halliers; divers sont conservés dans leur pleine fraîcheur. Or de ces échappés à la griffe du temps, les plus vivaces sont les premiers nés. La molle cire de la mémoire enfantine s’est convertie pour eux en bronze inaltérable.

Ce jour-là, riche d’une pomme pour mon goûter et libre de mon temps, je me proposais de voir la crête de la colline voisine, jusqu’ici pour moi confins du monde. Il y a tout là-haut une rangée d’arbres qui, tournant le dos au vent, s’inclinent et s’agitent comme pour se déraciner et fuir. De la petite fenêtre de ma maison, que de fois ne les ai-je pas vus saluant de la tête en temps d’orage; que de fois ne les ai-je pas regardés se tourmentant en désespérés au milieu de la fumée des neiges que le coup de balai de la bise soulève et lisse sur les pentes! Que font-ils là-haut, ces arbres désolés?

Je m’intéresse à leur souple échine, aujourd’hui tranquille dans le bleu du ciel, demain secouée quand passent les nuages. Je me réjouis de leur calme, je m’afflige de leurs gestes effarouchés. Ce sont des amis. A toute heure, je les ai sous les yeux. Le matin, derrière leur clair rideau, le soleil se lève et monte dans sa gloire. D’où vient-il? Montons là-haut, et peut-être l’apprendrai-je.

Je gravis la pente. C'est une maigre pelouse tondue des moutons. Pas un buisson, fertile en déchirures dont j'aurais la responsabilité en rentrant à la maison; pas de rochers non plus, d'escalade compromettante. Rien autre que de larges pierres plates, çà et là clairsemées. Il n'y a qu'à cheminer tout droit, en terrain uni. Mais la pelouse a l'inclinaison d'un toit. Elle est longue, longue, et mes jambes sont bien courtes. De temps en temps je regarde là-haut. Mes amis, les arbres de la cime, ne semblent pas se rapprocher. Hardi, petit! grimpe toujours.

Que vois-je là, à mes pieds? Un bel oiseau vient de s'envoler de sa cachette sous l'auvent d'une large pierre. Bénédiction du Ciel, il y a un nid de crins et de fines pailles. C'est le premier que je trouve, la première des joies que me vaudra l'oiseau. Et dans ce nid, il y a six œufs, joliment groupés à côté l'un de l'autre; et ces œufs sont d'un bleu magnifique, comme trempés dans une teinture de céleste azur. Terrassé de bonheur, je m'étends sur la pelouse et contemple.

Cependant la mère, avec un petit claquement de gosier, *tack*, *tack*, vole inquiète d'une pierre à l'autre, non loin de l'indiscret. Mon âge est sans pitié, trop barbare encore pour comprendre les angoisses maternelles. Un projet me roule dans la tête, projet de petite bête de proie. Je reviendrai dans quinze jours cueillir la nichée avant qu'elle parte. En attendant, prenons un de ces jolis œufs bleus, un seul, témoignage triomphal de ma découverte. Crainte d'écrasement, la fragile pièce est déposée sur un peu de mousse dans le creux de la main. Qu'il me jette la pierre celui qui, dans son enfance, n'a pas connu l'ivresse du premier nid trouvé.

Ma délicate charge, que mettrait à mal un faux pas, me fait renoncer au reste de l'ascension. Un autre jour je verrai les arbres de la crête où se lève le soleil. Je redescends la pente. Au bas je rencontre M. le vicaire, qui faisait sa promenade en lisant son bréviaire. Il me voit cheminer gravement ainsi qu'un porteur de reliques; il aperçoit ma main qui dissimule quelque chose derrière le dos.

« Qu'as-tu là, petit? » demande l'abbé.

Tout confus, j'ouvre la main et montre mon œuf bleu sur un lit de mousse.

« Ah! un œuf de Saxicole, fait le vicaire. Où donc as-tu pris cela?

— Là-haut, sous une pierre. »

De question en question, ma peccadille est confessée. Le hasard m'a fait trouver un nid alors que je n'en cherchais pas. Il y avait six œufs. J'en ai pris un, que voilà, et j'attends l'éclosion des autres. Je reviendrai lever la nichée lorsque les jeunes auront aux ailes les canons des grosses plumes.

« Mon petit ami, répond l'abbé, tu ne feras pas cela. Tu ne déroberas pas à la mère sa couvée; tu respecteras l'innocente famille; tu laisseras grandir et s'envoler du nid les oiseaux du bon Dieu. Ils sont la joie des champs, ils expurgent la terre de sa vermine. Si tu veux être sage, tu ne toucheras plus au nid. »

Je le promets, et l'abbé continue sa promenade. Je revins à la maison avec deux bonnes semences jetées dans les friches de mon intellect d'enfant. Une parole autorisée venait de m'apprendre que gâter des nids est une action mauvaise. Je n'avais pas bien compris comment l'oiseau nous vient en aide en détruisant la vermine, fléau des récoltes; mais, tout au fond de mon cœur, j'avais senti que c'est mal d'affliger les mères.

Saxicole, avait prononcé l'abbé en voyant ma trouvaille. Tiens! me disais-je, tout comme nous les bêtes ont des noms. Qui les a dénommées? Comment s'appellent telle et telle autre de mes connaissances dans les prairies et les bois? Que veut dire le mot *saxicole?*

Des années passent, et le latin m'apprend que saxicole signifie habitant des rochers. Mon oiseau, en effet, tandis que j'étais en extase devant ses œufs, volait d'une pointe de rocher à l'autre; sa maison, son nid, avait pour toiture le rebord d'une large pierre. Un progrès de plus glané dans les livres m'apprit que l'ami des coteaux pierreux se nommait aussi Motteux, parce que, en saison de labour, il vole d'une motte à l'autre, inspectant les sillons riches de vermisseaux déterrés. Sur la fin, je connus l'expression provençale de Cul-blanc, expression bien imagée elle aussi, rappelant la tache du croupion qui s'étale en papillon blanc lorsque, d'un bref essor, l'insecte voltige dans les guérets.

Ainsi naissait le vocabulaire qui devait un jour me permettre de saluer de leur vrai nom les mille acteurs de la scène des champs, les mille fleurettes nous souriant au bord des sentiers. Le terme que le vicaire avait prononcé, sans y ajouter la moindre importance, me révélait un monde, celui des herbes et des bêtes désignées par leur vrai nom. Laissons à l'avenir le soin de débrouiller un peu l'immense lexique; pour aujourd'hui souvenons-nous du Saxicole.

Au couchant, mon village croule en cascade de jardinets où mûrissent la prune et la pomme. De petits murs ventrus, noircis par la lèpre des lichens et des mousses, soutiennent les terres étagées. Au bas de la pente est le ruisseau. Presque partout, d'un élan on peut le franchir. Aux endroits étalés en nappe, des pierres plates à demi exondées servent de passerelle. Nulle part de gouffre, terreur des mères lorsque les enfants s'absentent; de l'eau jusqu'aux genoux, pas plus. Cher ruisselet, si frais, si limpide, si tranquille, j'ai vu depuis des fleuves majestueux, j'ai vu la mer immense. Rien dans mes souvenirs ne vaut tes humbles cascatelles. Ton mérite est la sainte poésie des premières impressions.

Un meunier s'est avisé de faire travailler le ruisselet, qui s'en allait si gai à travers les prairies. A mi-hauteur du coteau, un canal, économisant la pente, dérive une partie des eaux et les amène dans un grand réservoir, dispensateur de la force motrice pour les roues du moulin. Situé au bord d'un sentier fréquenté, ce bassin se termine par le barrage d'un mur.

Un jour, me hissant sur les épaules d'un camarade, j'ai regardé par-dessus la triste muraille, toute barbue de fougères. Je vis des eaux mortes sans fond, pleines de gluantes chevelures vertes. Dans les trouées du visqueux tapis, paresseusement nageait une sorte de lézard courtaud, noir et jaune. Aujourd'hui, je l'appellerais Salamandre; alors il me parut le fils de l'Aspic et du Dragon, dont nos contes terrifiants parlaient à la veillée. Brrr! J'en ai assez vu, redescendons vite.

Plus bas est le ruisseau. Sur chaque rive, des aulnes et des frênes, s'inclinant, emmêlent leurs ramées et forment cintre de verdure. A leur base, derrière un vestibule de grosses racines tordues, s'ouvrent des retraites aquatiques que prolongent des couloirs ténébreux. Sur le seuil de ces refuges tremblote un peu de soleil découpé en ovales par le tamis du feuillage.

Là stationnent les Vairons cravatés de rouge. Avançons bien doucement, couchons-nous à terre et regardons. Qu'ils sont beaux, les petits poissons à gorge écarlate! Groupés à côté l'un de l'autre, la tête tournée à l'inverse du courant, ils se gonflent, ils se dégonflent les joues, ils se rincent la bouche en des lampées sans fin. Pour se maintenir immobiles dans l'eau qui fuit, rien autre qu'un léger frisson de la queue et de la nageoire du dos. Une feuille tombe de l'arbre. Pst! La bande a disparu.

Au delà du ruisseau est un bosquet de hêtres, aux troncs lisses et droits, semblables à des colonnes. Dans leur majestueuse ramée, pleine d'ombre, jacassent des Corneilles, en se tirant de l'aile quelques vieilles plumes remplacées par de nouvelles. Le sol est matelassé de mousse. Dès les premiers pas sur le moelleux tapis, un champignon est aperçu, non étalé encore et pareil à un œuf laissé là par quelque poule vagabonde. C'est le premier que je cueille, le premier qu'entre mes doigts je tourne et je retourne, m'informant un peu de sa structure avec cette vague curiosité qui est l'éveil de l'observation.

Bientôt d'autres sont trouvés, différents de taille, de

forme, de coloration. C'est vrai régal pour mes yeux novices. Il y en a de façonnés en clochette, en éteignoir, en gobelet; il y en a d'étirés en fuseau, de creusés en entonnoir, d'arrondis en demi-boule. J'en rencontre qui, cassés, pleurent une sorte de laitage; j'en écrase qui, à l'instant, se colorent de bleu; j'en vois de gros qui s'effondrent en pourriture où grouillent des vers.

D'autres, configurés en poires, sont secs et s'ouvrent au sommet d'un trou rond, sorte de cheminée d'où s'échappe un jet de fumée lorsque, du bout du doigt, je leur tapote le ventre. Ce sont les plus curieux. J'en remplis ma poche pour les faire fumer à loisir, jusqu'à épuisement du contenu, qui se réduit enfin en une sorte d'amadou.

Que de distractions en ce bosquet de délices! Bien des fois j'y suis revenu depuis ma première trouvaille; là s'est faite, en compagnie des Corneilles, ma première éducation en fait de champignons. Mes récoltes, cela va de soi, n'étaient pas admises à la maison. Le champignon, ou le *Boutorel*, comme nous disions, y avait mauvaise renommée, il empoisonnait les gens. Sans plus ample informé, la mère le bannissait de la table de famille. Je ne comprenais guère comment le *Boutorel*, si avenant d'aspect, avait telle malice; mais enfin j'écoutais l'expérience des parents, et jamais rien de fâcheux ne m'est survenu de mes étourdies relations avec l'empoisonneur.

Mes visites au bois de hêtres se répétant, je parvins à répartir mes trouvailles en trois catégories. Dans la première, la plus nombreuse, le champignon avait le dessous garni de feuillets rayonnants. Dans la seconde, la face inférieure était doublée d'un épais coussinet criblé de trous à peine visibles. Dans la troisième, elle était hérissée de menues pointes pareilles aux papilles de la langue du chat. Le besoin d'ordre pour venir en aide à la mémoire me faisait inventer une classification.

Bien plus tard me tombèrent entre les mains certains petits livres où j'appris que mes trois catégories étaient connues; elles avaient même des noms latins, ce qui était loin de me déplaire. Ennobli par le latin qui me fournissait mes premiers thèmes et mes premières versions, glorifié par l'antique langage dont faisait usage M. le curé disant sa messe, le champignon grandissait en mon estime. Pour mériter ainsi appellation savante, il devait avoir réelle importance.

Les mêmes livres me dirent le nom de celui qui m'avait tant amusé avec sa cheminée fumante. Cela s'appelait *Vesse-de-loup*. Le terme me déplut; il sentait la mauvaise compagnie. A côté se trouvait une dénomination plus décente : *Lycoperdon;* mais ce n'était qu'apparence, car les racines grecques m'apprirent un jour que Lycoperdon signifie précisément vesse-de-loup. L'histoire des plantes abonde en termes qu'il n'est pas toujours convenable de traduire. Legs des anciens âges moins réservés que le nôtre, la botanique a bien des fois gardé la brutale franchise des mots bravant l'honnêteté.

Qu'ils sont loin ces temps bénis où ma curiosité d'enfant s'exerçait, isolée, à la connaissance des champignons! *Eheu! fugaces labuntur anni*, disait Horace. Oh! oui, ils s'écoulent vite, les ans, alors surtout qu'ils sont plus près de s'épuiser. Ils étaient le gai ruisselet qui s'attarde parmi les osiers sur des pentes insensibles ; ils sont aujourd'hui le torrent, qui charrie mille débris et se précipite vers l'abîme. Si fugaces qu'ils soient, mettons-les à profit.

A la nuit tombante, le bûcheron se hâte de lier ses derniers fagots. De même, au déclin de mes jours, humble bûcheron dans la forêt du savoir, j'ai souci de mettre en ordre ma falourde. Que restera-t-il de mes recherches sur les instincts ? Apparemment peu de chose ; tout au plus quelques fenêtres ouvertes sur un monde non encore exploré avec toute l'attention qu'il mérite.

Les champignons, mes délices botaniques depuis ma prime jeunesse, auront destinée pire. Je n'ai cessé de les fréquenter. Aujourd'hui encore, rien que pour renouer connaissance avec eux, je vais, d'un pas traînant, les visiter dans les belles après-midi de l'automne. J'aime toujours à voir émerger du tapis rose des bruyères les grosses têtes des Bolets, les chapiteaux des Agarics, les buissons corallins des Clavaires.

A Sérignan, mon étape finale, il m'ont prodigué leurs séductions, tant ils abondent sur les collines voisines, boisées d'yeuses, d'arbousiers et de romarins. En ces dernières années, telle richesse m'a inspiré un projet insensé : celui de collectionner en effigies ce qu'il m'était impossible de conserver en nature dans un herbier. Je me suis mis à peindre, de grandeur naturelle, toutes les espèces de mon voisinage, des plus grosses aux moindres. L'art de l'aquarelle m'est inconnu. N'importe ; ce que je n'ai jamais vu pratiquer, je l'inventerai, m'y prenant d'abord mal, puis un peu mieux, puis bien. Le pinceau fera diversion au tracas de la prose quotidienne.

Me voici finalement en possession de quelques centaines de feuilles où sont représentés, avec leur grandeur naturelle et leur coloris, les divers champignons des alentours. Ma collection a certaine valeur. S'il lui manque la tournure artistique, elle a du moins le mérite de l'exactitude. Elle me vaut le dimanche des visiteurs, gens de la campagne, qui naïvement regardent, ébahis que ces belles images soient faites à la main, sans moule et sans compas. Ils reconnaissent tout de suite le champignon représenté; ils m'en disent le nom populaire, preuve de la fidélité de mon pinceau.

Or, que deviendra cette haute pile d'aquarelles, objet de tant de travail? Sans doute les miens garderont quelque temps la relique; mais tôt ou tard, devenue encombrante, déménagée d'un placard dans un autre placard, d'un grenier dans un autre grenier, visitée des rats et souillée de maculatures, elle tombera entre les mains d'un arrière-neveu qui, enfant, la découpera en carrés pour faire des cocottes. C'est la règle. Ce que nos illusions ont caressé avec le plus d'amour finit de façon misérable sous les griffes de la réalité.

XX

INSECTES ET CHAMPIGNONS

Il serait hors de propos de rappeler mes longues relations avec le Bolet et l'Agaric si l'insecte n'intervenait
ici dans une question de grave intérêt. Divers champignons sont comestibles, il y en a même de haut renom;
d'autres sont des poisons redoutables. A moins d'études
botaniques non à la portée de tous, comment distinguer
l'inoffensif du vénéneux ? Une croyance fort répandue nous
dit : tout champignon qu'acceptent les insectes, ou plus
fréquemment leurs larves, leurs vers, peut être accepté
sans crainte; tout champignon qu'ils refusent doit être
refusé. Ce qui leur est aliment sain ne peut manquer de
l'être pour nous; ce qui leur est poison nous doit être
également pernicieux.

Avec une apparence de logique, ainsi raisonne-t-on,
sans réfléchir aux aptitudes si diverses des estomacs
en fait d'alimentation. Après tout, n'y aurait-il rien de
fondé dans cette croyance? C'est ce que je me propose
d'examiner.

L'insecte, à l'état de larve surtout, est l'exploiteur par excellence des champignons. Deux groupes de consommateurs sont à distinguer. Les uns mangent réellement, c'est-à-dire taillent par miettes, mâchent et réduisent en bouchée avalée telle quelle; les autres s'abreuvent après avoir au préalable converti leur nourriture en bouillon, comme le font les vers de la viande. Les premiers sont les moins nombreux. En me bornant aux données de mes observations faites dans le voisinage, je compte en tout, dans le groupe des masticateurs, quatre coléoptères et la chenille d'une Teigne. Il s'y adjoint le mollusque, représenté par une limace,

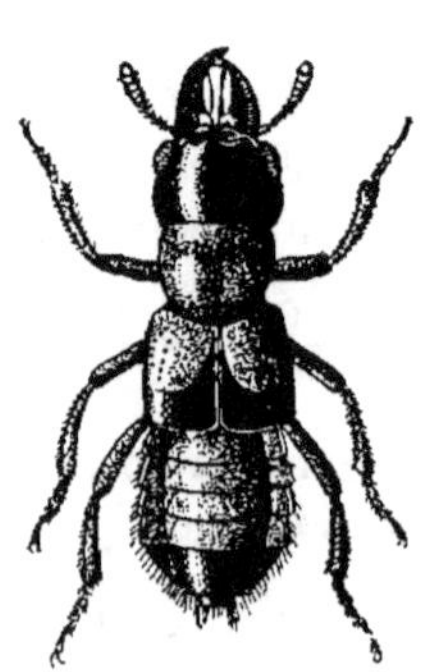

Oxyporus rufus
grossi 4 fois.

ou plus exactement par un Arion de médiocre taille, brun et paré d'un liséré rouge sur les bords du manteau. Modeste population en somme, mais active et envahissante, la Teigne surtout.

En tête des coléoptères amateurs de champignons, je placerai un Staphylin (*Oxyporus rufus*, Lin.), joliment costumé de rouge, de bleu et de noir. En société de sa larve, cheminant à l'aide d'une béquille dressée sur l'arrière, il fréquente l'Agaric du peuplier (*Pholiota ægerita*, Fries). C'est un spécialiste à régime exclusif. Fréquemment je le rencontre, soit au printemps, soit en automne, et jamais autre part que sur ce champignon.

Il a du reste bien choisi sa part, le gourmet. L'Agaric

du peuplier est un de nos meilleurs champignons, malgré sa coloration d'un blanc douteux, sa peau fréquemment craquelée, ses lames souillées de brun-roux à l'émission des spores. Ne jugeons pas des gens sur l'apparence; des champignons non plus. Tel superbe de forme et de couleur est vénéneux, tel autre de pauvre aspect est excellent.

Encore deux coléoptères spécialistes, tous les deux de petite taille. L'un est le Triplax (*Triplax russica*, Lin.), roux sur la tête et le corselet, noir sur les élytres. Sa larve exploite le Polypore hérissé (*Polyporus hispidus*, Bull.), volumineuse et grossière pièce, hérissée en dessus de poils raides et fixée par le côté aux vieux troncs du mûrier, parfois aussi du noyer et de l'orme. L'autre est l'Anisotome (*Anisotoma cinnamomea*, Panz.), couleur cannelle. Sa larve vit exclusivement dans les truffes.

Bolboceras gallicus
grossi 2 fois.

Le plus intéressant des coléoptères mangeurs de champignons est le Bolbocère (*Bolboceras gallicus*, Muls.). J'ai dit ailleurs sa façon de vivre, sa chansonnette pépiement d'oisillon, ses puits verticaux, creusés à la recherche d'un champignon souterrain (*Hydnocystis arenaria*, Tul.), son habituelle nourriture. Il est aussi fervent amateur de truffes. Je lui ai pris entre les pattes, au fond de son manoir, une vraie truffe de la grosseur d'une noisette, le *Tuber Requienii*, Tul. J'ai essayé de l'élever afin de connaître sa larve; je l'ai établi dans une ample terrine pleine de sable frais et surmontée d'une cloche. Les Hydnocystes et les Truffesmes manquant, je lui ai servi divers champignons de consistance un peu ferme comme le sont ceux de son choix. Il a tout refusé : Helvelles et Clavaires, Chanterelles et Pezizes.

Avec un *Rhizopogon*, sorte de petite pomme de terre fungique, fréquente dans les bois de pins à une médiocre profondeur, souvent même à la superficie, le succès a été complet. J'en avais répandu une poignée sur le sable de ma terrine d'éducation. A la nuit close, bien des fois j'ai surpris le Bolbocère qui sortait de son puits, explorait la nappe sablonneuse, choisissait une pièce non trop grosse pour ses forces et doucement la roulait vers son domicile. Il rentrait chez lui en laissant sur le seuil de sa porte, en manière de clôture, le Rhizopogon trop gros pour être introduit. Le lendemain, je retrouvais la pièce rongée, mais seulement à la face inférieure.

Le Bolbocère n'aime pas à consommer en public, à l'air libre ; il lui faut le discret isolement de sa crypte. S'il ne trouve pas sa pâture en fouillant sous terre, il vient chercher à la surface. Un morceau de son goût étant rencontré, il le descend chez lui lorsque les dimensions le permettent, sinon il le laisse sur le seuil de son terrier et le grignote par la base sans reparaître au dehors.

Hydnocyste, Truffe et Rhizopogon sont jusqu'ici les seuls aliments que je lui connaisse. Ces trois exemples nous disent que le Bolbocère n'est plus un spécialiste comme le sont l'Oxypore et le Triplax ; il sait varier son régime ; peut-être se nourrit-il de tous les champignons hypogés indistinctement.

La Teigne étend davantage son domaine. Sa chenille

est un vermisseau de cinq à six millimètres, blanc avec
la tête noire et luisante. Elle abonde en nombreuses
colonies dans la plupart des champignons. Elle attaque
de préférence le haut du stipe, pour des raisons
de sapidité qui me sont inconnues; de là elle se
répand dans l'épaisseur du chapeau. C'est l'hôte habituel des Bolets, Agarics, Lactaires, Russules. A part
certaines espèces et certaines séries, tout lui est bon.
Ce débile vermisseau, qui se filera, sous la pièce
ravagée, un minime cocon de soie blanche et deviendra
un insignifiant papillon, est l'exploiteur primordial.

Mentionnons après l'Arion, le mollusque goulu qui
s'attaque lui aussi à la plupart des champignons de
quelque volume. Il s'y creuse des niches spacieuses où
le béat consomme. Peu nombreux en comparaison des
autres exploiteurs, il s'établit ordinairement solitaire.
Il a pour mâchoire un vigoureux rabot qui fait d'amples
vides dans la pièce attaquée. C'est lui dont les dégâts
sont les plus apparents.

Or tous ces grignoteurs se reconnaissent à leurs reliefs
de table, miettes et vermoulures. Ils creusent des galeries
à parois nettes, ils font des entailles, des érosions sans
bavures, ils travaillent en découpeurs. Les autres, les
liquéfacteurs, travaillent en chimistes, ils dissolvent au
moyen de réactifs. Tous sont des larves de diptères et
appartiennent à la plèbe des Muscides. Ils sont nombreux
en espèces. Les distinguer les uns des autres en les
élevant pour obtenir l'état parfait amènerait, sans grand
profit, longue dépense de temps. Désignons-les par le
terme général d'asticot.

Pour les voir à l'œuvre, je choisis comme pièce d'exploitation le Bolet Satan (*Boletus Satanas*, Lenz), l'un des plus gros champignons qu'il m'est loisible de cueillir dans mon voisinage. Il a le chapeau d'un blanc sale, l'orifice des tubes d'un rouge orangé vif, le stipe renflé en bulbe avec élégant réseau de veinules carminées. J'en divise un, parfaitement sain, en deux parts égales que je mets dans deux assiettes profondes, disposées côte à côte. L'une des moitiés reste telle quelle; ce sera un témoin, un terme de comparaison. L'autre moitié reçoit sur la couche de tubes une paire de douzaines d'asticots pris sur un second Bolet en pleine décomposition.

Le jour même de ces préparatifs s'affirme l'action dissolvante des vers. D'abord d'un rouge vif à la surface, la couche des tubes brunit et difflue sur la pente en stalactites noires. Bientôt la chair est attaquée et devient en peu de jours un brouet semblable à du bitume liquide. La fluidité est presque celle de l'eau. Dans ce bouillon barbotent les asticots, ondulant de la croupe et laissant émerger de temps à autre les orifices respiratoires de l'arrière. C'est l'exacte répétition de ce que nous ont montré les liquéfacteurs de la viande, vers de la Mouche grise et de la Mouche bleue.

Quant à la seconde moitié du Bolet, celle que je n'avais pas peuplée de vermine, elle se conserve compacte, pareille à ce qu'elle était au début, n'étant tenu compte de son aspect un peu flétri dû à l'évaporation. La fluidité est donc bel et bien l'ouvrage des vers, et d'eux seuls.

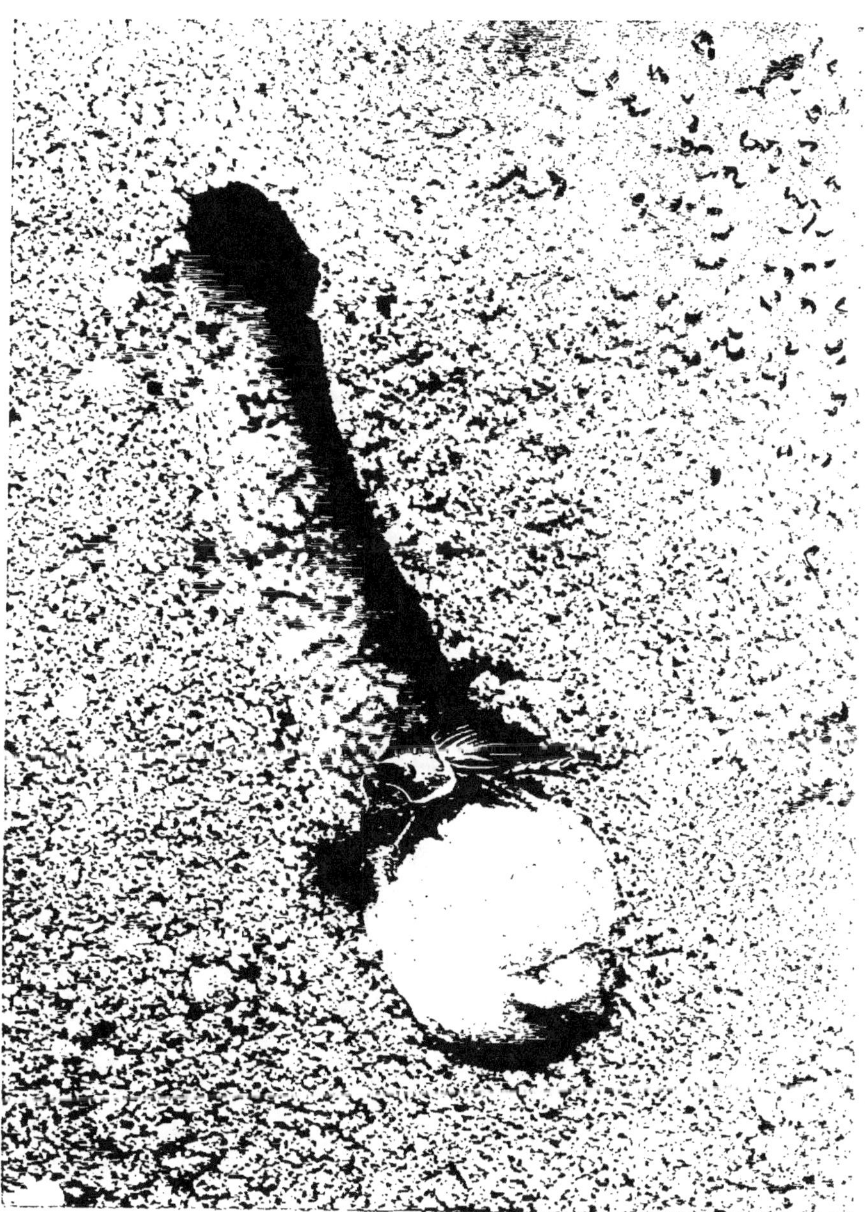

Le Bolbocère et son champignon.

Cette liquéfaction serait-elle changement aisé? On le croirait d'abord en voyant avec quelle promptitude elle s'opère par le travail des vers. D'ailleurs certains champignons, les Coprins, se liquéfient spontanément et se convertissent en liquide noir. L'un d'eux porte le nom bien expressif de Coprin atramentaire (*Coprinus atramentarius*, Bull.), le Coprin qui de lui-même se résout en encre.

La conversion, dans certains cas, est d'une singulière rapidité. Un jour, je dessinais un de nos plus élégants Coprins (*Coprinus sterquilinus*, Fries), issu d'une petite bourse ou volva. Mon travail à peine fini, une paire d'heures après la récolte du champignon tout frais, le modèle avait disparu, ne laissant sur la table qu'une mare d'encre. Pour peu que j'eusse différé, le temps me manquait, et je perdais une rare et curieuse trouvaille.

Ce n'est pas à dire que les autres champignons, les Bolets notamment, soient de durée éphémère et privés de consistance. J'en ai fait l'essai avec le Bolet comestible (*Boletus edulis*, Bull.), le fameux Cèpe si savoureux et si estimé. Je me demandais s'il ne serait pas possible d'en retirer une sorte d'extrait Liebig fungique utilisable dans nos préparations culinaires. A cet effet, je fis bouillir des Cèpes coupés en petits morceaux, d'une part dans de l'eau pure, d'autre part dans de l'eau additionnée de carbonate de soude. Le traitement dura deux jours entiers. La chair du Bolet fut indomptable. Il eût fallu pour l'attaquer des drogues violentes, inadmissibles dans le résultat que j'avais en vue.

Ce que laissent à peu près intact l'ébullition prolongée et le concours du carbonate de soude, les vers du diptère le convertissent rapidement en fluide, de même que les vers de la viande fluidifient le blanc d'œuf cuit. Cela se fait de part et d'autre sans violence, probablement au moyen d'une pepsine spéciale, non la même dans les deux cas. Le liquéfacteur de la viande a la sienne; le liquéfacteur du Bolet en a une autre.

L'assiette se remplit donc d'un brouet noir, bien coulant, semblable d'aspect à du goudron. Si on laisse l'évaporation suivre son cours, le bouillon se prend en une plaque dure et friable rappelant l'extrait de réglisse. Enchâssées dans cette gangue, larves et pupes périssent, incapables de se libérer. La chimie dissolvante leur a été fatale. Les conditions sont tout autres lorsque l'attaque se fait à la surface du sol. Absorbé à mesure par la terre, le liquide en excès disparaît, laissant libre la population. Dans mes jattes, indéfiniment il s'amasse et tue les habitants lorsqu'il se dessèche en couche solide.

Soumis au travail des asticots, le Bolet pourpre (*Boletus purpureus*, Fries) donne les mêmes résultats que le Bolet Satan, c'est-à-dire un brouet noir. Notons que les deux champignons bleuissent par la rupture et surtout l'écrasement. Avec le Bolet comestible, dont la chair coupée reste invariablement blanche, le produit de la liquéfaction par la vermine est d'un marron très clair. Avec l'Oronge, le résultat est une bouillie que le regard prendrait pour une fine marmelade d'abricots. L'essai des divers autres champignons confirme la règle : tous, attaqués par l'asticot, se résolvent en purée plus ou moins coulante, et variable de coloration.

Pourquoi les deux Bolets à tubes rouges, le Bolet pourpre et le Bolet Satan, se changent-ils en brouet noir? Il me semble en entrevoir le motif. Tous les deux bleuissent, avec mélange de verdâtre. Une troisième espèce, le Bolet cyanescent (*Boletus cyanescens*, Bull., var. *lacteus*, Léveillé), est d'une extrême sensibilité chromatique. Meurtrissons-le fort légèrement, n'importe où, sur le chapeau, le stipe, la couche de tubes; aussitôt la partie froissée, d'abord d'un blanc pur, se colore en bleu superbe.

Mettons ce Bolet dans une atmosphère de gaz carbonique. Maintenant nous pouvons le contusionner, l'écraser, le réduire en pulpe, et le bleu ne se montre plus. Mais puisons dans la masse écrasée : à l'instant, au contact de l'air, la matière magnifiquement bleuit. Cela rappelle certain procédé usité en teinture. De l'indigo du commerce mis macérer dans de l'eau en présence de la chaux et du sulfate de fer, couperose verte, perd une partie de son oxygène; il se décolore et devient soluble dans l'eau, tel qu'il l'était dans la plante originelle, l'indigotier, avant la préparation que cette plante a subie. Il surnage un liquide sans couleur. Exposons à l'air une goutte de ce liquide. Subitement l'oxydation travaille le produit; l'indigo se refait, insoluble et coloré de bleu.

C'est précisément ce que nous montrent les Bolets prompts à bleuir. Contiendraient-ils en effet de l'indigo soluble et sans couleur? On l'affirmerait si certaines pro-

priétés ne donnaient prise au doute. Par une exposition
prolongée à l'air, les Bolets aptes à bleuir, en particulier
le plus remarquable, le Bolet cyanescent, se décolorent
au lieu de conserver le bleu fixe qui serait le signe du
véritable indigo. Toujours est-il que ces champignons
contiennent un principe colorant très altérable à l'air.
Pourquoi n'y verrait-on pas la cause de la teinte noire
lorsque les asticots ont liquéfié les Bolets bleuissants ?
Les autres, à chair blanche, le Bolet comestible par
exemple, ne prennent pas cet aspect de bitume une fois
liquéfiés par les vers.

Tous les Bolets qui, fractionnés, virent au bleu ont
mauvaise réputation ; les livres les traitent de dangereux,
tout au moins de suspects. Le nom de Satan donné à
l'un d'eux témoigne assez de nos craintes. La Teigne et
l'Asticot sont d'un autre avis ; passionnément ils exploitent
ce que nous redoutons. Or, chose étrange, ces fanatiques
du Bolet Satanas refusent absolument certains champignons, pour nous mets délicieux. Tel est le plus
célèbre de tous, l'Oronge, que les Romains de l'empire,
passés maîtres ès choses de la gueule, appelaient mets
des dieux, *cibus deorum*, Agaric des Césars, *Agaricus
Cæsareus*.

De nos divers champignons c'est le plus élégant.
Lorsqu'il prépare sa sortie en soulevant la terre crevassée,
c'est un bel ovoïde formé par l'enveloppe générale, la
volva. Puis cette bourse doucement se déchire, et par
l'ouverture étoilée se voit en partie un objet globuleux
magnifiquement orangé. Supposons un œuf de poule
cuit à l'eau bouillante. Enlevons la coque. Le reste sera

l'Oronge dans sa bourse. Enlevons dans le haut une partie du blanc et mettons le jaune un peu à découvert. Ce sera l'Oronge naissante. La similitude est parfaite. Aussi les gens du pays, frappés de cette ressemblance, appellent-ils l'Oronge *lou Rousset d'ioù*, autrement dit le jaune d'œuf. Bientôt le chapeau se dégage en plein et s'étale en disque plus doux au toucher que le satin, plus riche au regard que le fruit des Hespérides. Au milieu des bruyères roses, c'est objet ravissant.

Eh bien, ce superbe Agaric (*Amanita Cæsarea*, Scop.), ce mets des dieux, l'asticot n'en veut absolument pas. Mes fréquents examens ne m'ont jamais montré dans la campagne une Oronge exploitée par les vers. Il faut l'internement dans un bocal et l'absence d'autres vivres pour décider l'attaque, et encore la marmelade obtenue ne paraît guère agréer. Après liquéfaction, les vers cherchent à s'en aller, preuve que la nourriture ne leur est pas agréable. Le mollusque pareillement, l'Arion, est loin d'être un fervent consommateur. Passant près d'une Oronge et ne trouvant pas mieux, il s'y arrête et déguste sans bien insister. Si donc il nous fallait le témoignage de l'insecte, ou même celui de la limace, pour reconnaître les champignons bons à manger, nous refuserions précisément le meilleur.

Respectée de la vermine, la superbe Oronge est néanmoins ruinée, non par des larves, mais par un parasite cryptogamique, le *Mycogone rosea*, qui s'y étale en lèpre purpurine et le convertit en putrilage. Je ne lui connais pas d'autre exploiteur.

Une seconde Amanite (*Amanita vaginata*, Bull.),

joliment striée sur les bords du chapeau, est un manger exquis, presque à l'égal de l'Oronge. On l'appelle ici *lou pichot gris*, le petit gris, à cause de sa coloration ordinairemeut d'un gris cendré. Ni l'asticot ni la Teigne, encore plus entreprenante, n'y touchent jamais. Même refus au sujet de l'Amanite panthère (*Amanita panthe-rina*, D. C.), de l'Amanite printanière (*Amanita verna*, Fries), de l'Amanite citrine (*Amanita citrina*, Schæff.), toutes trois vénéneuses.

En somme, qu'elle soit pour nous mets délicieux ou poison, aucune Amanite n'est acceptée des vers. Seul l'Arion y mord parfois. La cause de ce refus nous échappe. Vainement, au sujet de l'Amanite panthère, par exemple, on donnerait pour raison la présence d'un alcaloïde fatal aux vers, il y aurait à se demander pour-quoi l'Oronge, l'Amanite des Césars, exempte de tout poison, est refusée non moins rigoureusement que les espèces vénéneuses. Serait-ce alors manque de sapidité, défaut d'assaisonnement propre à stimuler l'appétit? Mâchées, en effet, à l'état cru, les Amanites n'ont rien de provoquant comme saveur.

Que nous apprendront les champignons fortement pimentés? Voici dans les bois de pins le Lactaire mou-ton (*Lactarius torminosus*, Schæff.), roulé en volute sur les bords et vêtu d'une toison crépue. La saveur en est brûlante, pire que celle du poivre de Cayenne. *Torminosus* veut dire : qui donne des coliques. La dénomination ne manque pas d'à-propos. A moins d'avoir un estomac fait exprès, celui-là serait singuliè-rement travaillé qui ferait usage de telle nourriture. Or, cet estomac, la vermine le possède; elle fait régal des âcretés du Lactaire mouton comme la chenille des tithymales broute délicieusement le feuillage abominable des euphorbes. Quant à nous, dans l'un et l'autre cas, ce serait mâcher de la braise.

Tel condiment est-il nécessaire aux vers? En aucune façon. Voici, dans les mêmes bois de pins, le Lactaire délicieux (*Lactarius deliciosus*, Lin.), superbe cratère d'un roux orangé, orné de zones concentriques. Aux points froissés il prend une coloration vert-de-gris, variété peut-être de la teinte indigo propre aux Bolets bleuissants. De sa chair mise à nu par la cassure ou le couteau, suintent des pleurs d'un rouge de sang, caractère très net, propre à ce Lactaire. Ici disparaissent les brutales épices du Lactaire mouton; mâchée crue, la chair est d'un goût agréable. N'importe, la vermine exploite le Lactaire bénin avec la même ferveur qu'elle exploite le Lactaire atrocement poivré. Pour elle, le doux et le fort, l'insipide et le pimenté sont même chose.

Le qualificatif de délicieux donné au champignon pleurant de sa blessure des larmes de sang est très exagéré. Ce lactaire est comestible, il est vrai, mais c'est un manger grossier, de digestion pénible. Ma maisonnée le refuse comme préparation culinaire. On préfère le mettre macérer dans du vinaigre et l'employer après en guise de cornichons. La réelle valeur de ce champignon est largement surfaite par un qualificatif trop élogieux.

Faudrait-il pour convenir aux vers un certain degré de consistance intermédiaire entre la souplesse des Amanites et la fermeté des Lactaires? Interrogeons à ce sujet l'Agaric de l'olivier (*Pleurotus phosphoreus*, Batt.), superbe champignon coloré de roux-jujube. Son nom vulgaire n'est pas des mieux mérités. Il est fréquent, il est vrai, à la base des vieux oliviers, mais je le cueille aussi aux pieds du buis, de l'yeuse, du prunellier, du cyprès, de l'amandier, de la viorne et autres arbres et arbustes. La nature du support paraît lui être assez indifférente. Un trait plus remarquable le distingue de tous les autres champignons de l'Europe. Il est phosphorescent.

A la face inférieure, et là seulement, il émet une douce et blanche luminosité semblable à celle du ver luisant. Il s'illumine pour célébrer ses noces et l'émission de ses spores. Le phosphore des chimistes n'est ici pour rien. C'est une combustion lente, une sorte de respiration plus active qu'à l'état ordinaire. L'émission lumineuse s'éteint dans les gaz irrespirables, l'azote, le gaz carbonique; elle persiste dans l'eau aérée; elle cesse dans l'eau privée d'air par l'ébullition. Elle est faible d'ailleurs au point de n'être sensible que dans une obscurité profonde. De nuit, et même de jour si les yeux sont préparés par une station préalable dans les ténèbres d'un caveau, c'est spectacle merveilleux que cet Agaric semblable à un morceau de pleine lune.

Or, que fait la vermine? Est-elle attirée par ce fanal? En aucune manière ; asticots, teignes et limaces jamais ne touchent au splendide champignon. Ne nous empressons pas d'expliquer ce refus par les propriétés nocives de l'Agaric de l'olivier, que l'on dit très vénéneux. Voici, en effet, dans les terrains caillouteux des garrigues, l'Agaric du panicaut (*Pleurotus Eryngii*, D. C.), de même consistance que le précédent. C'est la *Berigoulo* des Provençaux, un des champignons les plus estimés. Eh bien, la vermine n'en veut pas; ce qui fait notre régal lui est odieux.

Inutile de continuer ce genre d'informations; la réponse serait partout la même. L'insecte, qui se nourrit de tel champignon et refuse les autres, ne peut en aucune manière nous renseigner sur les espèces qui pour nous sont comestibles ou dangereuses. Son estomac n'est pas le nôtre. Il affirme excellent ce que nous trouvons poison; il affirme poison ce que nous trouvons excellent. Alors, si nous manquent les connaissances botaniques que la plupart n'ont ni le temps ni le goût d'acquérir, quelle règle de conduite devons-nous suivre? Cette règle est des plus simples.

Depuis une trentaine d'années que j'habite Sérignan, je n'ai jamais entendu parler du moindre cas d'empoisonnement par les champignons dans le village, et cependant il s'en fait ici abondante consommation, en automne surtout. Il n'est pas de famille qui ne récolte, dans quelque promenade à la montagne, un précieux appoint à ses modiques ressources alimentaires. Et que récolte-t-on? Un peu de tout.

Bien des fois, courant les bois du voisinage, je visite les paniers des récolteurs et des récolteuses, qui volontiers me laissent faire. J'y vois de quoi scandaliser les maîtres en mycologie. J'y trouve fréquemment le Bolet pourpre, classé parmi les dangereux. J'en faisais un jour l'observation à un ramasseur. Il me regarda d'un

X.   22

air étonné. « Lui, le pain de loup[1], un poison! disait-il en tapotant de la main le corpulent bolet! Allons donc! Moelle de bœuf, monsieur, vraie moelle de bœuf. » Il sourit de mes scrupules et partit avec une pauvre opinion de mes connaissances en fait de champignons.

Dans lesdits paniers je trouve l'Agaric annulaire (*Armillaria mellea*, Fries), qualifié de *valde venenatus* par Persoon, un maître en la matière. C'est même le champignon dont l'emploi est le plus fréquent, à cause de son abondance, à la base des mûriers surtout. J'y trouve le Bolet Satan, dangereux tentateur; le Lactaire zoné (*Lactarius zonarius*, Bull.), dont l'âcreté rivalise avec le poivre du Lactaire mouton; l'Amanite à tête lisse (*Amanita leiocephala*, D. C.), magnifique coupole blanche, issue d'une ample volva et frangée sur les bords de ruines farineuses semblables à des flocons de caséine. L'odeur vireuse et l'arrière-goût de savon devraient rendre suspecte cette coupole d'ivoire. On n'en tient compte.

Comment, avec telle insoucieuse récolte, évite-t-on les accidents? Dans mon village et bien loin à la ronde, il est de règle de faire blanchir les champignons, c'est-à-dire de les faire cuire dans l'eau bouillante, légèrement salée. Quelques lavages à l'eau froide achèvent le traite-ment. Ils sont alors préparés de telle façon que l'on veut. De la sorte, ce qui pourrait être dangereux au début devient inoffensif, parce que l'ébullition préalable et les lavages ont éliminé les principes nocifs.

---

1. Les Bolets sont connus ici sous le nom général de *pan de loup*, pain de loup. On les utilise indistinctement en cuisine après avoir enlevé la couche de tubes, la *mousso*, aisément séparable.

Mon expérience personnelle confirme l'efficacité de la méthode rurale. Très fréquemment j'ai fait usage, avec ma famille, de l'Agaric annulaire, réputé très vénéneux. Assaini par l'eau bouillante, c'est un mets dont je n'ai que du bien à dire. Très souvent encore a paru sur ma table, après ébullition, l'Amanite à tête lisse, qui, non traitée de cette façon, ne serait pas sans danger. J'ai essayé les Bolets bleuissants, en particulier le Bolet pourpre et le Satanas. Ils ont très bien répondu à l'élogieuse appellation de moelle de bœuf que leur donnait le ramasseur peu confiant en mes conseils de prudence. J'ai fait parfois emploi de l'Amanite panthère, si malfamée dans les livres : rien de fâcheux n'en est résulté. Un de mes amis, médecin, à qui j'avais fait part de mes idées sur le traitement par l'eau bouillante, voulut essayer de son côté. Pour le repas du soir, il choisit l'Amanite citrine, de mauvais renom à l'égal de l'Amanite panthère. Tout se passa sans le moindre encombre. Un autre de mes amis, précisément l'aveugle en compagnie de qui je devais un jour déguster le Cossus des gourmets de Rome, s'est permis l'Agaric de l'olivier, si redoutable, dit-on. Le mets fut, sinon excellent, du moins inoffensif.

De ces faits il résulte qu'une bonne ébullition préalable est la meilleure sauvegarde contre les accidents occasionnés par les champignons. Si l'insecte, exploitant telle espèce et refusant telle autre, ne peut en rien nous guider, du moins la sagesse rurale, fruit d'une longue expérience, nous dicte une règle de conduite efficace autant que simple. Une cueillette de champignons vous a séduit, et vous êtes incomplètement renseigné sur leurs propriétés bénignes ou malfaisantes. Alors faites blanchir, et sérieusement blanchir. Sorti du purgatoire de la marmite, le suspect pourra se consommer sans appréhension.

Mais c'est là, dira-t-on, cuisine de sauvage; le traitement par l'eau bouillante réduira les champignons en purée; elle leur enlèvera tout arome et toute sapidité. — Erreur profonde. Le champignon supporte très bien l'épreuve. J'ai dit mon insuccès à dompter les cèpes lorsque je me proposais d'en obtenir un extrait. Une ébullition prolongée et le concours du carbonate de soude, loin de les réduire en marmelade, les ont laissés à peu près intacts. Les autres champignons qui, par leur volume, méritent des considérations culinaires, présentent le même degré de résistance.

En second lieu, la sapidité n'y perd rien, et l'arome ne s'affaiblit guère. De plus, la digestibilité s'améliore beaucoup, condition de premier ordre dans un mets en général lourd à l'estomac. Aussi, dans mon ménage, l'habitude est de soumettre le tout à l'eau bouillante, même la glorieuse Oronge.

Je suis un profane, il est vrai, un barbare que séduisent peu les raffinements de la cuisine. Je n'ai pas en vue le gourmet, mais le frugal, le travailleur des champs surtout. Je me croirais dédommagé de mes persévérantes observations si je parvenais, si peu soit-il, à populariser la prudente recette provençale concernant les champignons, nourriture excellente qui fait agréable diversion à la platée de haricots ou de pommes de terre, lorsqu'on sait tourner la difficulté de la distinction entre l'inoffensif et le dangereux.

XXI

MÉMORABLE LEÇON

A regret je quitte les champignons : il y aurait, sur
leur compte, tant d'autres questions à résoudre! Pourquoi les vers du diptère font-ils consommation du Bolet
Satan et dédaignent-ils l'Oronge? Comment le délicieux
pour eux est-il pour nous le malfaisant, et comment
l'exquis d'après notre goût leur est-il odieux? Y aurait-il
dans les champignons des composés spéciaux, des alcaloïdes apparemment, variables suivant le genre botanique? Pourrait-on isoler ces alcaloïdes, les étudier à
fond dans leurs propriétés? Qui sait si la médecine n'en
trouverait pas l'emploi dans le soulagement de nos
misères, comme elle fait de la quinine, de la morphine
et des autres?

Il y aurait à se demander la cause de la liquéfaction
spontanée des Coprins et de la liquéfaction des Bolets
provoquée par l'intervention des vers. Les deux faits
sont-ils du même ordre? Le Coprin se digère-t-il lui-même
à la faveur d'une pepsine analogue à celle de l'asticot?

On aimerait à connaître la substance oxydable qui donne à l'Agaric de l'olivier sa blanche et douce luminosité, pareille à des reflets de pleine lune. On prendrait intérêt à savoir si certains Bolets bleuissent par le fait d'un indigo plus altérable que celui des teinturiers; si le verdissement du Lactaire délicieux froissé reconnaît semblable origine.

Ces recherches de chimie patiente me tenteraient, si mon rudimentaire outillage, et surtout la fuite irréparable des longs espoirs me le permettaient. Il n'est plus temps, la durée manque. N'importe, parlons encore un peu chimie, et, faute de mieux, réveillons de vieux souvenirs. Si l'historien prend de loin en loin petite place dans l'histoire de ses bêtes, le lecteur voudra bien l'excuser : le grand âge est sujet à ces réminiscences, floraison des vieux jours.

En tout, dans ma vie, j'ai reçu deux leçons d'ordre scientifique, l'une d'anatomie et l'autre de chimie. Je dois la première au savant naturaliste Moquin-Tandon, qui, à notre retour d'une herborisation au Monte-Renoso, en Corse, me montra, dans une assiette pleine d'eau, la structure de l'escargot. Ce fut court et fructueux. J'étais initié. Désormais, sans autre conseil venu d'un maître, je devais manier le scalpel et fouiller décemment les entrailles des bêtes. La seconde leçon, celle de chimie, fut moins heureuse. Voici l'affaire.

En mon école normale primaire, l'enseignement scientifique était des plus modestes; l'arithmétique et quelques bribes de géométrie en formaient l'essentiel. De physique, à peu près rien. On nous enseignait sommairement quelques traits de la météorologie, la lune rousse, la gelée blanche, la rosée, la neige, le vent ; et, quelque peu dégrossis sur ces points de la physique rurale, nous étions censés en savoir assez long pour causer pluie et beau temps avec le paysan.

D'histoire naturelle, absolument pas. Jamais il n'était question de la plante, cette gracieuse diversion à des promenades sans but ; jamais de l'insecte, si intéressant par ses mœurs ; jamais de la pierre, si instructive avec ses archives de fossiles. Ce coup d'œil ravissant aux fenêtres du monde nous était refusé. La grammaire étranglait la vie.

De chimie, nulle mention non plus, cela va de soi. Ce terme cependant m'était connu. Des lectures fortuites, mal comprises faute de faits démonstratifs, m'avaient appris que la chimie s'occupe du remue-ménage de la matière, associant ou séparant les divers corps simples. Mais quelle étrange idée je me faisais de pareille étude ! Cela, pour moi, sentait la sorcellerie, le grand œuvre de l'art hermétique. A mon sens, tout chimiste en travail devait avoir en main la baguette magique, et sur la tête le bonnet pointu des mages, semé d'étoiles.

Un haut personnage qui nous rendait parfois visite en qualité de professeur honoraire de l'école n'était pas fait pour me détourner de ces sottes idées. Il enseignait la physique et la chimie au lycée. Deux fois par semaine, le soir, de huit à neuf heures, il faisait un cours public et gratuit dans un énorme local contigu à l'école. C'était l'ancienne église de Saint-Martial, devenue aujourd'hui le temple protestant.

Voilà bien l'antre du nécromancien, comme je l'entendais. Au sommet du clocher, une girouette rouillée grince lamentablement; au crépuscule, de grandes chauves-souris volent autour de l'édifice ou plongent dans le ventre des gargouilles; de nuit, des hiboux hululent sur le couronnement des terrasses. C'est là dedans, sous les immensités de la voûte, qu'opère mon chimiste. A quelles satanées mixtures procède-t-il? Ne le saurai-je jamais?

Aujourd'hui il vient nous voir, sans bonnet pointu. Il porte costume civil, pas trop hétéroclite. Il entre dans notre salle en coup de vent. Sa figure rougeaude est enchâssée dans la cupule d'un grand col raide sciant les oreilles. Quelques mèches de cheveux roux lui garnissent les tempes; le haut du crâne reluit comme une boule de vieil ivoire. D'une parole cassante et d'un geste anguleux, il interpelle deux ou trois élèves; il les rudoie quelque peu, vire sur le talon et s'en va en ouragan comme il était venu. Non, ce n'est pas cet homme, excellent au fond, qui m'inspirera aimable idée des choses qu'il enseigne.

A hauteur d'appui, deux fenêtres de son officine donnent dans le jardin de l'école. Je viens souvent m'y accouder et je regarde, cherchant à deviner, en ma pauvre cervelle, ce que peut bien être la chimie. Malheureusement la pièce où plongent mes regards n'est pas le sanctuaire, mais un simple réduit où se lave la vaisselle savante.

Des tuyaux de plomb avec robinets courent contre les murs; des cuves en bois occupent les angles. Parfois ces cuves bouillonnent, chauffées par un jet de vapeur. Il s'y cuit une poudre rougeâtre, semblable à de la brique pilée. J'apprends que là se mijote une racine tinctoriale, la garance, pour être convertie en un produit plus pur, plus concentré. C'est l'objet de prédilection des études du maître.

Le spectacle des deux fenêtres ne me suffisait pas. J'aurais voulu pénétrer plus avant, dans la salle même des cours. Ce souhait eut satisfaction. C'était la fin de l'année scolaire. En avance d'une étape sur les études réglementaires, je venais d'obtenir mon brevet supérieur. J'étais libre. Quelques semaines restaient encore avant la clôture. Irai-je les passer au dehors, dans l'ivresse des dix-huit ans? Non, je les passerai à l'école qui, deux années durant, m'a valu niche paisible et pâtée assurée. J'y attendrai qu'un poste me soit désigné. Disposez de ma bonne volonté à votre guise, faites de moi ce que vous voudrez; pourvu que je puisse étudier, le reste m'est indifférent.

Le directeur de l'école, un cœur d'or, a compris mon besoin d'apprendre. Il m'encourage dans ma résolution; il se propose de me faire renouer connaissance avec Horace et Virgile, depuis si longtemps oubliés. Il sait le latin, le brave homme; il ranimera le feu éteint en me faisant traduire quelques morceaux.

Il fait mieux : il me prête une *Imitation* à double texte, d'une part le latin et de l'autre le grec. Avec le premier texte, qui m'est à peu près intelligible, je déchiffrerai le second, ce qui me permettra d'augmenter un peu mon petit vocabulaire acquis lorsque je traduisais les fables d'Ésope. Ce sera autant de gagné pour mes études futures. Quelle aubaine! Le gîte, le couvert, la poésie antique, les langues savantes, toutes les douceurs à la fois.

J'eus davantage. Notre professeur de sciences, le vrai et non l'honoraire, celui qui, deux fois par semaine, venait nous démontrer la règle de trois et les propriétés du triangle, eut la bonne idée de nous faire célébrer par une fête savante la fin de l'année. Il promit de nous montrer l'oxygène. Collègue du chimiste au lycée, il obtint de nous conduire dans le fameux laboratoire et d'y manipuler sous nos yeux l'objet de sa leçon. L'oxygène, oui, l'oxygène, le gaz qui brûle tout, voilà ce que nous allons voir demain. Je n'en dormis pas de toute la nuit.

C'est jeudi, après le dîner. Aussitôt la leçon de chimie terminée, nous devons partir pour la promenade, là-bas, vers les Angles, le gentil village perché sur une falaise. Aussi sommes-nous endimanchés, en costume de sortie, redingote noire et chapeau haut de forme. L'école est au complet, une trentaine environ, sous la surveillance d'un maître d'études, aussi novice que nous dans les choses qu'on va nous montrer.

Le seuil de l'officine est franchi non sans une certaine émotion. J'entre dans une grande nef à voûte ogivale, dans une vieille église nue où la voix résonne, où la lumière pénètre avec discrétion par des vitraux enguirlandés de nervures et de rosaces de pierre. Au fond, vastes gradins où, par centaines, les auditeurs peuvent trouver place; à l'opposé, au point où fut le chœur, énorme manteau de cheminée occupant toute la largeur de la salle; au milieu, grande table massive, corrodée par les drogues. A l'un des bouts de cette table, une caisse goudronnée, doublée de plomb à l'intérieur et pleine d'eau. C'est, je l'apprends à l'instant, la cuve pneumatique, la cuve où se recueillent les gaz.

Le professeur commence la manipulation. Il prend une sorte de longue et volumineuse figue de verre brusquement coudée dans la région de la panse. C'est, nous dit-il, une cornue. Avec un cornet de papier, il y introduit certaine poudre noire, semblable à du charbon pilé. C'est du bioxyde de manganèse, nous apprend le maître. Là est contenu en abondance, condensé et retenu par la combinaison avec le métal, le gaz qu'il s'agit d'obtenir. Un liquide d'aspect huileux, l'acide sulfurique, agent de brutale puissance, va le mettre en liberté. Ainsi garnie, la cornue se place sur un fourneau allumé. Un tube de verre la met en communication avec une cloche pleine d'eau reposant sur la planchette de la cuve pneumatique. Voilà tous les préparatifs. Que va-t-il en résulter? Attendons que la chaleur ait agi.

Mes camarades s'empressent autour de l'appareil, ne se trouvent jamais assez près. Certains, mouches du coche, se font gloire de contribuer à la préparation. Ils remettent d'aplomb la cornue qui penche; ils soufflent de la bouche sur les charbons. Je n'aime pas ces familiarités avec l'inconnu. Débonnaire, le maître ne s'y oppose. J'ai toujours en aversion la mêlée des curieux qui jouent des coudes et se font une trouée pour être au premier rang d'un spectacle, parfois simple querelle de roquets. Retirons-nous à l'écart, laissons les empressés. Il y a tant de choses à voir ici, tandis que l'oxygène se prépare! Profitons de l'occasion, donnons un coup d'œil à l'arsenal du chimiste.

Sous le spacieux manteau de la cheminée, il y a une collection de fourneaux bizarres, cerclés de lames de tôle. Il y en a de longs et de courts, de hauts et de bas, tous percés de petites fenêtres qui se ferment avec une rondelle de terre cuite. Celui-ci, sorte de tourelle, est formé de plusieurs pièces superposées, armées de larges oreillettes qui servent de poignées quand on démonte le monument. Un dôme, avec cheminée de tôle, le termine. Il doit se faire un feu d'enfer là dedans pour cuire un caillou de rien.

Cet autre, surbaissé, s'allonge en courbe échine. Un orifice rond s'ouvre à l'un et l'autre bout, et par là déborde, de chaque côté, un gros tube de porcelaine. Impossible de m'imaginer à quoi peuvent servir de semblables engins. Les chercheurs de pierre philosophale devaient en avoir de pareils. Ce sont instruments de tortionnaire, arrachant leurs secrets aux métaux.

Sur des étagères est rangée la verrerie. J'y vois des cornues de grosseur diverse, toutes avec la panse brusquement fléchie. Outre leur long bec, quelques-unes ont sur le ventre une courte tubulure. Regarde, petit, et ne cherche pas à deviner l'usage de l'étrange vaisselle. J'aperçois des verres à pied, coniques et profonds; j'admire des flacons bizarres, à double et triple goulet; des fioles gonflées en ballon avec longue tubulure. Ah! Le singulier outillage!

Voici des armoires vitrées avec une foule de flacons, de

bocaux, pleins de mille drogues. Les étiquettes me disent : molybdate d'ammoniaque, chlorure d'antimoine, permanganate de potasse, et tant d'autres termes qui me déconcertent. Jamais en mes lectures je n'avais rencontré langage aussi rébarbatif.

Soudain, boum!!! Et des trépignements, des exclamations, des cris de douleur. Qu'est-il donc arrivé? J'accours du fond de la salle. La cornue vient d'éclater, en projetant à la ronde sa bouillie au vitriol. Le mur d'en face en est tout maculé. Qui plus, qui moins, presque tous mes condisciples sont atteints. L'un, le malheureux, a reçu les éclaboussures en plein visage, jusque dans les yeux. Il crie comme un damné.

Aidé d'un camarade moins compromis que les autres, je l'entraîne de force au dehors, je le conduis à la fontaine, heureusement très rapprochée, et je lui maintiens la face sous le robinet. La rapide ablution est efficace. L'horrible torture se calme un peu, si bien que le patient reprend ses sens et continue lui-même le lavage.

A celui-là certainement mon prompt secours a sauvé la vue. Une semaine plus tard, les lotions du médecin aidant, tout danger avait disparu. Comme j'ai été bien inspiré de me tenir à l'écart! Mon isolement, en face de la vitrine aux drogues, m'a laissé toute ma présence d'esprit, toute ma promptitude d'action. Que font les autres, les éclaboussés, trop rapprochés de la bombe chimique?

Je rentre dans la salle. Le spectacle n'est pas gai. Largement atteint, le maître a le devant de chemise, le gilet, le haut du pantalon barbouillés de cirage. Ça fume, cela se corrode. A la hâte, il se débarrasse en partie de la dangereuse enveloppe. Les mieux nippés d'entre nous lui prêtent de quoi se vêtir pour rentrer décemment chez lui.

Un de ces grands verres coniques que j'admirais tantôt est sur la table, plein d'alcali volatil. Toussant et larmoyant, chacun y trempe le bout de son mouchoir; on passe et repasse le tampon humecté, qui sur son chapeau, qui sur sa redingote. Ainsi disparaissent les taches rouges laissées par l'odieuse bouillie. Un peu d'encre achèvera de ramener la coloration.

Et l'oxygène? Il n'en fut plus question, bien entendu. La fête savante était finie. C'est égal : la désastreuse leçon fut pour moi événement majeur. J'étais entré dans l'officine du chimiste; j'en avais entrevu le curieux outillage. Dans l'enseignement, ce qui importe le plus, ce n'est pas la chose enseignée, plus ou moins bien comprise; c'est l'éveil donné aux aptitudes latentes de l'élève; c'est le grain de fulminate qui met en branle les explosifs endormis. En mon esprit, ce grain venait d'éclater. Un jour j'obtiendrai moi-même cet oxygène que la mauvaise chance me refuse; un jour, sans maître, j'apprendrai la chimie.

Cette chimie, à début désastreux, oui, je l'apprendrai. Et comment cela? En l'enseignant. Je ne conseillerai jamais cette méthode à personne. Heureux celui que guident la parole et l'exemple d'un maître! Il a devant lui voie de parcours aisé, aplanie, toute droite. L'autre suit un sentier rocailleux, où fréquemment le pas bronche : il s'engage à tâtons dans l'inconnu et s'égare.

Pour être remis en bon chemin, si l'insuccès ne le décourage pas, il ne peut compter que sur la persévérance, unique boussole des déshérités. Tel a été mon lot. Je me suis instruit en instruisant les autres, en leur transmettant le peu de grain mûri dans la maigre lande que défrichait, au jour le jour, mon soc persévérant.

Quelques mois après les événements de la bombe au vitriol, j'étais envoyé à Carpentras, comme chargé de l'enseignement primaire au collège. La première année fut pénible, débordé que j'étais par le trop grand nombre d'écoliers, rebut en général de la latinité et dégrossis à des degrés bien divers en matière d'orthographe. L'année suivante mon école se dédouble, j'ai un aide. Un triage est fait dans la cohue de mes étourdis. Je garde les plus âgés, les plus capables ; les autres vont faire un stage dans la division préparatoire.

A partir de ce jour, les choses changent d'aspect. De programme, il n'y en a pas. En cet heureux temps, la bonne volonté du maître comptait pour quelque chose ; on ignorait le piston scolaire fonctionnant avec la régularité d'une machine. C'était à moi d'agir comme je l'entendrais. Or, que faire pour mériter à l'école son titre de primaire supérieure ?

Eh parbleu ! Entre autres choses, je ferai de la chimie. Mes lectures m'ont appris qu'il n'est pas mauvais d'en savoir un peu pour fertiliser les sillons. Beaucoup de mes élèves viennent de la campagne ; ils y retourneront, feront valoir leurs terres. Montrons-leur de quoi se compose le sol et de quoi se nourrit la plante. D'autres suivront les carrières industrielles. Ils se feront tanneurs, fondeurs de métaux, distillateurs de trois-six, débitants de pains de savon et de barillets d'anchois. Montrons-leur la salaison, la savonnerie, l'alambic, le tanin, les métaux.

Ces choses-là, je ne les sais pas, bien entendu ; mais je les apprendrai, et d'autant mieux que je serai obligé de les apprendre aux autres, malins sans pitié quand le maître bafouille.

Justement le collège possède un petit laboratoire, réduit au strict indispensable. Il y a là une cuve pneumatique, une douzaine de ballons, quelques tubes et un maigre assortiment de drogues. Ce sera suffisant si je peux en disposer. Mais c'est là le saint des saints, réservé aux élèves de philosophie. Nul n'y pénètre que le professeur et ses disciples en préparation du baccalauréat ès lettres. Entrer dans ce tabernacle, moi profane, avec ma bande de galopins, ce serait indécent ; le maître de céans ne pourrait le tolérer. Je le sens bien : le primaire n'oserait songer à de telles familiarités avec la haute culture. Soit : on ne viendra pas là, pourvu qu'on me prête l'outillage.

Je fais part de mon projet au principal, souverain dispensateur de ces richesses. Homme de latin, presque étranger aux sciences, alors en médiocre estime, il ne comprend pas bien l'objet de ma demande. Humblement j'insiste, je me fais persuasif. Avec discrétion, je serre de près le nœud de l'affaire. Mon groupe d'élèves est nombreux. Plus que tout autre de l'établissement, il consomme beurre et légumes, grande préoccupation d'un principal. Ce groupe, il faut le satisfaire, l'allécher, l'augmenter si possible. La perspective de quelques assiettées de soupe en plus me vaut un succès ; ma

demande est acceptée. Pauvre science, que de diplo-
matie pour t'introduire chez les humbles, non nourris de
la moelle de Cicéron et de Démosthène!

J'ai l'autorisation de déménager une fois par semaine
l'outillage nécessaire à mes projets ambitieux. Du premier étage, retraite sacrée des choses scientifiques, je
le descendrai dans l'espèce de cave où je donne mes
leçons. Le laborieux, c'est la cuve. Cela doit se vider
pour le transport, cela doit après se remplir de nouveau.
Un externe, acolyte zélé, dîne à la hâte et vient, une
paire d'heures avant la classe, me prêter main-forte. A
nous deux nous opérons le déménagement. Il s'agit
d'obtenir l'oxygène, le gaz qui me fit autrefois si brusque
faillite.

A loisir, avec le secours d'un livre, j'ai médité mon
plan. Je ferai ceci, je ferai cela; je m'y prendrai de
telle façon et de telle autre. N'allons pas surtout nous
mettre en péril, nous aveugler peut-être, car il s'agit
encore de traiter à chaud le bioxyde de manganèse par
l'acide sulfurique. Des craintes me viennent au souvenir
de mon ancien camarade hurlant comme un damné.
Bah! Essayons tout de même : la fortune aime les audacieux. D'ailleurs, prudente condition dont je ne m'écar-
terai jamais, nul que moi ne s'approchera de la table.
S'il survient un accident, je serai le seul atteint; et, à
mon avis, connaître l'oxygène vaut bien la brûlure d'un
peu de sa peau.

Deux heures sonnent; les élèves entrent en classe.
J'exagère à dessein les probabilités du danger. Que
chacun gagne son banc et plus ne bouge. On se le tient

x.   23

pour dit. J'ai mes coudées franches. Personne autour de moi, sauf mon acolyte, debout à mon côté, prêt à me seconder, le moment venu ; chacun regarde, respectueux de l'inconnu. Profond silence.

Bientôt *glou*, *glou*, *glou*, font les bulles gazeuses montant à travers l'eau de la cloche. Serait-ce mon gaz ? Le cœur me bat d'émotion. Aurais-je, du premier coup, réussi sans encombre ? Nous allons voir. Une bougie éteinte à l'instant et conservant encore un point rouge à la mèche est descendue au bout d'un fil de fer dans une éprouvette pleine de mon produit. Parfait ! La bougie se rallume avec une petite explosion et brûle avec un éclat extraordinaire. C'est bien de l'oxygène.

L'instant est solennel. Mon auditoire est émerveillé. Je le suis également, mais plus encore de mon succès que de la bougie rallumée. Il me monte au front une bouffée de gloriole, je me sens courir dans les veines la chaleur de l'enthousiasme. De mes sentiments intimes, je ne divulgue rien. Aux yeux des écoliers, le maître doit être un habitué des choses qu'il enseigne. Que penseraient-ils de moi, les espiègles, si je laissais deviner ma surprise, s'ils savaient que je vois moi-même pour la première fois le merveilleux sujet de ma démonstration ! Je perdrais leur confiance, je descendrais au rang d'élève.

Haut le cœur ! Continuons comme si la chimie m'était familière. C'est le tour du ruban d'acier, vieux ressort de montre roulé en tire-bouchon et armé d'un morceau d'amadou. Avec cette simple amorce allumée, l'acier doit

prendre feu dans un bocal plein de mon gaz. Il y brûle,
en effet; il y devient splendide artifice, avec crépitation,
radieuses étincelles et fumée de rouille poudrant le bocal.
Du bout de la spire de feu par moments se détache une
goutte rouge qui traverse, frémissante, la couche d'eau
laissée au fond du bocal, et s'incruste dans le verre
soudain ramolli.

Ce pleur métallique, d'ardeur indomptable, nous
donne le frisson. On trépigne, on s'exclame, on applau-
dit. Les timides se voilent la face d'une main et n'osent
plus regarder que par l'interstice des doigts étalés. Mon
auditoire exulte, moi-même je triomphe. Hein! mes amis,
est-ce beau, la Chimie!

Pour chacun de nous, il est dans la vie des jours
fortunés, dignes d'être notés d'un petit caillou blanc.
Ceux-ci, les positifs, ont brassé des affaires. ils ont
gagné de l'argent et ils relèvent fièrement le front.
Ceux-là, les méditatifs, ont gagné des idées, ils se
sont ouvert un compte nouveau dans le grand livre
des choses, et ils jouissent en silence des saintes joies
du vrai.

Un de mes jours notables est celui de mes premiers
rapports avec l'oxygène. Ce jour-là, ma classe finie,
tout le matériel remis en place, je me sentais grandir
d'un empan. Manipulateur sans apprentissage, je venais
de montrer, avec plein succès, ce qui m'était inconnu
une paire d'heures avant. D'accident, aucun, pas même
la moindre tache d'acide. Ce n'est donc pas aussi difficile,
aussi dangereux que pouvait me le faire croire la piteuse
finale de la leçon à Saint-Martial. Avec un coup d'œil

vigilant et quelque prudence, il me sera possible de continuer. Cette perspective me ravit.

A son heure vient donc l'hydrogène, bien médité en mes lectures, vu et revu des yeux de l'esprit avant d'être vu des yeux du corps. Je mets en joie mes étourdis en faisant chanter la flamme de l'hydrogène dans un tube de verre, où ruisselle en gouttelettes l'eau résultant de la combustion; je les fais sursauter avec les explosions du mélange tonnant.

Plus tard s'enseignent, toujours avec le même succès, les magnificences du phosphore, les brutalités du chlore, les fétidités du soufre, les métamorphoses du charbon, etc. Bref, d'une leçon à l'autre sont passés en revue, dans le courant de l'année, les principaux métalloïdes et leurs composés.

La chose s'ébruita. De nouveaux élèves m'arrivèrent, attirés par les curiosités de l'école. Au réfectoire, il fallut mettre quelques couverts de plus, et le principal, plus soucieux de pois au lard que de chimie, me félicita de ce surcroît de pensionnaires. J'étais lancé. Le temps et l'indomptable vouloir feront le reste.

XXII

LA CHIMIE INDUSTRIELLE

Tout arrive. Lorsque, par les fenêtres basses donnant dans le jardin de l'école, je donnais un coup d'œil à l'officine où fumaient les cuves à garance ; lorsque, dans le sanctuaire même, comme première et dernière leçon de chimie, j'assistais à l'explosion de la bombe au vitriol qui faillit nous défigurer tous, ah ! que j'étais loin de soupçonner mon futur rôle sous la même voûte ! Elle m'eût laissé bien incrédule la prédiction m'annonçant qu'un jour je succéderais au maître. Le temps nous ménage de ces surprises.

Les pierres auraient les leurs pareillement si quelque chose pouvait les étonner. En principe, l'édifice de Saint-Martial fut une église, il est temple aujourd'hui. On y priait en latin, on y prie maintenant en français. Dans l'intervalle, pendant quelques années, il a servi à la science, belle oraison conjurant les ténèbres. Que lui réserve l'avenir ? Comme bien d'autres dans la ville sonnante, suivant le terme de Rabelais, deviendra-t-il magasin à chardons, entrepôt de ferraille, remise de voituriers? Qui le sait? Les pierres ont leurs destinées, non moins imprévues que les nôtres.

Lorsque j'en prends possession comme laboratoire des cours municipaux, la nef est restée ce qu'elle était au moment de ma courte et désastreuse visite d'autrefois. A droite, sur les murailles, un semis de taches noires frappe le regard. On dirait que la main d'un forcené, se faisant arme d'un pot d'encre, a brisé là son fragile projectile. Ces taches, je les reconnais tout de suite. Ce sont les éclaboussures de la bouillie corrosive que nous lança la cornue de jadis. Depuis ce temps lointain, on n'a pas jugé à propos de les faire disparaître sous une couche de badigeon. Tant mieux : elles seront pour moi d'excellentes conseillères. Sous mes yeux, à chaque leçon, elles me parleront sans cesse de prudence.

Malgré tous ses attraits, la chimie cependant ne me faisait pas oublier un projet bien conforme à mes goûts et caressé depuis longtemps, celui d'enseigner l'histoire naturelle dans une Faculté. Or, un jour, j'eus au lycée la visite d'un inspecteur général non faite pour m'encourager. Entre eux, mes collègues l'appelaient le Crocodile. Peut-être les avait-il quelque peu houspillés dans sa tournée. Malgré ses manières bourrues, c'était au fond un excellent homme. Je lui dois un avis de haute influence dans la suite de mes études.

Ce jour-là, il parut seul, à l'improviste, dans la salle où j'exerçais les élèves au dessin géométrique. Disons qu'à cette époque, pour venir en aide à mon dérisoire traitement et nouer vaille que vaille, avec ma nombreuse famille, les deux bouts de l'année, je cumulais bien des fonctions tant au lycée qu'au dehors. Au lycée, en particulier, après les deux heures soit de physique, soit de chimie, soit d'histoire naturelle, venait, sans répit, une autre séance de deux heures, où je montrais comment se trace une épure de géométrie descriptive; comment se dessinent un plan géodésique, une courbe quelconque dont on connaît la loi de génération. On appelait cela les travaux graphiques.

L'irruption soudaine du personnage redouté ne me cause pas grand émoi. Midi sonne, les élèves sortent, et nous restons seuls. Je le sais géomètre. Une courbe transcendante construite à la perfection est capable de de l'amadouer. J'ai précisément, dans mes cartons, de quoi le satisfaire. En cette circonstance, la fortune me sert bien. Parmi mes écoliers, un se trouve qui, vrai cancre pour tout le reste, manie excellemment équerre, règle et tire-ligne. Cervelle obtuse et doigts habiles.

A la faveur d'un réseau de tangentes dont je lui ai montré d'abord la loi et le tracé, mon artiste a obtenu la cycloïde ordinaire, puis l'épicycloïde, tant intérieure qu'extérieure; enfin les mêmes courbes rallongées ou raccourcies. Ses dessins sont d'admirables toiles d'araignée, enveloppant dans leur filet la courbe savante. Le tracé est d'une telle précision qu'on peut en déduire aisément de beaux théorèmes si pénibles au calcul.

Je soumets les chefs-d'œuvre géométriques à mon inspecteur général, féru lui-même de géométrie, à ce que l'on dit. Modestement je dis le mode du tracé, j'attire son attention sur les belles conséquences que le dessin permet de déduire. Peine perdue ; mes feuilles n'obtiennent qu'un regard distrait et sont rejetées sur la table à mesure que je les présente. « Hélas ! me disais-je, l'orage couve, la cycloïde ne te sauvera pas ; tu vas recevoir à ton tour le coup de dent du Crocodile. »

Pas du tout. Voici que le redouté se fait débonnaire. Il s'assied sur un banc, jambe de-ci, jambe de-là, m'invite à prendre place à côté de lui, et un moment nous causons travaux graphiques. Puis, avec brusquerie :

« Avez-vous de la fortune ? » fait-il.

Abasourdi de la singulière demande, je réponds par un sourire.

« N'ayez crainte, reprend-il ; confiez-vous à moi. Ce que je vous demande est dans votre intérêt. Avez-vous de la fortune ?

— Je n'ai pas à rougir de ma pauvreté, monsieur l'inspecteur général. En toute franchise je vous le confesse : je ne possède rien ; mes ressources se réduisent à mon humble salaire. »

Un froncement de sourcil accueille ma réponse, et j'entends ceci, dit à demi-voix, comme si mon confesseur se parlait à lui-même :

« C'est fâcheux, vraiment très fâcheux. »

Étonné que ma pénurie fût jugée fâcheuse, je m'informe. Je n'étais pas habitué à pareille sollicitude de la part de mes chefs.

« Eh oui, c'est grand dommage, continue l'homme qu'on disait si terrible. J'ai lu vos travaux parus dans les *Annales des sciences naturelles*. Vous avez l'esprit observateur, le goût des recherches, la parole animée, et la plume ne pèse pas trop à vos doigts. Vous auriez fait un excellent professeur de Faculté.

— Mais c'est précisément le but que je poursuis.

— Renoncez-y.

— Ne remplirais-je pas les conditions de savoir requises?

— Si, vous les remplissez, mais vous n'avez pas de fortune. »

Le grand obstacle m'est dévoilé ; malheur aux pauvres ! Le haut enseignement exige avant tout des rentes personnelles. Soyez médiocre, plat, mais ayez des écus qui vous permettent de figurer. L'affaire dominante est là, le reste est condition secondaire.

Et le digne homme me raconte la misère en habit noir. Quoique moins déshérité que je le suis, il en a connu les déboires ; il me les expose avec émotion, dans leur pleine amertume. Le cœur brisé, je l'écoute ; je sens crouler le refuge où je pensais abriter mon avenir.

« Monsieur, lui dis-je, vous venez de me rendre un grand service, vous mettez fin à mes hésitations. Provisoirement je renonce à mon projet. Je verrai d'abord s'il est possible d'acquérir le petit avoir qui m'est nécessaire afin d'enseigner décemment. »

Là-dessus s'échange une amicale poignée de main, et nous nous quittons. Je ne l'ai plus revu depuis. Ses raisons, toutes paternelles, m'avaient vite convaincu : j'étais mûr pour la rude vérité. Quelques mois avant m'était arrivée ma nomination de suppléant à la chaire de zoologie de Poitiers. On m'allouait prébende dérisoire. Les frais du déménagement soldés, il me restait à peine trois francs par jour, et je devais, avec ce revenu, subvenir aux besoins de ma famille, sept personnes. Je m'empressai de décliner l'honneur bien grand.

Non, la science ne devrait pas avoir de ces plaisanteries. Si nous lui sommes utiles, nous les humbles, que du moins elle nous fasse vivre. Ne le pouvant, qu'elle nous laisse casser des cailloux sur la grand'route. Oh! oui, j'étais mûr pour la vérité lorsque le brave homme me parlait de la misère en habit noir. Je raconte l'histoire du passé, non bien lointaine. Depuis, les choses se sont largement améliorées; mais quand la poire s'est trouvée faite à point, je n'étais plus d'âge à la cueillir.

Et maintenant, qu'entreprendre pour franchir le mauvais pas signalé par mon inspecteur et confirmé par mon expérience personnelle? Je ferai de la chimie industrielle. Les cours publics de Saint-Martial laissent à ma disposition laboratoire spacieux, assez bien outillé. Pourquoi ne pas en profiter?

La grande industrie d'Avignon était celle de la garance, fournie par l'agriculture aux usines, qui la transforment en produits plus purs et plus concentrés. Mon prédécesseur s'en occupait, et s'en trouvait bien, dit-on. Suivons ses traces, utilisons cuves et fourneaux, coûteux outillage dont j'ai hérité. Donc à l'œuvre,

Le produit que je recherche, quel doit-il être? Je me propose d'extraire le principe tinctorial, l'alizarine, de l'isoler des matériaux encombrants qui l'accompagnent dans la racine, de l'obtenir à l'état de pureté sous une forme se prêtant à l'impression directe des tissus, méthode bien autrement artistique et rapide que celle de la vieille teinture.

Rien de simple comme ce problème, une fois résolu; mais combien nébuleux tant qu'il est à résoudre. Je n'ose me remémorer la somme d'imagination et de patience dépensée en d'interminables tentatives que rien ne rebutait, pas même l'insensé. Que de méditations dans la sombre église, que de rêves fleuris, peu après quels déboires lorsque l'expérience donnait le dernier mot et renversait l'échafaudage de mes combinaisons! Tenace à la manière de l'esclave antique amassant un pécule pour son affranchissement, je répondais à l'échec de la veille par l'essai du lendemain, souvent défectueux comme les autres, parfois riche d'une amélioration; et j'allais sans me lasser, car, moi aussi, je nourrissais l'indomptable ambition de m'affranchir.

Y parviendrai-je? Peut-être bien. Voici que je possède enfin réponse satisfaisante. J'obtiens, de façon pratique et peu coûteuse, la matière colorante pure, concentrée en un petit volume, excellente pour l'impression aussi bien que pour la teinture. Un de mes amis commence, dans son usine, l'exploitation en grand de mon procédé; quelques ateliers d'indiennerie adoptent le produit, s'en montrent enchantés. Enfin, l'avenir sourit; dans mon ciel gris une trouée se fait, enluminée de rose. Je possé-derai le modeste avoir sans lequel je dois m'interdire l'enseignement supérieur. Affranchi de la géhenne du pain de chaque jour, je pourrai vivre tranquille au milieu de mes bêtes.

En ces joies de la chimie industrielle maîtresse de son

problème, un rayon de soleil m'était par surcroît réservé, ajoutant ses allégresses à celles de mon succès. Remontons une paire d'années plus haut.

Il nous vint au lycée les inspecteurs généraux. Ces messieurs vont par deux, l'un occupé des lettres et l'autre des sciences. L'inspection finie, les paperasses administratives vérifiées, le personnel enseignant fut convoqué dans le salon du proviseur pour entendre les derniers conseils des deux hauts personnages. Celui des sciences commença.

Ce qu'il dit, je serais fort embarrassé d'en retrouver le souvenir. C'était froide prose de métier, paroles sans âme oubliées de l'auditeur une fois le talon tourné; au vrai mot, une simple corvée pour celui qui parle et pour celui qui écoute. J'en avais auparavant assez entendu, de ces froides homélies; une de plus ne pouvait laisser trace.

A son tour parla l'inspecteur des lettres. Dès les premiers mots : « Oh! oh! me dis-je, ceci est une autre affaire! » La parole est émue, vibrante, imagée; insoucieuse des vulgarités scolaires, l'idée s'élève, doucement plane dans les régions sereines d'une paternelle philosophie. Cette fois j'écoute avec plaisir, je me sens même remué. Ce n'est plus l'homélie administrative; c'est l'élan chaleureux, le verbe entraînant; c'est l'homme de bien habile dans l'art de parler, ainsi que le veut la définition antique de l'orateur. A pareille fête, jamais l'enseignement ne m'avait convié.

Au sortir de la réunion, le cœur me battait plus vite que d'habitude. « Quel dommage, me disais-je, que ma partie, les sciences, ne puisse un jour me mettre en relations avec cet inspecteur; nous ferions, ce me semble, une paire d'amis. » Je m'informai de son nom auprès de mes collègues, toujours mieux renseignés que moi. Ils m'apprirent qu'il s'appelait Victor Duruy.

Or un jour, une paire d'années plus tard, en surveillance au milieu de la buée de mes cuves, les mains devenues pattes de homard cuit par la fréquentation du rouge indélébile de mes teintures, je vois entrer à l'improviste, dans mon officine de Saint-Martial, un personnage dont la physionomie me revient aussitôt en mémoire. Je ne me trompe pas ; c'est bien lui, c'est l'inspecteur général dont la parole m'avait autrefois ému. M. Duruy est maintenant ministre de l'instruction publique. On le qualifie d'Excellence, et ce qualificatif, vaine formule, est aujourd'hui des mieux mérités : notre ministre excelle dans ses hautes fonctions. Nous l'avons tous en profonde estime. C'est l'homme des modestes et des laborieux.

« Les derniers quarts d'heure de mon passage à Avignon, fait tout souriant mon visiteur, je désire les passer seul avec vous. Cela me distraira des courbettes officielles. »

Confus de tant d'honneur, je m'excuse de mon costume en manches de chemise et surtout de mes pattes de homard que j'avais un moment essayé de dissimuler derrière le dos.

« Vous n'avez pas d'excuses à me faire. Je viens voir le travailleur. L'ouvrier n'est jamais mieux qu'avec sa blouse et ses stigmates d'atelier. Causons un peu. Que faites-vous en ce moment? »

En peu de mots, j'expose l'objet de mes recherches; je montre mon produit; j'exécute sous les yeux du ministre un petit essai d'impression en rouge garance. Le succès de l'expérience et la simplicité de mon appareil, chambre à vapeur remplacée par une capsule en ébullition sous un entonnoir de verre, lui causent certaine surprise.

« Je vous viendrai en aide, fait-il. Que désirez-vous pour votre laboratoire?

— Mais rien, monsieur le ministre, rien. Avec un peu d'industrie, l'outillage que j'ai me suffit.

— Comment, rien! Vous êtes unique en ce genre. Les autres m'accablent de demandes; leurs laboratoires ne sont jamais assez pourvus. Et vous, si pauvre, vous refusez mes offres!

— Si, j'accepterai quelque chose.

— Et quoi donc?

— L'insigne honneur d'une poignée de main.

— La voilà, mon ami, la voilà, et des plus cordiales. Mais ce n'est pas assez. Que faut-il de plus?

— Le Jardin des Plantes de Paris est dans votre domaine. Si un crocodile meurt, qu'on m'en réserve la peau. Je la bourrerai de paille et je la suspendrai à la voûte. Mon officine, avec cet ornement, deviendra la rivale de l'antre des nécromanciens. »

D'un regard circulaire, le ministre parcourt la nef, en donnant un coup d'œil à la voûte ogivale. « Cela ferait très bien en effet, » dit-il. Et il se mit à rire de ma boutade.

« Je connais maintenant le chimiste, continua-t-il; je connaissais déjà le naturaliste et l'écrivain. On m'a parlé de vos petites bêtes. Je m'en vais avec le regret de ne pas les voir. Ce sera pour une autre fois. L'heure du départ s'approche. Accompagnez-moi jusqu'à la gare. Nous serons seuls, et chemin faisant nous causerons encore un peu. »

Nous allons, non pressés, devisant entomologie et garance. Ma timidité a disparu. La morgue d'un sot me laisserait muet; la belle franchise d'un esprit élevé me met à l'aise. Je dis mes recherches de naturaliste, mes projets de professeur, mes luttes contre l'âpre destinée, mes espoirs et mes craintes. Lui m'encourage, me parle d'un avenir meilleur. Ah! Le délicieux va-et-vient sur la grande avenue de la gare!

Une pauvre vieille passe, loqueteuse, le dos noué par l'âge et le travail des champs. Discrètement elle tend la main pour l'aumône. Duruy se fouille, trouve sous ses doigts une pièce de deux francs et la dépose sur la main tendue. Je voudrais, de mon côté, y ajouter une paire de sous. Vide comme d'habitude, mon gousset ne le pouvait pas. Je vais à la quémandeuse et lui glisse ces mots dans le tuyau de l'oreille :

« Savez-vous qui vous a fait cette largesse? C'est le ministre de l'empereur. »

Sursaut de la pauvre femme, dont les regards ébahis vont du généreux personnage à la pièce blanche, et de la pièce blanche au généreux personnage. Quelle surprise! Quelle aubaine! *Que lou bon Dièu ié done longo vido e santa, pecaïre!* fait-elle de sa voix cassée. Et, saluant d'une inclinaison de tête, elle se retire, regardant toujours dans le creux de sa main.

« Que disait-elle? me demanda Duruy.

— Elle vous souhaitait longue vie et santé.

— Et *pecaïre?*

— *Pecaïre* est tout un poème ; il résume les attendrissements du cœur. »

Et moi aussi, je répétais mentalement le vœu naïf. Quand on s'arrête avec une pareille bonhomie devant la main tendue d'un mendiant, on a dans l'âme mieux que les qualités d'un ministre.

Nous entrons dans la gare, toujours seuls suivant la promesse, et je vais confiant. Ah! si j'avais prévu l'aventure, comme j'aurais hâté mes adieux! Voici que petit à petit un groupe se forme devant nous. Il est trop tard pour fuir ; faisons de notre mieux bonne contenance. Arrivent le général de division et ses officiers, le préfet et son secrétaire, le maire et son adjoint, l'inspecteur d'académie et l'élite du personnel enseignant. Au cérémonieux demi-cercle fait face le ministre. Je suis à son côté. D'une part une foule, et de l'autre nous deux.

Comme de règle, suivent les assouplissements d'échine, les vains salamalecs que le bon Duruy était venu oublier un moment dans mon laboratoire. Saluant saint Roch dans sa niche au coin d'un mur, le fidèle s'incline du même coup devant l'humble compagnon du personnage. J'étais un peu le chien de saint Roch devant ces honneurs auxquels je n'avais rien à voir. Je regardais faire, mes affreuses mains rouges dissimulées derrière le dos sous les larges bords de mon chapeau de feutre.

Après échange des politesses officielles, la conversation

languissant, le ministre me prend la droite dans les mystères du chapeau et doucement l'entraîne.

« Montrez donc vos mains à ces messieurs, fait-il; d'autres en seraient fiers. »

En vain je proteste d'un mouvement du coude. Il faut s'exécuter. J'exhibe au jour mes pattes de homard.

« Mains d'ouvrier, dit le secrétaire de la préfecture; véritables mains d'ouvrier. »

Presque scandalisé de me voir en si haute compagnie, le général ajoute :

« Mains de teinturier dégraisseur.

— Oui, mains d'ouvrier, riposte le ministre, et je vous en souhaite beaucoup de pareilles. Elles viendront, j'aime à le croire, en aide à la principale industrie de votre ville. Versées dans le travail des réactifs chimiques, elles manient non moins bien la plume, le crayon, la loupe et le scalpel. Puisqu'on paraît l'ignorer ici, je suis enchanté de vous l'apprendre. »

Pour le coup, j'aurais voulu rentrer sous terre. Heureusement la cloche du départ sonne. Mes adieux faits au ministre, à la hâte je prends la fuite. Lui riait du bon tour qu'il venait de me jouer.

La chose s'ébruita, et il ne pouvait en être autrement, le péristyle d'une gare n'ayant pas de secrets. J'appris alors à quels ennuis nous expose l'ombre des puissants. On me crut personne influente, disposant à mon gré de la faveur des dieux. Les solliciteurs me harcelaient. Celui-ci désirait un bureau de tabac, cet autre une bourse pour son fils, ce troisième un supplément de pension. Je n'avais qu'à demander et j'obtiendrais, disaient-ils.

Naïves gens, quelle illusion était la vôtre! Vous ne pouviez trouver pire intermédiaire. Moi postuler! J'ai bien des travers, je le confesse, mais certes je suis affranchi de celui-là. De mon mieux, je congédiais les importuns, ne comprenant rien à ma réserve. Qu'auraient-ils dit s'ils avaient connu les offres du ministre relatives à mon laboratoire, et ma réponse visant, par plaisanterie, une peau de crocodile suspendue à la voûte! Ils m'auraient traité d'imbécile.

Six mois se passent, et je reçois une lettre me convoquant dans le cabinet du ministre. Je soupçonne une proposition d'avancement dans un lycée de plus grande importance, et je supplie de me laisser où je suis, près de mes cuves et de mes insectes. Une seconde lettre arrive, plus pressante que la première, et cette fois signée du ministre lui-même. Cette lettre dit : « Venez tout de suite, ou je vous fais prendre par mes gendarmes. ».

Nul moyen de tergiverser. Vingt-quatre heures après, j'étais dans le cabinet de M. Duruy. Avec une exquise affabilité, il me tend la main, et, prenant un numéro du *Moniteur* : « Lisez là, dit-il; vous avez refusé mes appareils de chimie, vous ne refuserez pas ceci. »

Je regarde la ligne que son doigt m'indique. Je lis ma nomination dans la Légion d'honneur. Stupide de surprise, je balbutie je ne sais quoi pour remercier.

« Venez ici, fait-il, que je vous donne l'accolade. Je serai votre parrain. Se passant en secret entre nous deux, la cérémonie ne vous agréera que mieux. Je vous connais. »

Il m'épingle le ruban rouge, il m'embrasse sur les deux joues, il fait télégraphier à ma famille le glorieux événement. Quelle matinée, en tête-à-tête avec cet excellent homme !

Je comprends très bien l'inanité de la quincaillerie et de la rubannerie décoratives, surtout quand, comme cela se voit trop souvent, l'intrigue vient déshonorer l'honneur ; mais, tel qu'il m'est venu, ce bout de ruban m'est précieux. C'est une relique, et non un objet de parade. Je le garde religieusement au fond d'un tiroir de ma commode.

Un paquet de gros livres est sur la table. C'est le recueil des rapports sur les progrès des sciences, recueil entrepris au sujet de l'Exposition universelle qui venait de se clore, celle de 1867.

« Ces livres sont pour vous, continue le ministre, emportez-les. Vous les feuilletterez à loisir. Cela pourra vous intéresser. Il y est un peu question de vos insectes. Emportez également ceci, qui vous dédommagera de vos frais de voyage. Le déplacement que je vous ai imposé ne doit pas être à votre charge. S'il y a un excédent, vous l'utiliserez pour votre laboratoire. »

Et il me remet un rouleau de douze cents francs. En vain je refuse, je fais observer que mon voyage ne m'est pas aussi onéreux que cela. D'ailleurs son accolade et son épingle sont inestimables en comparaison de mes frais. Il insiste.

« Prenez, vous dis-je, sinon je me fâche tout rouge. Ce n'est pas tout : vous viendrez demain avec moi chez l'empereur, à la réception des sociétés savantes. »

Me voyant très perplexe et comme démoralisé par la perspective d'une impériale entrevue :

« Ne cherchez pas à m'échapper, ou gare aux gendarmes dont vous parlait ma lettre. Vous les avez vus en entrant ici, mes gens à bonnet d'ourson. Ne tombez pas entre leurs mains. Du reste, pour vous éviter la tentation de fuir, nous irons ensemble aux Tuileries, dans ma voiture. »

Les choses se passèrent comme il le voulait. Le lendemain, en compagnie du ministre, j'étais introduit dans un petit salon des Tuileries par des chambellans à culottes courtes et souliers à boucles d'argent. Ce sont de curieux personnages. Leur costume et leurs allures compassées en font à mes yeux des scarabées qui, en guise d'élytres, porteraient grand frac café au lait, barré de clefs au milieu du dos. Dans la pièce déjà attendaient une vingtaine de personnes, venues un peu de partout. Il y avait là des explorateurs, des géologues, des botanistes, des fouilleurs d'archives, des archéologues, des collectionneurs de silex préhistorique, enfin ce qui d'habitude représente la vie scientifique en province.

Entre l'empereur, tout simple, sans autre apparat qu'un large ruban de moire rouge en sautoir. Rien de majestueux. C'est un homme comme les autres, rondelet, à grosses moustaches, à paupières demi-closes, qui semblent toujours sommeiller. Il va de l'un à l'autre, cause un moment avec chacun de nous à mesure que le ministre lui dit notre nom et le genre de nos occupations. Il passe, assez bien renseigné, des glaces du Spitzberg aux dunes de la Gascogne, d'une charte carolingienne à la flore du Sahara, des progrès de la betterave aux tranchées de César devant Alésia. Mon tour venu, il me questionne sur l'hypermétamorphose des Méloïdes, mon dernier travail en entomologie. Je réponds, m'égarant un peu dans le protocole, mélangeant le vulgaire monsieur avec le sire, terme dont l'usage m'est si nouveau.

Tant bien que mal se franchit le pas redouté. D'autres me succèdent. Cette conversation de cinq minutes avec une Majesté est, dit-on, insigne honneur. Je veux bien le croire, mais sans désir aucun de recommencer. C'est fini, des salutations s'échangent et congé nous est donné. Un déjeuner nous attend tous chez le ministre.

Je suis à sa droite, bien embarrassé de cette distinction; à sa gauche est un physiologiste de grand renom. Comme les autres, je parle un peu de tout, même du pont d'Avignon. Le fils Duruy, que j'ai en face de moi, me plaisante amicalement sur le fameux pont où tout le monde danse; il sourit de mon impatience à revoir les collines embaumées de thym et les oliviers gris féconds en cigales.

« Comment! demande le père, vous ne visiterez pas nos musées, nos collections? Il y a là des choses bien intéressantes.

— Je le sais, monsieur le ministre, mais je trouverai mieux là-bas et plus à mon goût, dans l'incomparable musée des champs.

— Alors que comptez-vous faire?

— Je compte partir demain. »

Je partis effectivement, j'en avais assez de Paris; jamais je n'avais ressenti les affres de l'isolement comme dans cet immense tourbillon d'hommes. Allons-nous-en, allons-nous-en, c'était une idée fixe.

De retour parmi les miens, quel poids de moins et quelle fête! Au fond de l'âme me tintinnabule un carillon sonnant les joies de l'affranchissement prochain. Petit à petit l'usine libératrice se monte, pleine de promesses. Oui, je le posséderai, ce modeste revenu qui comblera mes ambitions en me permettant de parler bêtes et plantes dans une chaire de Faculté.

Eh bien, non, tu ne pourras l'acquérir, ce pécule de l'affranchi; tu traîneras toujours la chaîne de l'esclave; ton carillon sonne faux. A peine l'usine en pleine marche, une nouvelle se répand, bruit vague d'abord, écho de probabilités plutôt que de certitudes, puis affirmation ne laissant plus de place au doute. La chimie vient d'obtenir artificiellement le principe tinctorial de la garance; par une préparation de laboratoire, elle bouleverse de fond en comble l'agriculture et l'industrie de ma région. S'il met à néant mon travail et mes espérances, ce résultat du moins ne m'étonne pas outre mesure. Ayant quelque peu taquiné moi-même le problème de l'alizarine artificielle, j'en savais assez long pour prévoir que, dans un avenir non éloigné, le travail de la cornue remplacerait celui des champs.

C'est fini, l'écroulement de mes espérances est complet. Qu'entreprendre maintenant? Changeons de levier et remettons-nous à rouler le rocher de Sisyphe. Essayons de puiser dans l'encrier ce que nous refuse la cuve à garance. *Laboremus!*

FIN

Après la publication du dixième volume des Souvenirs Entomologiques, *au printemps de 1909, Fabre, fidèle à la devise qui terminait ce volume, avait continué à travailler. Les belles observations suivantes, la* Chenille du chou *et le* Ver luisant, *devaient former les deux premiers chapitres du onzième volume que déjà il préparait. Il commençait à étudier les mœurs de la Courtilière, de la Scolopendre, du Scorpion noir, quand ses forces définitivement vinrent à le trahir : il n'en subsiste malheureusement que des notes encore trop incomplètes et trop informes pour que le public puisse y trouver un véritable intérêt.*

G.-V. L.

LE VER LUISANT

En nos climats, peu d'insectes rivalisent de renommée populaire avec le ver luisant, la curieuse bestiole qui pour célébrer ses petites joies de la vie, s'allume un phare au bout du ventre. Qui ne le connaît au moins de nom? Dans les chaudes soirées de l'été, qui ne l'a vu errer parmi les herbages, pareil à une étincelle tombée de la pleine lune? L'antiquité grecque le nommait Lampyre, signifiant porteur de lanterne sur le croupion. La science officielle fait usage du même vocable; elle appelle le porteur de lanterne *Lampyris noctiluca,* Lin.

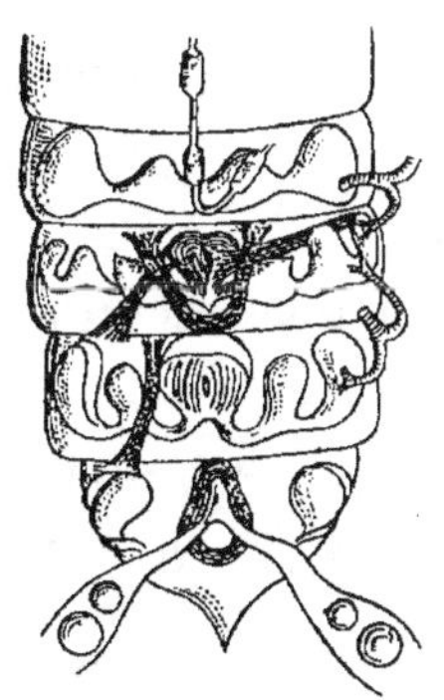

Organes lumineux de la femelle du Lampyris noctiluca.

Ici l'expression vulgaire ne vaut pas le terme savant, si expressif et si correct, une fois traduit.

On pourrait en effet chercher chicane à l'appellation

de ver. Le Lampyre n'est pas du tout un ver, ne serait-ce que sous le rapport de l'aspect général. Il a six courtes pattes dont il sait très bien faire usage; c'est un trotte-menu. A l'état adulte, le mâle est correctement vêtu d'élytres, en vrai coléoptère qu'il est. La femelle est une disgraciée à qui sont inconnues les joies de l'essor; elle garde, sa vie durant, la conformation larvaire, pareille, du reste, à celle du mâle, incomplet lui aussi, tant que n'est pas venue la maturité de la pariade. Même en cet état initial, le terme de ver est mal appliqué. Une locution vulgaire dit : nu comme un ver, pour désigner le dénûment de toute enveloppe défensive. Or le Lampyre est habillé, c'est-à-dire vêtu d'un épiderme de quelque consistance; en outre, il est assez richement coloré d'un brun marron sur l'ensemble du corps et agrémenté d'un rose tendre sur la poitrine, surtout à la face inférieure. Enfin chaque segment est décoré au bord postérieur de deux petites cocardes d'un roux assez vif. Pareil costume exclut l'idée de ver.

Laissons tranquille cette dénomination mal réussie et demandons-nous de quoi se nourrit le Lampyre. Un maître en gastronomie, Brillat-Savarin, disait : « Montre-moi ce que tu manges et je dirai qui tu es. » Pareille question devrait s'adresser au préalable à tout insecte dont on étudie les mœurs, car, du plus gros au moindre dans la série animale, le ventre est le souverain du monde; les données fournies par le manger dominent les autres documents de la vie. Eh bien! malgré ses innocentes apparences, le Lampyre est un carnassier, un giboyeur exerçant son métier avec une rare scélératesse. Sa proie réglementaire est l'Escargot.

Ce détail est connu depuis longtemps par les entomologistes. Ce que l'on sait moins, ce que l'on ne sait pas même du tout encore, me semble-t-il d'après mes lectures, c'est la singulière méthode de l'attaque, dont je ne connais pas d'autre exemple ailleurs.

Avant de s'en repaître, le Ver luisant anesthésie sa victime; il la chloroformise, émule en cela de notre

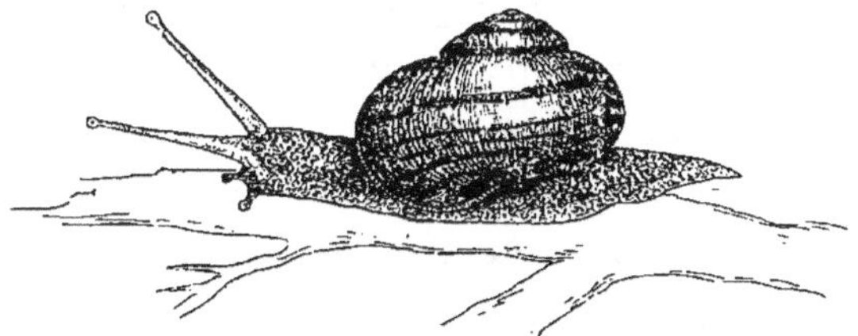

Helix variabilis.

merveilleuse chirurgie qui rend son sujet insensible à la douleur avant de l'opérer. Le gibier habituel est un escargot de médiocre volume atteignant à peine celui d'une cerise. Telle est l'Hélice variable (*Helix variabilis*. Drap.) qui, l'été, au bord des chemins, s'assemble en grappes sur les chaumes de fortes graminées et autres longues tiges sèches, et là profondément médite, immobile, tant que durent les torridités estivales. C'est en pareille station que bien des fois il m'a été donné de surprendre le Lampyre attablé à la pièce qu'il venait d'immobiliser sur le tremblant appui au moyen de sa tactique chirurgicale.

Mais d'autres réserves de vivres lui sont familières. Il

fréquente les bords des rigoles d'arrosage, à terrain frais, à végétation variée, lieu de délice pour le mollusque. Alors, il travaille sa pièce à terre. Dans ces conditions il m'est facile de l'élever en domesticité et de suivre dans les moindres détails la manœuvre de l'opérateur. Essayons de faire assister le lecteur à l'étrange spectacle.

Dans un large bocal, garni d'un peu d'herbage, j'installe quelques Lampyres et une provision d'escargots de taille convenable, ni trop gros ni trop petits. L'Hélice variable domine. Soyons patients et attendons. Que la surveillance soit surtout assidue, car les événements désirés surviennent à l'improviste et sont de brève durée.

Enfin nous y voici. Le Ver luisant explore un peu la pièce, d'habitude rentrée en plein dans la coquille moins le bourrelet du manteau qui déborde un peu. Alors s'ouvre l'outil du vénateur, outil très simple mais exigeant le secours de la loupe pour être bien reconnu. Il consiste en deux mandibules fortement recourbées en croc, très acérées et menues comme un bout de cheveu. Le microscope y constate dans toute la longueur un fin canalicule. C'est tout.

De son instrument, l'insecte tapote à diverses reprises le manteau du mollusque. On dirait innocents baisers plutôt que morsures, tant les choses se passent avec douceur. Entre jeunes camarades, échangeant des agaceries, nous appelions jadis *pichenettes* de légères pressions du bout des doigts, simple chatouillement plutôt que sérieuse agression. Servons-nous de ce mot. Dans une conversation avec la bête, le langage n'a rien à perdre à rester enfantin. C'est la vraie manière de se comprendre entre naïfs.

Le Lampyre dose ses pichenettes. Il les distribue méthodiquement, sans se presser, avec un bref repos après chacune d'elles, comme si l'insecte voulait chaque fois se rendre compte de l'effet produit. Leur nombre n'est pas considérable; une demi-douzaine tout au plus pour dompter la proie et l'immobiliser en plein. Que d'autres coups de crocs soient donnés après, au moment de la consommation, c'est très probable sans que je puisse rien préciser, car la suite du travail m'échappe. Mais il suffit des quelques premiers, toujours en petit nombre, pour amener l'inertie et l'insensibilité du mollusque, tant est prompte, je dirais presque foudroyante la méthode du Lampyre, qui instille, à n'en pas douter, certain virus au moyen de ses crocs canaliculés. Les preuves de la soudaine efficacité de ces piqûres, en apparence si bénignes, les voici.

Je retire au Lampyre l'escargot qu'il vient d'opérer sur le bourrelet du manteau à quatre ou cinq reprises. Avec une fine aiguille, je le pique en avant, dans les parties que l'animal contracté dans sa coquille laisse encore à découvert. Nul frémissement des chairs blessées, nulle réaction contre les rudesses de l'aiguille. Un vrai cadavre ne serait pas plus inerte.

Voici qui est encore plus probant. La chance me vaut parfois des escargots assaillis par le Lampyre tandis qu'ils cheminent, le pied en douce reptation, les tentacules turgides, dans la plénitude de leur extension. Quelques mouvements déréglés trahissent un court émoi du mollusque;

puis tout s'arrête, le pied ne rampe plus, l'avant perd sa gracieuse courbure en col de cygne ; les tentacules deviennent flasques, pendillent affaissés sur leur poids et coudés en manière de bâton rompu. Cet état est persistant.

L'Escargot est-il mort en réalité ? En aucune manière, car il m'est loisible de ressusciter l'apparent trépassé. Après deux ou trois jours de ce singulier état qui n'est plus la vie et n'est pas davantage la mort, j'isole le patient, et, quoique ce ne soit pas bien nécessaire au succès, je le gratifie d'une ablution qui représentera l'ondée si agréable au mollusque valide.

En une paire de jours environ mon séquestré, que viennent de mettre à mal les perfidies du Lampyre, revient à son état normal. Il ressuscite en quelque sorte ; il reprend mouvement et sensibilité. Il est impressionné par le stimulant d'une aiguille ; il se déplace, rampe, exhibe les tentacules, comme si rien d'insolite ne venait de se passer. La torpeur générale, sorte d'ivresse profonde, est complètement dissipée. Le mort présumé revient à la vie. De quel nom appeler cette façon d'être qui, temporairement, abolit l'aptitude au mouvement et à la douleur ? Je n'en vois qu'un de convenable approximativement : c'est celui d'anesthésie.

Par les prouesses d'une foule d'hyménoptères dont les larves carnassières sont approvisionnées de proie immobile quoique non morte, nous connaissions l'art savant de l'insecte paralyseur, qui engourdit de son venin les centres nerveux locomoteurs. Voici maintenant une humble bestiole qui pratique au préalable l'anesthésie de son patient. La science humaine n'a pas en réalité inventé cet art, l'une des merveilles de la chirurgie actuelle. Bien avant, dans le recul des siècles, le Lampyre et d'autres apparemment le connaissaient aussi. La science de la bête a de beaucoup devancé la nôtre ; la méthode seule est changée. Nos opérateurs procèdent par l'inhalation des vapeurs venues soit de l'éther, soit du chloroforme ; l'insecte procède par l'inoculation d'un virus spécial issu des crocs mandibulaires à dose infinitésimale. Ne saurait-on un jour tirer parti de cette indication ? Que de superbes trouvailles nous réserverait l'avenir, si nous connaissions mieux les secrets de la petite bête !

Avec un adversaire inoffensif et de plus éminemment pacifique, qui de lui-même ne commencera jamais la querelle, de quelle utilité peuvent être au Lampyre des talents anesthésiques ? Je crois l'entrevoir. On trouve en Algérie le Drile mauritanique, insecte non lumineux mais voisin de notre ver luisant par l'organisation

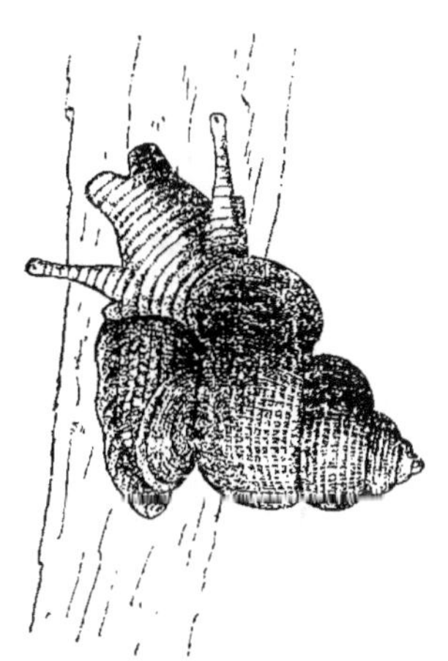

Cyclostoma sulcatum, double de grandeur naturelle.

et surtout par les mœurs. Il se nourrit, lui aussi, de mollusques terrestres. Sa proie est un cyclostome, à gracieuse coquille turbinée que ferme strictement un opercule pierreux fixé à l'animal par un vigoureux muscle. C'est une porte mobile, se fermant avec rapidité par le seul retrait de l'habitant dans sa cabine, s'ouvrant avec la même facilité lorsque le reclus sort. Avec pareil système de fermeture, la demeure est inviolable. Le Drile le sait.

Fixé à la surface de la coquille, par un appareil d'adhésion dont le Lampyre nous montrera tout à l'heure l'équivalent, il attend aux aguets, des journées entières s'il le faut. Enfin le besoin d'air et de nourriture oblige l'assiégé à se montrer. Pour le moins l'huis s'entrebâille un peu. Cela suffit. Le Drile est aussitôt là et fait son coup. La porte ne peut plus se fermer. L'assaillant est maître désormais de la forteresse. On dirait d'abord que de rapides cisailles ont sectionné le muscle moteur de l'opercule. Cette idée doit être écartée. Le Drile n'est pas assez bien outillé en mâchoires pour obtenir aussi promptement l'érosion d'une masse charnue. Il faut qu'à l'instant, au premier contact, l'opération réussisse, sinon l'attaqué rentrerait, toujours vigoureux, et le siège serait à recommencer, aussi difficultueux que jamais, ce qui exposerait l'insecte à des jeûnes indéfiniment prolongés. Bien que je n'aie jamais fréquenté le Drile mauritanique, étranger à ma région, je considère donc comme très probable une tactique pareille à celle du Lampyre. L'insecte algérien, pas plus que notre mangeur d'escargots, ne charcute sa victime, il la rend inerte, il l'anesthésie au moyen de quelques pichenettes aisément distribuées, pour que le couvercle bâille un instant. C'est assez. L'assiégeant alors pénètre et consomme en toute tranquillité une proie incapable de la moindre réaction musculaire. Ainsi je vois les choses aux seules éclaircies de la logique.

Revenons maintenant au Lampyre. Si l'Escargot est à terre, rampant ou même contracté, l'attaque est toujours sans difficulté aucune. La coquille est dépourvue d'opercule et laisse à découvert en grande partie l'avant du reclus. Là, sur les bords du manteau que resserre la crainte du péril, le mollusque est vulnérable, sans défense possible. Mais il arrive fréquemment aussi que l'Escargot se tient en haut lieu, accolé au chaume d'une graminée, ou bien à la surface lisse d'une pierre. Cet appui lui sert d'opercule temporaire ; il écarte l'agression de tout malintentionné qui tenterait de molester l'habitant de la cabine mais à la condition expresse qu'il n'y ait nulle part de fissure bâillante sur le circuit de l'enceinte. Si, au contraire, cas fréquent par suite de l'adaptation incomplète de la coquille à son support, un point quelconque est à découvert, si minime soit-il, c'est suffisant au subtil outillage du Lampyre qui mordille un peu le mollusque et le plonge à l'instant dans une profonde immobilité favorable aux tranquilles manœuvres du consommateur.

Ces manœuvres sont, en effet, d'extrême discrétion. Il faut que l'assaillant travaille en douceur sa victime, sans provoquer de contractions qui décolleraient l'escargot de son appui, et pour le moins le feraient choir de la haute tige où béatement il somnole. Or le gibier tombé à terre serait apparemment objet perdu, car le ver luisant n'est pas d'un grand zèle pour les investigations de chasse ; il profite des trouvailles que la bonne fortune lui vaut sans se livrer à des recherches assidues. Il convient donc que l'équilibre d'une pièce hissée dans les hauteurs d'une tige et maintenue à peine par des traces de glu ne soit troublé le moins possible lors de l'attaque ; il est nécessaire que l'agresseur travaille avec une extrême circonspection, sans amener de douleurs, de crainte que des réactions musculaires ne provoquent une chute et ne compromettent la prise de possession. On le voit : une anesthésie soudaine et profonde est méthode excellente pour amener le Lampyre à son but, qui est de consommer sa proie en parfaite tranquillité.

De quelle façon consomme-t-il ? Mange-il en réalité, c'est-à-dire divise-t-il par miettes, découpe-t-il en minimes parcelles, broyées après avec un appareil masticateur ? Il me semble que non. Je ne vois jamais à la bouche de mes captifs trace de nourriture solide. Le Lampyre ne mange pas dans la stricte signification du mot, il s'abreuve ; il se nourrit d'un brouet clair en lequel il transforme sa proie par une méthode rappelant celle de l'asticot. Comme la larve carnassière du diptère, lui aussi sait digérer avant de consommer ; il fluidifie sa proie avant de s'en nourrir. Voici comment les choses se passent.

Un escargot vient d'être anesthésié par le Lampyre. L'opérateur est presque toujours seul, même lorsque la pièce est de belle taille comme le vulgaire colimaçon, *Helix aspersa*. — Bientôt des convives accourent, deux, trois et davantage, et sans noise avec le réel propriétaire, tous se mettent à festoyer. Laissons-les faire une paire de jours et retournons alors la coquille, l'orifice en bas. Le contenu s'écoule aussi facilement que le ferait le bouillon d'une marmite renversée. Lorsque les consommateurs se retirent repus de ce brouet, il ne reste que des reliefs insignifiants.

La chose est évidente; par la répétition de fines morsures comparables aux pichenettes que nous avons vu distribuer au début, la chair du mollusque se convertit en brouet dont les divers convives s'alimentent indistinctement, chacun travaillant au bouillon au moyen de

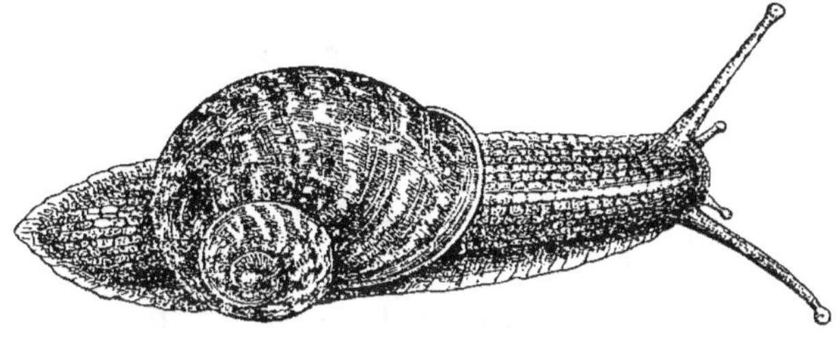
Helix aspersa.

quelque pepsine spéciale et chacun y prenant ses gorgées. Par suite de cette méthode convertissant au préalable la nourriture en fluide, la bouche du Lampyre doit être bien faiblement armée en dehors des deux crocs qui piquent le patient, lui inoculent le virus anesthésique et en même temps sans doute l'humeur apte à fluidifier les chairs. Ces deux menus outils, tout juste explorables avec une loupe, doivent avoir un autre rôle, semble-t-il. Ils sont creux et comparables alors à ceux du fourmi-lion qui suce et tarit sa capture sans avoir besoin de la démembrer, avec cette profonde différence que ce dernier laisse de copieux reliefs, rejetés après hors du piège en entonnoir creusé dans le sable, tandis que le Lampyre, expert-liquéfacteur, ne laisse rien, ou bien peu s'en faut. Avec un outillage analogue, l'un suce tout simplement le sang de sa proie, l'autre utilise en plein sa pièce à la faveur d'une préalable liquéfaction.

Et cela se fait avec une exquise précision, bien que l'équilibre soit parfois très instable. Mes bocaux d'éducation m'en fournissent de superbes exemples. Rampant sur le verre, les escargots captifs de mes appareils gagnent fréquemment le haut de l'enceinte, clôturée par un carreau de vitre; ils s'y fixent au moyen d'un faible encollement de glaire. C'est ici simple station temporaire, où le mollusque est avare de son produit adhésif; aussi le moindre choc suffit-il pour détacher la coquille et la faire choir au fond du bocal.

Or il n'est pas rare que le Lampyre se hisse là-haut, à la faveur de certain organe d'ascension suppléant à la faiblesse des pattes. Il choisit sa pièce, minutieusement l'inspecte pour trouver une fissure d'accès, la mordille un peu, l'insensibilise et sans retard procède aux apprêts du brouet dont il fera consommation des journées entières.

Lorsque le consommateur se retire, la coquille se trouve vidée à fond, et cependant cette coquille que fixait au verre une très délicate adhérence ne s'est pas détachée, ne s'est même pas déplacée, si peu soit-il; sans protestation du reclus, petit à petit converti en bouillon, elle s'est tarie au point même où s'est faite la première attaque. Ces menus détails nous disent avec quelle soudaineté agit la morsure anesthésique; ils nous apprennent avec quelle dextérité le ver luisant exploite son escargot sans le faire choir d'un appui très glissant et vertical, et sans même l'ébranler sur une ligne d'adhérence très faible.

En pareilles conditions d'équilibre, les pattes de l'opérateur, brèves et maladroites, ne peuvent évidemment suffire ; il faut en outre un appareil spécial qui brave la glissade et saisisse l'insaisissable. Le Lampyre le possède en effet. A l'extrémité postérieure de la bête on voit un point blanc que la loupe résout en une douzaine environ de brefs appendices charnus, tantôt rassemblés en groupe et tantôt épanouis en rosette. Voilà, sans plus, l'organe d'adhésion et de locomotion. Veut-il se fixer quelque part, même sur une face très lisse, par exemple le chaume d'une graminée, le Lampyre ouvre sa rosette et l'étale en plein sur l'appui où elle adhère par sa propre viscosité. Le même organe, s'élevant et s'abaissant, s'ouvrant et se fermant, vient largement en aide pour la marche. En somme, le Lampyre est un cul-de-jatte d'un nouveau genre, il se met au derrière une gentille rose blanche, une sorte de main à douze doigts inarticulés et mobiles en tous sens, doigts tubulaires qui ne saisissent pas, mais engluent.

Le même organe a un autre usage : celui d'éponge et de pinceau, concernant la toilette. En un moment de repos, après réfection, le Lampyre se passe, se repasse ledit pinceau sur la tête, le dos, les flancs, l'arrière-train, manœuvre que lui permet sa flexibilité d'échine. Cela se fait point par point, d'un bout à l'autre du corps, avec une minutieuse insistance affirmant le haut intérêt que l'insecte prend à son opération. Dans quel but s'éponger de la sorte, se lustrer, s'épousseter avec tant de soin ? Il s'agit apparemment de balayer quelques atomes de poussière, ou bien quelques traces de mucosité qu'a laissées la fréquentation de l'escargot. Un peu de toilette n'est pas de trop quand on remonte de la cuve où s'est travaillé le mollusque.

S'il n'avait d'autre talent que de savoir anesthésier sa proie au moyen de quelques pichenettes semblables à des baisers, le Lampyre serait un inconnu du vulgaire, mais il sait aussi s'allumer en fanal; il reluit, condition excellente pour se faire un renom. Considérons en particulier la femelle qui, tout en gardant la forme larvaire, devient nubile et brille du mieux lors des fortes chaleurs de l'été.

L'appareil lumineux occupe les trois derniers segments de l'abdomen. Sur les deux premiers, c'est de part et d'autre, à la face ventrale, une large écharpe couvrant la presque totalité de l'arceau; sur le troisième, la partie lumineuse se réduit beaucoup et consiste simplement en deux médiocres lunules ou plutôt en deux points qui transparaissent sur le dos et sont visibles aussi bien en dessus qu'en dessous de l'animal. Écharpes et points émettent une superbe lumière blanche doucement bleutée.

Le luminaire général du Lampyre comprend ainsi deux groupes : d'une part les amples écharpes des deux segments précédant le dernier, d'autre part les deux points de l'ultime segment. Les deux écharpes, apanage exclusif de la femelle nubile, sont les parties les plus riches en illumination; pour magnifier ses noces, la future mère se pare de ses plus riches atours, elle allume ses deux splendides ceintures. Mais auparavant, depuis l'éclosion, elle n'avait que le modeste lumignon de l'arrière. Cette floraison de lumière représente ici l'habituelle métamorphose qui termine l'évolution en donnant à l'insecte des ailes et l'essor. Quand elle resplendit, c'est indice de prochaine pariade. D'ailes et d'essor, il n'y en aura pas; la femelle garde son humble configuration larvaire, mais elle allume les splendeurs de son phare.

De son côté, le mâle se transforme en plein, il change de forme, il acquiert des ailes et des élytres; néanmoins il possède comme la femelle, à partir de l'éclosion, le faible lampion du segment terminal. Indépendante du sexe et de la saison, cette luminosité de l'arrière caractérise la race entière du Lampyre. Elle apparaît sur la larve naissante et persiste toute la vie sans modification. N'oublions pas d'ajouter qu'elle est visible à la face dorsale tout aussi bien qu'à la face ventrale, tandis que les deux grandes écharpes propres à la femelle luisent uniquement sous le ventre.

Autant que le permet le peu qui me reste de la sûreté de main et de la bonne vue d'autrefois, je consulte l'anatomie sur la structure des organes lumineux. Avec un lambeau d'épiderme, je parviens à séparer assez nettement la moitié de l'une des écharpes luisantes, et je soumets ma préparation au microscope. Sur l'épiderme s'étale une sorte de badigeon blanc, formé d'une substance très finement granuleuse. C'est là certainement la matière photogénique. Scruter plus avant cette couche blanche n'est pas possible à mes yeux si fatigués.

Tout à côté se voit une trachée singulière, dont le tronc bref et remarquable d'ampleur se ramifie brusquement en une sorte de buisson touffu à ramifications très fines. Celles-ci rampent sur la nappe photogénique ou même y plongent. C'est tout.

L'appareil lumineux est donc sous la dépendance de l'appareil respiratoire et le travail produit est une oxydation. La nappe blanche fournit la matière oxydable, la grosse trachée épanouie en touffe buissonneuse y distribue l'afflux de l'air; resterait à savoir de quelle nature est la substance de cette nappe.

On a tout d'abord songé au phosphore, tel que l'entend la chimie. On a calciné le Lampyre et traité par les brutales réactions qui mettent à découvert les corps simples; dans cette voie, nul, que je sache, n'a obtenu réponse satisfaisante. Le phosphore paraît être ici hors de cause, malgré la dénomination de phosphorescence que l'on donne parfois à la lueur du ver luisant. La réponse est ailleurs, on ne sait où.

Nous sommes mieux renseignés sur une autre question. Le Lampyre dispose-t-il à sa guise de son émission lumineuse; peut-il, à volonté, l'activer, la ralentir, l'éteindre, et comment s'y prend-il? Possède-t-il un écran opaque qui se tire sur le foyer lumineux et le voile plus ou moins, ou bien laisse-t-il ce foyer toujours à découvert? Pareil mécanisme est inutile. L'insecte a mieux pour son phare à éclipses.

La grosse trachée desservant la nappe photogénique augmente l'afflux de l'air, et la luminosité s'accroît; la même trachée régie par le vouloir de l'animal ralentit l'aération ou même la suspend, et la luminosité s'affaiblit, ou même s'éteint. C'est, en somme, le mécanisme d'une lampe dont l'éclat est réglé par l'arrivée de l'air sur la mèche.

Une émotion peut provoquer le fonctionnement de la trachée au service de la lumière. Ici deux cas sont à distinguer, suivant qu'il s'agit des magnifiques écharpes, parure exclusive de la femelle nubile, ou bien du modeste lampion que les deux sexes s'allument à tous les âges sur le dernier segment. Dans ce dernier cas, l'extinction par un émoi est soudaine et complète ou à peu près. Dans mes chasses nocturnes aux jeunes Lampyres, mesurant environ cinq millimètres de longueur, je vois très bien la petite lanterne reluire sur les brins de gazon, mais pour peu qu'un faux mouvement fasse ébranler quelque ramuscule voisin, la lueur à l'instant s'éteint et la bestiole convoitée cesse d'être visible. Avec les grosses femelles, illuminées de leur écharpe nuptiale, un émoi même violent n'a qu'un effet médiocre, nul même souvent.

A côté d'une cloche en toile métallique où j'élève en plein air ma ménagerie de femelles, je décharge un fusil. L'explosion n'amène aucun résultat. L'illumination continue, vive et calme comme auparavant. Avec un vaporisateur, je fais pleuvoir une fine rosée d'eau froide sur le troupeau. Aucune de mes bêtes ne s'éteint; tout au plus y a-t-il, non chez toutes, une brève hésitation pour l'éclat. Je lance dans la cloche une bouffée de ma pipe. Cette fois l'hésitation est plus forte. Il y a même des extinctions, mais de brève durée. Le calme revient vite et l'éclairage reprend aussi vif que jamais. Je saisis entre

les doigts quelques-unes de mes captives ; je les tourne,
les retourne, les tracasse un peu ; l'illumination se continue, non bien affaiblie si je n'abuse pas du coup de
pouce. En cette période de la prochaine pariade, l'insecte
est dans toute la fougue de sa splendeur, et il faut des
motifs bien graves pour éteindre en plein ses fanaux.

Tout bien considéré, il est indubitable que le Lampyre
régit lui-même son appareil lumineux, l'éteignant et le
rallumant à son gré ; mais il est un point où l'intervention volontaire de l'insecte est d'effet nul. Je détache un
lambeau d'épiderme où se trouve étalée une des nappes
photogéniques, et je l'introduis dans un tube en verre
que je clôture avec un tampon d'ouate humide, afin
d'éviter une évaporation trop rapide. Eh bien, ce débris
de cadavre reluit bel et bien, non toutefois avec le
même éclat que sur le vif.

Le concours de la vie est maintenant inutile. La matière
oxydable, la nappe photogénique est en rapport direct
avec l'air ambiant ; l'afflux de l'oxygène par la voie d'une
trachée n'est pas nécessaire et l'émission lumineuse se
fait comme elle se produit au contact de l'air avec le réel
phosphore de la chimie. Ajoutons que dans de l'eau
aérée, la luminosité persiste aussi brillante qu'à l'air
libre, mais qu'elle s'éteint dans de l'eau privée d'air par
l'ébullition. On ne saurait trouver meilleure preuve de ce
que j'ai déjà avancé, savoir que la lumière du Lampyre
est l'effet d'une oxydation lente.

Cette lumière est blanche, calme, douce à la vue et
donne l'idée d'une étincelle tombée de la pleine lune.
Malgré son vif éclat, elle est d'un pouvoir éclairant très

faible. En faisant déplacer un Lampyre sur une ligne
d'imprimé, on peut très bien, dans une profonde obscurité, déchiffrer les lettres une à une, et même des mots
entiers pas trop longs; mais, en dehors d'une étroite
zone, rien autre n'est visible. Une pareille lanterne a
bientôt lassé la patience du lecteur.

Supposons un groupe de Lampyres rapprochés jusqu'à
se toucher presque. Chacun d'eux émet sa lueur, qui
devrait, semble-t-il, illuminer les voisins par réflexions
et nous valoir la vision nette des divers sujets individuel-
lement. Il n'en est rien. Le concert lumineux est un
chaos où, pour une médiocre distance, notre regard ne
peut saisir forme déterminée. L'ensemble des éclairages
confond vaguement en un tout les éclaireurs.

La photographie en donne une preuve frappante. J'ai
en plein air, sous cloche en toile métallique, une vingtaine de femelles dans la plénitude de leur éclat. Une
touffe de thym fait bocage au centre de l'établissement.
La nuit venue, mes captives grimpent à ce belvédère,
et de leur mieux, dans tous les sens de l'horizon, y font
valoir leurs atours lumineux. Ainsi se forment, le long
des brindilles, des grappes merveilleuses dont j'attendais
de superbes effets sur la plaque et sur le papier photo-
graphiques. Mon espoir est déçu. Je n'obtiens que des
taches blanches, informes, ici plus denses et là moins,
suivant la population du groupe. Des vers luisants
eux-mêmes, nulle effigie; pas de trace non plus de la
touffe de thym. Faute d'un éclairage convenable, la
superbe girandole se traduit par une confuse éclabous-
sure blanche sur fond noir.

Les phares des Lampyres femelles sont évidemment des appels nuptiaux, des invitations à la pariade; mais remarquons qu'ils s'allument à la surface inférieure du ventre et regardent le sol tandis que les appelés, les mâles, d'essor capricieux, voyagent en dessus, dans les airs, parfois à grande distance. Avec sa disposition normale, l'appât lumineux se trouve donc masqué aux yeux des intéressés; l'épaisseur opaque de la nubile le recouvre. C'est sur le dos et non sous le ventre que devrait reluire la lanterne, sinon la lumière est mise sous le boisseau.

L'anomalie très ingénieusement se corrige, car toute femelle a ses petites malices de coquetterie. A la nuit close, tous les soirs, mes captives sous cloche gagnent la touffe de thym dont j'ai eu soin de meubler la prison et viennent à la cime des ramifications élevées, les mieux en vue. Là, au lieu de se tenir tranquilles comme elles le faisaient tantôt au pied de la broussaille, elles se livrent à de véhéments exercices, se contorsionnent le bout du ventre très flexible, le virent d'un côté, le revirent de l'autre dans toutes les directions par mouvements saccadés. De la sorte, aux yeux de tout mâle en expédition amoureuse, passant dans le voisinage, soit sur le sol soit dans les airs, le fanal convocateur ne peut manquer de reluire un moment ou l'autre.

C'est à peu près le jeu du miroir tournant en usage pour la chasse aux alouettes. Immobile, la machinette laisserait l'oiseau indifférent; en rotation et fragmentant sa lueur par éclairs rapides, elle le passionne.

Si la femelle Lampyre a ses ruses pour appeler des

prétendants, le mâle de son côté est pourvu d'un appareil optique apte à percevoir de loin le moindre reflet du fanal convocateur. Le corselet se dilate en bouclier et déborde largement la tête sous forme de visière ou d'abat-jour, dont le rôle est apparemment de restreindre le champ de vision pour concentrer le regard sur le point lumineux à discerner. Sous cette voûte, sont les deux yeux relativement énormes, très convexes, en forme de calotte sphérique, et contigus l'un à l'autre, au point de ne laisser entre eux qu'une étroite rainure pour l'insertion des antennes. Cet œil double, occupant presque en totalité la face de l'insecte et retiré au fond de la caverne que forme le large abat-jour du corselet, est un véritable œil de Cyclope.

Au moment de la pariade, l'illumination s'affaiblit beaucoup, s'éteint presque; il ne reste en activité que l'humble lampion du dernier segment. La discrète veilleuse suffit à la noce, tandis que dans le voisinage la foule des bestioles nocturnes, attardées en leurs affaires, susurre l'épithalame général. La ponte suit de près. Les œufs, ronds et blancs, sont déposés, ou plutôt semés au hasard sans le moindre soin maternel, soit sur le sol légèrement frais, soit sur un brin de gazon. Ces reluisants ignorent à fond les tendresses familiales.

Chose bien singulière : les œufs du Lampyre sont lumineux, même encore inclus dans les flancs de la mère. S'il m'arrive par inadvertance d'écraser une femelle gonflée de germes parvenus à maturité, une traînée luisante se répand sur mes doigts comme si j'avais crevé quelque ampoule pleine d'une humeur phosphorique. La loupe me montre que je fais erreur. La luminosité est due à la grappe des œufs violemment expulsée de l'ovaire. Du reste, aux approches de la ponte, la phosphorescence ovarienne déjà se manifeste sans grossière obstétrique. A travers les téguments du ventre apparaît une douce luminosité opalescente.

L'éclosion suit de près la ponte. Les jeunes, n'importe le sexe, ont deux petits lumignons au dernier segment. Aux approches des froids rigoureux, ils descendent en terre, non bien profondément. Dans mes bocaux d'éducation, garnis de terre fine et très meuble, ils descendent à trois ou quatre pouces au plus. Au plus fort de l'hiver, j'en exhume quelques-uns. Je les trouve toujours avec le faible lumignon de l'arrière. Vers le mois d'avril, ils remontent à la surface pour y poursuivre et achever leur évolution.

Du début à la fin, la vie du Lampyre est une orgie de lumière. Les œufs sont lumineux; les larves pareillement. Les femelles adultes sont de magnifiques phares, les mâles adultes gardent le lampion que possédaient déjà les larves. On comprend le rôle du phare féminin; mais à quoi bon tout le reste de cette pyrotechnie? A mon vif regret, je l'ignore. C'est et ce sera pour longtemps encore, et peut-être pour toujours, le secret de la physique des bêtes, plus savante que la physique de nos livres.

LA CHENILLE DU CHOU

Tel qu'il vient aujourd'hui dans nos jardins potagers, le chou est une plante à demi artificielle, œuvre de notre ingéniosité culturale tout autant que des avares données naturelles. La végétation spontanée nous a fourni le sauvageon, haut de tige, étriqué de feuillage, déplaisant de saveur, tel qu'on le trouve, nous dit la botanique, sur les falaises océaniques. Il eut besoin d'une rare inspiration, celui qui, le premier, eut foi dans l'agreste sujet et se proposa de l'améliorer dans son jardinet.

D'un petit progrès à l'autre, cette culture fit des miracles. Elle persuada tout d'abord au chou sauvage d'abandonner ses mesquines feuilles battues par les vents de la mer, et de les remplacer par d'autres, amples et charnues, étroitement emboîtées; souple nature, le chou se laissa faire. Il se priva des joies de la lumière par l'arrangement de son feuillage en grosse tête serrée, blanche et tendre. De notre temps, parmi les successeurs de ces premiers pommés, il y en a qui méritent le nom glorieux de *chou quintal*, faisant allusion à leur poids et à leur volume. Ce sont de vrais monuments d'hortolaille.

Plus tard, l'homme s'avisa d'obtenir un copieux gâteau avec les mille ramuscules de l'inflorescence. Le chou y consentit. Sous le couvert des feuilles centrales, il gorgea de nourriture ses faisceaux de fleurettes, ses pédoncules, ses rameaux et fondit le tout en un aggloméré charnu. C'est le *chou-fleur*, le *Brocoli*.

Sollicitée d'autre façon, la plante, économisant au centre de sa pousse, échelonna sur une haute tige toute une famille de bourgeons pommés. Une multitude de gemmations naines se substituait à la tête colosse. C'est le *chou de Bruxelles*.

Vient le tour du trognon, pièce ingrate, presque ligneuse, qui semblait n'avoir jamais d'autre utilité que de servir de support à la plante. Mais les malices des jardiniers sont capables de tout, si bien que le trognon cède aux instigations du cultivateur et se fait charnu, se renfle en un ellipsoïde semblable à la rave, dont il a tous les mérites comme corpulence, saveur et finesse; seulement l'étrange produit sert de base à quelques maigres feuilles, dernières protestations d'une réelle tige qui ne veut pas perdre tout à fait ses attributs. C'est le *chou-rave*.

Si la tige se laisse séduire, pourquoi pas la racine? Elle obéit, en effet, aux sollicitations de la culture; elle gonfle son pivot en un navet obèse qui émerge à demi du sol. C'est le *Rutabaga* des Anglais, le *chou-navet* de nos régions du nord.

D'une incomparable docilité à nos soins culturaux, le chou a tout donné pour notre nourriture et celle de nos bestiaux : ses feuilles, ses fleurs, ses bourgeons, sa tige, sa racine; il ne lui manque plus que de joindre l'agréable à l'utile, de se faire beau, d'orner nos parterres et de paraître avec honneur sur le guéridon d'un salon. Il y est supérieurement bien parvenu, non avec ses fleurs, persistant intraitables dans leur modestie, mais avec son feuillage qui, frisé et panaché, possède la grâce onduleuse des plumes de l'autruche et le riche coloris d'un bouquet assorti. Qui le voit en cette magnificence ne reconnaît plus le proche parent de la triviale hortolaille, base de la soupe aux choux.

Premier en date en nos jardins potagers, après la fève d'abord et plus tard le pois, le chou était tenu en haute estime par l'antiquité classique; mais il remonte bien plus haut, à tel point que tout souvenir s'est perdu concernant son acquisition. L'histoire ne s'occupe guère de ces détails; elle célèbre les champs de bataille qui nous tuent, elle garde le silence sur les champs de culture qui nous font vivre; elle sait les bâtards des rois, elle ne sait pas l'origine du froment. Ainsi le veut la sottise humaine.

Ce silence sur les plus précieuses de nos plantes alimentaires est bien regrettable. Le chou en particulier, le vénérable chou, hôte des plus antiques jardinets, aurait eu de très intéressantes choses à nous apprendre. A lui seul c'est un trésor, mais trésor doublement exploité, par l'homme d'abord et puis par la chenille de la Piéride, le vulgaire papillon blanc connu de tous (*Pieris brassicæ,* Lin.). Cette chenille se nourrit indistinctement du feuillage de toutes les variétés du chou, si dissemblables d'aspect; elle broute avec le même appétit le cœur de bœuf et le brocoli, le cabus et le frisé, le turnep et le rutabaga, enfin tout ce que notre ingéniosité, prodigue de temps et de patience, a pu obtenir avec la plante originelle depuis les cultures les plus reculées.

Mais avant que nos choux lui fournissent copieuse victuaille, que mangeait donc la chenille, car évidemment la Piéride n'a pas attendu la venue de l'homme et ses travaux horticoles pour prendre part aux liesses de la vie? Sans nous elle vivait, et sans nous elle continuerait de vivre. L'existence d'un papillon n'est pas subordonnée à la nôtre; elle a sa raison d'être indépendante de notre concours.

Avant que le cabus, le brocoli, le turnep et les autres fussent inventés, la chenille de la Piéride certes ne manquait pas d'aliments; elle broutait le chou sauvage des falaises, père des richesses actuelles; mais comme cette plante est peu répandue et confinée d'ailleurs en certains cantons maritimes, il fallait à la prospérité du lépidoptère, en tout terrain de la plaine comme de la montagne, une plante nourricière de plus grande abondance et de diffusion plus étendue. Cette plante était apparemment une crucifère, plus ou moins assaisonnée d'essence sulfurée comme le sont les choux. Essayons dans cette voie.

A partir de l'œuf, j'élève les chenilles de la Piéride avec la Fausse Roquette (*Diplotaxis tenuifolia*, D. C.), qui s'imprègne de fortes épices au bord des sentiers et au pied des murailles. Parquées dans une ample cloche en treillis, elles acceptent cette provende sans hésitation aucune; elles la broutent avec le même appétit qu'elles l'auraient fait du chou et donnent finalement chrysalides et papillons. Le changement de nourriture n'amène pas le moindre trouble.

Même succès avec d'autres crucifères de saveur moins accentuée : la Moutarde blanche (*Sinapis incana*, Lin.); le Pastel (*Isatis tinctoria*, Lin.); la Ravanelle (*Raphanus raphanistrum*, Lin.); le Lepidium Drave (*Lepidium draba*, Lin.); l'Herbe au chantre (*Sisymbrium officinale*, Scop.). Sont au contraire obstinément refusés les feuillages de la Laitue, de la Fève, du Pois, de la Doucette. Tenons-nous-en là : le service a été suffisamment varié pour nous démontrer que la chenille du chou se nourrit exclusivement d'un grand nombre de crucifères, peut-être même de toutes.

Ces essais se pratiquant dans l'enceinte d'une cloche, on pourrait se figurer que la captivité contraint le troupeau à pâturer, faute de mieux, ce qu'il eût refusé en l'état de libres recherches. N'ayant rien autre à leur portée, les affamées consomment toute crucifère sans distinction d'espèce. En serait-il parfois de même dans la liberté des champs, en dehors de mes artifices? La famille de la Piéride serait-elle établie sur d'autres crucifères que le chou?

Je me mets en recherches au bord des sentiers, dans le voisinage des jardins, et je finis par trouver sur la fausse Roquette, la Ravanelle, la Moutarde blanche, des colonies aussi populeuses, aussi prospères que celles établies sur le chou.

Or, si ce n'est aux approches de la transformation, la chenille de la Piéride ne voyage jamais; elle prend toute sa croissance sur la plante même où elle est née. Les chenilles observées sur la Ravanelle et autres établissements ne sont donc pas des émigrantes venues là par fantaisie, de quelques carrés de choux du voisinage; elles sont écloses sur le feuillage même où je les rencontre. D'où cette conclusion : le papillon blanc, d'essor capricieux, choisit, pour plaquer sa ponte, le chou d'abord et puis diverses crucifères d'aspect très varié.

Comment fait la Piéride pour se reconnaître en son domaine botanique? Autrefois les Larins, exploiteurs de réceptacles charnus à saveur d'artichaut, nous émerveillaient de leur science dans la flore des Carduacées; leur savoir pouvait, à la rigueur, trouver une explication dans la méthode suivie au moment de l'installation de l'œuf. De leur rostre, ils préparent des niches, ils creusent des cuvettes dans le réceptacle exploité, et par conséquent ils dégustent un peu la chose avant d'y confier leur ponte.

Le papillon, buveur de nectar, ne s'informe pas le moins du monde des qualités sapides du feuillage; tout au plus, plongeant sa trompe au fond des fleurs, y prélève-t-il une lampée de sirop. Ce moyen d'investigation lui est d'ailleurs inutile, car la plante choisie pour l'établissement de sa famille le plus souvent n'est pas encore fleurie. La pondeuse volette un instant autour de la plante et ce rapide examen suffit : l'émission des œufs se fait si la provende est reconnue de qualité convenable.

Pour reconnaître ce qui est plante crucifère, il faut au botaniste les renseignements de la fleur. Ici la Piéride nous dépasse. Elle ne consulte ni silique, ni silicule, ni pétales, au nombre de quatre et disposés en croix, puisque la plante le plus souvent n'est pas fleurie, et d'emblée cependant elle reconnaît ce qui convient à ses chenilles, malgré de profondes différences qui dérouteraient toute personne non versée, par de longues études, dans la connaissance des végétaux.

S'il n'y a pas dans la Piéride un discernement inné qui la guide, il est impossible de comprendre la grande extension de son domaine botanique. Il lui faut, pour sa famille, des crucifères, rien que des crucifères, et ce groupe végétal lui est connu à la perfection. Un demi-siècle et davantage, j'ai passionnément herborisé. N'importe, pour apprendre si telle et telle autre plante, nouvelle pour moi, est ou n'est pas une crucifère, en l'absence des fleurs et des fruits, j'aurais plus de foi dans les affirmations du papillon du chou que dans les savantes archives du livre. Où la science est faillible, l'instict ne fait erreur.

La Piéride a deux générations dans l'an, l'une en avril et mai, l'autre en septembre. A ces mêmes dates se renouvellent les plantations en choux. Le calendrier du papillon est en concordance avec celui du jardinier; du moment que des vivres sont amenés, des consommateurs se préparent.

Les œufs, d'un jaune orangé clair, ne manquent pas d'élégance si la loupe les scrute de près. Ce sont des cônes émoussés, dressés côte à côte sur leur base ronde et ornés de cannelures longitudinales, finement striées en travers. Ils sont groupés par plaques, tantôt à la face supérieure si la feuille leur servant de support est étalée, tantôt à la face inférieure si cette feuille est appliquée sur les suivantes.

Leur nombre est très variable. Les plaques d'une paire de centaines sont assez fréquentes; les œufs isolés ou bien assemblés en petits groupes sont, au contraire, rares. L'état de tranquillité au moment du dépôt fait particulièrement varier l'émission de la pondeuse.

Dans son pourtour, le groupe est de configuration irrégulière; mais à l'intérieur il présente certain ordre. Les œufs y sont rangés par séries rectilignes adossées l'une à l'autre de façon que chaque pièce trouve double appui sur la série précédente. Cette alternative, sans être d'une précision irréprochable, donne assez bien solide équilibre à l'assemblage.

Voir la pondeuse en son travail n'est pas chose aisée; examinée de trop près, la Piéride aussitôt décampe. La structure de l'ouvrage révèle assez la marche du travail. L'oviducte mollement oscille dans un sens puis dans l'autre, tour à tour, et dans chaque intervalle de deux œufs contigus dans la rangée qui précède, un nouvel œuf est logé. L'ampleur de l'oscillation décide de la longueur de la rangée, ici plus longue et là plus courte, suivant les caprices de la pondeuse.

L'éclosion se fait en une semaine environ. Elle est à peu près simultanée pour l'amas entier : dès qu'une chenille émerge de son œuf, les autres émergent aussi, comme si l'ébranlement natal était transmis de proche en proche. De même, dans le nid de la Mante religieuse, un avis semble se propager, éveillant la population. C'est une onde qui progresse autour du point choqué.

L'œuf ne s'ouvre pas à la faveur d'une déhiscence pareille à celle des capsules végétales dont les semences sont arrivées à maturité ; c'est le nouveau-né lui-même qui se pratique une ouverture de sortie en rongeant un point de son enceinte. Vers le sommet du cône s'obtient de la sorte une lucarne régulière, à bords nets, sans bavures ni débris, preuve que cette partie de la muraille a été grignotée et déglutie. Sauf cette brèche, juste suffisante à la libération, l'œuf reste intact, toujours solidement dressé sur sa base. C'est alors que la loupe peut le mieux en constater la gracieuse structure.

La relique est un sac en baudruche extra-fine, translucide, rigide et blanche, gardant en plein la forme de l'œuf primitif. Une vingtaine de méridiens striés, et d'aspect noduleux, y courent du sommet à la base. C'est le bonnet pointu des mages, la mitre avec cannelures, ciselées en chapelets de joaillerie. Le coffret natal de la chenille du chou est, en somme, ouvrage d'art exquis.

En une paire d'heures, l'éclosion de l'ensemble est terminée, et la famille se trouve rassemblée, grouillante, sur la couche de nippes natales restées en place. Longtemps, avant de descendre sur la feuille nourricière, elle stationne sur cette espèce de terrasse ; elle y est même très occupée. Et de quoi ? Elle y broute un gazon étrange, les belles mitres toujours debout. Doucement, avec méthode, du sommet à la base, les nouveau-nés grignotent les sacoches d'où ils viennent de sortir. Du jour au lendemain, rien n'en reste qu'une mosaïque de points ronds, base des outres disparues.

Comme premières bouchées, la chenille du chou mange donc l'enveloppe membraneuse de son œuf. C'est la consommation réglementaire, car je n'ai jamais vu un seul des vermisseaux se laisser tenter par la verdure voisine avant d'avoir terminé le repas rituel où il est fait régal de l'outre de baudruche. C'est la première fois que je vois une larve faire consommation du sac où elle est née. De quelle utilité serait donc, à l'égard de la chenille naissante, le singulier gâteau? Je soupçonne ceci.

Les feuilles du chou sont des surfaces glissantes, vernies de cire, presque toujours fort inclinées. Y pâturer sans péril de chute qui serait fatale dans l'extrême jeune âge, n'est guère possible à moins d'amarres qui donnent appui stable. Il faut des brins de soie tendus sur le trajet à mesure qu'on avance. Là se cramponnent les pattes, là se trouve bon ancrage même dans une position renversée. Les tubes à soie, officines de ces amarres, doivent être bien parcimonieusement garnis dans un animalcule naissant. A l'aide d'une nourriture spéciale, il convient de les garnir au plus vite.

Alors quelle sera la nature du manger initial? La matière végétale, d'élaboration lente et de rendement parcimonieux, ne remplit pas bien les conditions voulues, car les choses pressent, il faut tout à l'heure se risquer sans péril sur la feuille glissante. Le régime animal serait préférable; il est de digestion plus aisée et de remaniement chimique plus rapide. L'enveloppe de l'œuf est de nature cornée comme la soie elle-même. Ce sera tôt fait que de transmuter l'une dans l'autre. Le vermisseau s'attaque donc aux reliefs de son œuf, il s'en fait de la soie, viatique des premiers déplacements.

Si ma conjecture est fondée, il est à croire que d'autres chenilles, hôtes de feuillages lisses et trop penchés, dans le but de s'emplir au plus vite les burettes sérifiques qui leur fourniront des amarres, font usage, elles aussi, pour premières bouchées, de l'outre membraneuse résidu de l'œuf.

De l'estrade des sacoches natales ou se trouvait d'abord campée la jeune famille de la Piéride, tout est rasé jusqu'à la base; il n'en reste que les empreintes rondes des pièces qui la composaient. Le pilotis a disparu, les marques des points d'implantation persistent. Les petites chenilles sont alors au niveau de la feuille qui va désormais les nourrir. Elles sont d'un jaune orangé pâle, avec hérissement de cils blancs clairsemés. La tête, d'un noir luisant, est remarquable de vigueur; elle trahit déjà les gloutonnes de l'avenir. L'animalcule mesure à peine deux millimètres de longeur.

Aussitôt au contact avec le pâturage, feuille verte du chou, le troupeau commence le travail de stabilité. Un peu de ci, un peu de là, dans son étroit voisinage, chaque ver émet de sa filière de brèves amarres, si subtiles qu'une loupe attentive est nécessaire pour les entrevoir. Cela suffit à l'équilibre du chétif, presque impondérable.

Alors commence la réfection végétale. La longueur du vermisseau promptement s'amplifie et passe de deux à quatre millimètres. Bientôt s'effectue une mue qui modifie le costume; sur un fond jaune pâle, la peau se tigre de nombreuses ponctuations noires entremêlées de cils blancs. Trois ou quatre jours de repos sont nécessaires aux fatigues de l'excoriation. Cela fait, débute la fringale qui doit faire du chou une ruine en quelques semaines.

Quel appétit! Quel estomac en travail continuel de nuit comme de jour! C'est une officine dévorante, où les aliments ne font que passer, aussitôt transmutés. Je sers à mon troupeau sous cloche un paquet de feuilles choisies parmi les plus amples; une paire d'heures après, rien n'en reste que les grosses côtes et encore celles-ci sont-elles attaquées si le renouvellement des vivres tarde un peu. De ce train-là, un chou quintal débité feuille par feuille ne suffirait une semaine à ma ménagerie.

Aussi quand elle pullule, la gloutonne bête est-elle un fléau. Comment en préserver nos jardins? Au temps de Pline, le grand naturaliste latin, on dressait un pal au milieu du carré de choux à protéger, et sur ce pal on disposait un crâne de cheval blanchi au soleil; un crâne de jument convenait mieux encore. Pareil épouvantail était censé tenir au large la dévorante engeance.

Ma confiance est très médiocre en ce préservatif; si je le mentionne, c'est qu'il me rappelle une pratique usitée de notre temps, du moins dans mon voisinage. Rien n'est vivace comme l'absurde. La tradition a conservé, en le simplifiant, l'antique appareil protecteur dont parle Pline. Au crâne de cheval on a substitué la coquille d'un œuf dont on coiffe une baguette dressée parmi les choux. C'est d'installation plus facile; c'est aussi d'efficacité équivalente, c'est-à-dire que cela n'aboutit absolument à rien.

Avec un peu de crédulité tout s'explique, même l'insensé. Si j'interroge les paysans, nos voisins, ils me disent : l'effet de la coquille d'œuf est des plus simples; attirés par l'éclatante blancheur de l'objet, les papillons viennent y pondre. Grillés par le soleil et manquant de nourriture sur cet ingrat appui, les petites chenilles périssent, et c'est autant de moins.

J'insiste, je demande si jamais ils ont vu des plaques d'œufs ou des amas de jeunes chenilles sur ces blanches coques.

« Jamais, répondent-ils unanimement.

— Et alors?

— Cela se faisait ainsi autrefois, et nous continuons de le faire sans autre information. »

Je m'en tiens à cette réponse, persuadé que le souvenir du crâne de cheval en usage autrefois est indéracinable comme le sont les absurdités rurales implantées par les siècles.

Nous n'avons, en somme, qu'un moyen de protection : c'est une surveillance qui visite assidûment le feuillage du chou afin d'écraser sous le pouce les plaques d'œufs et sous les pieds les chenilles. Rien d'efficace comme ce procédé, grand dépensier de temps et de vigilance. Que de soins pour obtenir un chou correct! Quelle obligation ne devons-nous pas à ces humbles gratteurs de terre, à ces nobles dépenaillés qui nous font de quoi vivre!

Manger et digérer, s'amasser des réserves d'où proviendra le papillon, est l'unique affaire d'une chenille. Celle du chou s'en acquitte avec une insatiable gloutonnerie. Sans relâche elle broute, sans relâche elle digère, souveraine félicité de la bête presque réduite à l'intestin. Nulle distraction si ce n'est certains soubresauts, curieux surtout lorsque plusieurs paissent de front, flanc contre flanc. Alors, par moments, toutes les têtes de la rangée brusquement se relèvent et brusquement s'abaissent à diverses reprises, avec un ensemble automatique digne d'un exercice à la prussienne. Serait-ce de leur part un moyen d'intimidation contre un agresseur toujours possible? Serait-ce un élan d'allégresse lorsqu'un soleil caressant chauffe la panse pleine? Signe de crainte ou de béatitude, ce manège est le seul que se permettent les attablées tant que n'est pas acquis l'embonpoint nécessaire.

Après un mois de pâturage, s'apaise la boulimie de mon troupeau sous cloche. Les chenilles grimpent au treillis en tous sens, s'y promènent sans ordre, l'avant relevé et sondant l'étendue. D'ici, de là, sur le passage, la tête oscillante émet un fil. Elles errent inquiètes, désireuses de s'en aller au loin. Cet exode, que l'enceinte treillissée empêche, je l'ai vu naguère dans des conditions excellentes.

A la venue des premiers froids, j'avais installé dans une petite serre quelques pieds de choux peuplés de chenilles. Qui voyait la triviale plante potagère somptueusement logée sous vitrage en société du Pélargonium du Cap et de la Primevère de Chine s'étonnait de ma singulière fantaisie. Je laissais sourire. J'avais mes projets, je voulais voir comment se comporte la famille de la Piéride lorsque vient la rude saison.

Les choses se passèrent à souhait. En fin novembre, les chenilles grossies au point voulu abandonnèrent les choux, une par une, et se mirent à errer sur les murs. Aucune ne s'y fixa, n'y fit des préparatifs en vue de la transformation. Le soupçon me vint qu'il leur fallait le choix d'un emplacement à l'air libre, exposé à toutes les rigueurs de l'hiver. Je laissai donc ouverte la porte de la serre. Bientôt toute la population avait disparu.

Je la retrouvai dispersée à l'aventure contre les murailles du voisinage, à quelque cinquante pas de distance. Les saillies d'une corniche, les auvents formés d'un léger pli de mortier leur servaient de refuge; c'est là que se fit l'excoriation chrysalidaire et que se passa l'hiver. La chenille du chou est d'un tempérament robuste, peu sensible aux chaleurs torrides ainsi qu'aux glaciales rigueurs. Pour sa métamorphose, il lui suffit d'un gîte aéré, exempt d'humidité permanente.

Les ouailles de mon bercail s'agitent donc quelques jours sur le treillis, inquiètes de s'en aller au loin à la recherche de quelque muraille. Ne la trouvant pas et les choses devenant pressantes, elles se résignent; chacune file d'abord autour d'elle, en prenant appui sur le treillis, un mince tapis de soie blanche, qui sera l'assise de sustentation au moment du pénible et délicat travail de la nymphose. A cette base, elle fixe son extrémité d'arrière au moyen d'un coussinet de soie; elle y fixe son avant au moyen d'une bretelle qui lui passe sous les épaules et vient se relier de droite et de gauche au tapis. Ainsi suspendue à son triple point d'attache, elle se dépouille de sa défroque larvaire et devient chrysalide en plein air, sans protection aucune hormis la muraille que la chenille n'aurait pas manqué de trouver si je n'étais intervenu.

Celui-là certes serait de vue bien courte qui se figurerait un monde de bonnes choses exclusivement préparées à notre intention. La grande nourrice, la terre, a la

mamelle généreuse. Du moment que de la matière alibile
est créée, serait-ce avec le fervent concours de notre
travail, elle convie aux agapes des légions de consommateurs, d'autant plus nombreux et plus entreprenants que
la table est mieux servie.

La cerise de nos vergers est excellente; un asticot nous
la dispute. En vain nous pesons soleils et planètes; notre
suprématie apte à sonder l'univers ne peut empêcher
un misérable ver de prélever sa part du fruit délicieux.
Nous nous trouvons bien d'une plantation de choux; les
fils de la Piéride s'en trouvent bien aussi. Préférant le
brocoli à la ravanelle, ils exploitent nos exploitations, et
nous ne pouvons rien contre leur concurrence en dehors
de l'échenillage, de l'écrasement des œufs, travail ingrat,
fastidieux, de médiocre efficacité.

Toute créature a ses droits à la vie. La chenille du
chou fait âprement valoir les siens, de sorte que la culture
de la précieuse plante serait bien compromise si d'autres
intéressés ne prenaient part à sa défense. Ces autres sont
les auxiliaires, collaborateurs par besoin et non par
sympathie. Les termes d'ami et d'ennemi, d'auxiliaires
et de ravageurs sont ici simples tolérances d'un langage
non toujours bien apte à traduire l'exacte vérité. Est
ennemi qui nous mange ou s'attaque à nos récoltes; est
ami qui se repaît de nos mangeurs. Tout se réduit à une
effrénée concurrence des appétits.

De part le droit de la force, de la ruse, du brigandage,
ôte-toi de là que je m'y mette; cède-moi ta place au
banquet. Telle est l'inexorable loi dans le monde des
bêtes, et quelque peu dans le nôtre, hélas!

Or parmi nos auxiliaires entomologiques, les moindres de taille sont les meilleurs à l'ouvrage. L'un d'eux est préposé à la surveillance des choux. Il est si petit, il travaille si discrètement que le jardinier ne le connaît pas, n'a jamais entendu parler de lui. Le verrait-il par hasard, voltigeant autour de la plante protégée, il n'y prendrait pas garde, ne soupçonnerait pas le service rendu. Je me propose de mettre en lumière les mérites de l'infime bestiole.

Les savants l'appellent *Microgaster glomeratus.* Qu'avait en vue l'auteur du vocable Microgaster, signifiant petit ventre? Se proposait-il de faire allusion à l'exiguïté de l'abdomen? Ce n'était pas le cas. Si peu chargé qu'il soit de ventre, l'insecte en possède un cependant, correct et proportionné au reste du corps, de sorte que la dénomination classique, loin de nous renseigner, peut nous égarer si nous avons en elle pleine confiance. La nomenclature, d'un jour à l'autre changeante et de mieux en mieux croassante, est un guide peu sûr. Au lieu de demander à la bête : comment t'appelles-tu? demandons-lui tout d'abord : que sais-tu faire, quel est ton métier?

Eh bien, le métier du Microgaster est d'exploiter la Chenille du chou, métier bien défini, sans confusion possible. Voulons-nous voir son ouvrage? Au printemps inspectons le voisinage des jardins potagers. Pour peu qu'on ait le regard scrutateur, on remarquera contre les murailles ou sur les herbages flétris au pied des haies, de très petits cocons jaunes, agglomérés entre eux et formant des amas du volume d'une noisette. Tout à côté de chaque groupe, gît une Chenille du chou, parfois agonisante, parfois morte et toujours d'aspect fort délabré. Ces cocons sont l'ouvrage de la famille du Microgaster, déjà éclose ou sur le point d'éclore en son état parfait; cette chenille est la pièce dont la même famille s'est nourrie en son état larvaire. Le qualificatif *glomeratus* accompagnant le terme de Microgaster rappelle cette agglomération des cocons. Recueillons ces groupes tels quels, sans chercher à isoler l'un de l'autre les minuscules cocons, opération qui, du reste, exigerait patience et dextérité tant ils sont fusionnés entre eux par l'inextricable enchevêtrement de leurs fils superficiels. En mai, il en sortira un essaim de pygmées, prompts à se mettre en besogne dans les carrés de choux.

Le langage courant fait usage des termes moucheron et moustique pour désigner les minuscules insectes que l'on voit fréquemment danser dans un rayon de soleil. Il y a un peu de tout dans ces ballets aériens. Le persécuteur de la Chenille du chou peut s'y trouver comme tant d'autres, mais l'appellation de moustique ne lui est réellement pas applicable. Qui dit moustique dit mouche, diptère, insecte à deux ailes, et notre sujet en a quatre, toutes aptes au vol.

Par ce caractère et d'autres de valeur non moins grande, il appartient à l'ordre des hyménoptères. N'importe : puisque en dehors du vocabulaire savant, notre langue n'a pas de terme plus précis, servons-nous de l'expression moustique, qui rend assez bien l'aspect général. Notre moustique, le Microgaster, a la taille d'un médiocre moucheron. Il mesure de 3 à 4 millimètres. Les deux sexes sont aussi nombreux l'un que l'autre et portent même costume, le noir uniforme, moins les pattes qui sont d'un roux pâle. Malgré cette parité, on les reconnaît aisément. Le mâle a le ventre légèrement déprimé et en outre un peu courbé au bout; la femelle, avant la ponte, l'a replet, sensiblement distendu par son contenu en ovules. Ce rapide croquis de la bestiole nous suffit.

Si nous tenons à connaître la larve, à nous instruire surtout de sa façon de vivre, il convient d'élever sous cloche un nombreux troupeau de la Chenille du chou. Ce que les recherches directes sur les choux d'un jardin ne nous fourniraient qu'en récolte incertaine et fastidieuse, nous l'aurons journellement sous les yeux en telle abondance qu'il nous conviendra.

Dans le courant de juin, époque où les Chenilles quittent leur pâturage et s'en vont au loin s'installer sur quelque muraille, celles de ma bergerie, ne trouvant pas mieux, grimpent au dôme de la cloche pour y faire leurs préparatifs et filer un réseau sustentateur nécessaire à la chrysalide. Parmi ces fileuses, on en remarque d'exténuées, travaillant sans zèle à leur tapis. Leur aspect nous les fait juger atteintes d'un mal qui les ruine.

J'en prends quelques-unes et je leur ouvre le ventre avec une aiguille en guise de scalpel. Il en sort un paquet d'entrailles verdies, noyées dans un liquide jaune clair, qui est en somme le sang de la bête. Dans ce fouillis de viscères, paresseusement grouillent des vermisseaux, en nombre très variable, pour le moins dix à vingt et parfois la demi-centaine. Voilà les fils du Microgaster.

De quoi se nourrissent-ils? La loupe scrupuleusement

s'informe; nulle part, elle ne parvient à me montrer la vermine aux prises avec des aliments solides, sachets graisseux, muscles et autres pièces; nulle part, je ne la vois mordre, ronger, disséquer. L'expérience suivante achève de nous renseigner.

Je transvase dans un verre de montre les populations extraites des plantes nourricières. Je les inonde de sang de chenille obtenu par de simples piqûres; je mets la préparation sous cloche de verre, dans une atmosphère humide afin de prévenir l'évaporation; par de nouvelles saignées, je renouvelle le bain nutritif, je lui redonne le stimulant que lui aurait valu le travail de la Chenille en vie. Ces précautions prises, mes nourrissons ont toutes les apparences d'une excellente santé; ils s'abreuvent et prospèrent. Mais cet état des choses ne peut durer long-temps. Déjà mûrs pour la transformation, mes vers quittent le réfectoire du verre de montre comme ils auraient quitté le ventre de la Chenille; ils viennent au sol essayer de filer leurs menus cocons. Ils ne le peuvent et périssent. Il leur a manqué un appui convenable, c'est-à-dire le tapis soyeux de la Chenille moribonde. N'importe, j'en ai assez vu pour ma conviction. Les larves du Microgaster ne mangent pas dans le sens strict du terme; elles consomment du bouillon, et ce bouillon est le sang de la chenille.

Examinons de près les parasites, nous reconnaîtrons que leur régime est forcément fluide. Ce sont des vermis-seaux blancs, bien segmentés, avec l'avant pointu et barbouillé de menus traits noirs comme si l'animalcule s'était abreuvé dans une goutte d'encre. Doucement il remue la croupe sans se déplacer. Je le soumets au microscope. La bouche est un pore dépourvu d'armature propre à dilacérer ; ni crocs, ni pinces cornées, ni mâchoires; son attaque est un simple baiser. Elle ne mâche pas, elle hume, elle prend dans l'humeur ambiante de subtiles gorgées.

L'abstention de toute morsure est confirmée par l'autopsie des chenilles envahies. Dans le ventre des patientes, malgré le nombre des nourrissons laissant à peine place aux viscères de la nourrice, tout est parfaitement en ordre; nulle part ne se voient traces de ruines. Rien non plus à l'extérieur ne traduit un ravage intérieur. Les chenilles exploitées paissent et déambulent comme les autres, sans inquiétude, sans contorsions, signe de douleur. Il m'est impossible de les distinguer des indemnes sous le rapport de l'appétit et de la tranquille digestion.

Aux approches du tissage du tapis nécessaire à la sustentation de la chrysalide, un aspect émacié dénote enfin le mal qui les travaille. Elles filent néanmoins. Ce sont des stoïques à qui l'agonie ne fait pas oublier le devoir. Enfin tout doucement elles meurent, non charcutées mais anémiées. Ainsi s'éteint une lampe lorsque l'huile vient à manquer.

Et cela doit être. La vie de la chenille, capable de s'alimenter et d'élaborer du sang, est d'une nécessité absolue à la prospérité des vers; elle doit persister environ un mois, jusqu'à ce que les fils du Microgaster aient atteint leur complète croissance. Les deux calendriers sont remarquablement synchroniques. Lorsque la chenille cesse de manger et fait ses préparatifs de métamorphose, les parasites sont mûrs pour l'exode. L'outre se tarit lorsque les abreuvés cessent d'en avoir besoin, mais jusqu'à ce moment elle doit se maintenir à peu près garnie, bien que de jour en jour plus flasque. Il importe donc que la chenille ne soit pas compromise par des blessures qui, même toutes minimes, arrêteraient le fonctionnement des sources sanguines. A cet effet, les exploiteurs de l'outre sont, en quelque sorte, musclés; pour bouche ils ont un pore qui hume sans meurtrir.

D'une lente oscillation de tête, la chenille moribonde continue de poser le fil de son tapis. C'est le moment, les parasites vont sortir. Cela se passe en juin et d'habitude à la tombée de la nuit.

A la face ventrale ou bien sur les flancs, jamais sur le dos, une brèche s'ouvre, unique et pratiquée en un point de moindre résistance, à la jonction de deux segments, car ce doit être besogne laborieuse en l'absence d'un outillage d'érosion. Peut-être les vers se remplacent-ils au point d'attaque et viennent-ils à tour de rôle y travailler d'un baiser.

En une brève séance, par cette unique ouverture toute la horde sort, bientôt frétillante et campée sur la surface de la chenille. La loupe ne peut distinguer le pertuis, à l'instant refermé. Il n'y a pas même d'hémorragie, tant l'outre a été épuisée. Il faut la presser entre ses doigts pour faire sourdre quelques restes d'humeur et découvrir ainsi le point de sortie.

Autour de la chenille, non toujours bien défunte et continuant même un peu son tapis, immédiatement commence pour la vermine le travail des cocons. Le fil, jaune paille, tiré de la filière par un vif recul de la tête, se fixe d'abord au blanc réseau de la chenille, puis au produit des ourdisseurs voisins, de sorte que, par de mutuels enchevêtrements, les ouvrages individuels se soudent et forment un aggloméré où chacun des vers a sa case. Pour le moment ce n'est pas le réel cocon qui se tisse, mais un échafaudage général qui rendra plus aisée la confection des coques individuelles. Toutes ces charpentes prennent appui sur les voisines et, brouillant leurs fils, deviennent un édifice commun où chaque ver se ménage sa propre cabine, où s'ourdit enfin le réel cocon, mignon ouvrage à tissu serré.

En mes cloches d'éducation, j'obtiens les groupes de ces menues coques en tel nombre que peuvent l'ambitionner mes expériences futures; les trois quarts des chenilles m'en fournissent, tant la génération printanière est envahie. Je loge ces groupes, un par un, dans des tubes de verre. Ce sera la collection où je puiserai, ayant sous la main, en vue de mes essais, l'ensemble de la population issue de la même chenille.

Une paire de semaines après, vers le milieu de juin, apparaît le Microgaster adulte. Dans le premier tube examiné, ils sont une cinquantaine. La tumultueuse assemblée est en pleine fête de pariade, car les deux sexes sont toujours présents parmi les commensaux d'une même chenille. Quelle animation, quelle orgie amoureuse! La sarabande de ces pigmées déconcerte l'observateur, lui donne le vertige.

La plupart des femelles, désireuses de la liberté,

plongent à mi-corps entre le verre et le tampon de ouate qui ferme le bout du tube tourné vers la lumière; mais les ventres sont libres, ils forment galerie circulaire devant laquelle les mâles se houspillent, se supplantent et opèrent à la hâte. Chacun trouve son tour; chacun, quelques instants, procède à ses petites affaires, puis fait place à ses rivaux et s'en va recommencer ailleurs. La turbulente noce dure la matinée entière, recommence le lendemain. C'est toujours la même cohue des couples se prenant, se quittant, se reprenant.

Il est à croire qu'en liberté, dans les jardins, les appariés, se trouvant isolés, se tiendraient plus tranquilles; ici, dans le tube, les choses tournent au tumulte parce que l'assemblée est trop nombreuse dans un espace étroit.

Que manque-t-il à leur pleine félicité? Apparemment un peu de nourriture, quelques lampées sucrées puisées sur les fleurs. Je sers des vivres dans les tubes, non des gouttes de miel où les chétifs s'empêtreraient, mais des tartines consistant en des bandelettes de papier légèrement enduites de cette friandise. Ils y viennent, ils y stationnent, ils s'y restaurent. Le mets paraît leur convenir. Avec ce régime, renouvelé à mesure, les bandelettes se dessèchent, je peux les conserver très bien dispos jusqu'à la fin des interrogations.

Un autre dispositif est à prendre. Les populations de mes tubes en réserve sont remuantes et de prompt essor; elles doivent être logées tout à l'heure dans des récipients variés suivant le transvasement, non sans de nombreuses pertes et même des évasions totales, lorsque les mains, les pinces et autres moyens de coercition ne sauraient intervenir, maîtrisant la prestesse des animalcules prisonniers.

L'irrésistible attrait de la lumière me vient en aide. Si je dispose horizontalement sur la table l'un de mes tubes en tournant l'un des bouts vers le grand jour d'une fenêtre où donne le soleil, aussitôt les captifs se portent vers l'extrémité la mieux éclairée et longtemps s'y démènent, ne cherchant pas à rétrograder. Si j'oriente le tube de façon inverse, aussitôt la population déménage et s'assemble à l'autre bout. La vive lumière est sa grande joie. Avec cet appât je l'achemine en tel point que je désire.

Couchons donc sur la table le nouveau récipient, éprouvette ou bocal, en disposant vers la fenêtre l'extrémité fermée. A l'embouchure, ouvrons un des tubes peuplés; sans autre précaution, même lorsque cette embouchure laisse un large espace libre, l'essaim accourt dans la chambre éclairée. Il ne reste plus qu'à fermer l'appareil avant de le déplacer. Sans perte notable, l'observateur est maître de la multitude, qu'il peut maintenant interroger à sa guise.

Nous lui demanderons d'abord : comment t'y prends-tu pour loger tes germes dans les flancs de la chenille? Cette question, et autres semblables qui devraient tout primer, sont en général délaissées par l'empaleur d'insectes, plus soucieux de vétilles nominales que de belles réalités. Il classe, il enrégimente avec des étiquettes barbares et ce travail lui paraît la plus haute expression du savoir entomologique.

Des noms, toujours des noms, le reste compte à peine. Le persécuteur de la Piéride s'appelait jadis *Microgaster*, c'est-à-dire le petit ventre; il s'appelle aujourd'hui *Apanteles*, c'est-à-dire l'incomplet. Ah! le joli progrès! Que nous voilà bien renseignés! Sait-on au moins de quelle façon le *petit ventre* ou l'*incomplet* se trouve inclus dans la chenille?

Nullement. Un livre qui, par sa date récente, semblerait devoir être le fidèle écho de nos connaissances actuelles, nous dit que le Microgaster inocule directement ses œufs dans le corps de la chenille. Il nous dit aussi que la vermine parasite habite la chrysalide, d'où elle sort en perforant la robuste enveloppe cornée.

Des cent fois j'ai vu l'exóde des vers mûrs pour le tissage des cocons, et c'est toujours à travers la peau de la chenille que sa sortie s'est faite, jamais à travers la cuirasse de la chrysalide. A raison de sa bouche, simple pore osculateur dépourvu d'armure, j'inclinerais même à croire que le ver est incapable de perforer l'enveloppe chrysalidaire.

Cette erreur bien constatée me fait douter de l'autre proposition, logique après tout et conforme à la méthode suivie par une foule de parasites. N'importe, ma foi dans l'imprimé est médiocre; je préfère assister directement aux faits. Avant de rien affirmer, il me faut voir, ce qui s'appelle voir. C'est plus lent, plus laborieux, mais c'est aussi plus sûr.

Je n'entreprendrai pas d'épier les événements sur les choux du jardin; le moyen est trop aléatoire et d'ailleurs se prête mal à l'observation précise. Puisque j'ai en mains les matériaux nécessaires, ma collection des tubes où grouillent les parasites nouvellement éclos sous la forme adulte, j'opérerai sur ma petite table du laboratoire aux bêtes.

Un bocal de la capacité d'un litre environ est horizontalement disposé sur la table, le fond tourné vers la fenêtre ensoleillée. J'y introduis une feuille de chou peuplée de chenilles, tantôt parvenues à leur entier développement, tantôt moyennes et tantôt récemment issues de l'œuf. Une bandelette de papier miellée servira de réfectoire au Microgaster si l'expérience doit se prolonger quelque temps. Enfin, par la méthode de transvasement dont je viens de parler, je lâche dans l'appareil la population d'un des tubes. Une fois le bocal fermé, il n'y a plus qu'à laisser faire et à surveiller assidûment, des jours et des semaines s'il le faut. Rien ne peut m'échapper qui vaille d'être noté.

Les chenilles tranquillement paissent, insoucieuses de leur terrible entourage. Si quelques étourdis du turbulent essaim leur passent sur l'échine, d'un brusque soubresaut elles redressent l'avant du corps; avec la même brusquerie elles le rabaissent, et c'est tout, les importuns aussitôt décampent. Ceux-ci de leur côté ne semblent nullement songer à mal; ils se restaurent à la bandelette miellée, ils vont et viennent tumultueux. Dans les hasards de l'essor, ils s'abattent, tantôt les uns, tantôt les autres, sur le troupeau pâturant, mais sans y accorder la moindre attention. Ce sont des rencontres fortuites et non des accointances voulues.

En vain je change le troupeau de chenilles et j'en varie

l'âge; en vain je change l'escouade des parasites; en vain de longues heures dans la matinée et dans la soirée, dans une lumière discrète comme en plein soleil, je suis attentif aux événements du bocal; je ne parviens à rien voir, absolument rien qui ait tournure d'attaque de la part du parasite. Malgré ce qu'en disent les auteurs, mal renseignés parce qu'ils n'ont pas eu la patience de réellement voir, ma conclusion est formelle : pour inoculer ses germes, le Microgaster n'attaque jamais les chenilles.

L'invasion se fait donc forcément par les œufs mêmes de la Piéride; l'expérience va nous en convaincre. Comme l'ampleur d'un bocal se prêterait mal à l'inspection de la troupe, tenue trop à distance par l'enceinte de verre, je fais choix d'un tube de l'ampleur d'un pouce. J'y mets un fragment de feuille de chou, muni d'une plaque d'œufs jaunes, telle que l'a déposée le papillon. Est introduite après la population de l'une de mes loges en réserve. Une bandelette de papier miellée accompagne les transvasés. Cela se passe au commencement de juillet.

· Bientôt les femelles sont là très affairées, parfois au point de noircir la plaque entière des œufs jaunes. Elles inspectent le trésor, tressaillent des ailes et se brossent l'une contre l'autre les pattes d'arrière, signe de vive satisfaction. Elles auscultent l'amas, en sondent les intervalles avec les antennes; elles tapotent les pièces du bout des palpes; puis, qui d'ici, qui de là, elles appliquent rapidement sur l'œuf choisi l'extrémité du ventre. Chaque fois on voit sourdre à la face ventrale, tout près de sa terminaison, un subtil apicule corné. C'est l'outil qui met en place le germe sous la pellicule de l'œuf, c'est le bistouri d'inoculation. Cela se fait avec calme, méthodiquement, lors même que de nombreuses pondeuses travaillent à la fois. Où l'une a passé, une seconde passe, remplacée par une troisième, une quatrième et par d'autres encore, sans que je puisse préciser la fin de ces visites au même œuf. Chaque fois le bistouri plonge, introduisant un germe.

Suivre du regard les pondeuses successives accourues à la même pièce est impossible en pareille cohue; mais pour évaluer le nombre de germes inoculés dans le même œuf, une ressource nous reste, très praticable : c'est d'ouvrir plus tard les chenilles infestées et de compter les vers inclus. Un moyen moins répugnant consiste à dénombrer les petits cocons agglomérés autour de chaque chenille défunte. Le total nous dira combien il y avait de germes inoculés, les uns par la même pondeuse revenue plusieurs fois à la pièce déjà exploitée, les autres par des pondeuses différentes. Or le nombre de ces cocons est très variable; en général il oscille autour de la vingtaine, mais il m'est arrivé d'en rencontrer jusqu'à soixante-cinq et rien ne dit que ce soit là l'extrême limite.

Quelle atroce activité pour exterminer la descendance d'un papillon! La bonne fortune me vaut en ce moment un visiteur de haute culture, versé dans les méditations de la philosophie. Je lui cède ma place devant l'appareil où travaille le Microgaster. Pendant une grosse heure, à son tour, loupe en main, il regarde et revoit ce que je viens de voir, il suit les pondeuses qui vont d'un œuf à l'autre, font leur choix, exhibent la subtile lancette et piquent ce que les passantes, se succédant, ont à diverses reprises déjà piqué. Il dépose enfin sa loupe, pensif et quelque peu troublé. Jamais, de façon aussi lucide que dans mon tube de verre de la grosseur du doigt, il n'avait entrevu le savant brigandage de la vie jusque chez les moindres.

TABLE DES MATIÈRES

Coulommiers.
Imprimerie Paul BRODARD.

9 782329 085098